Die biblische Urgeschichte

1. Mose 1—12

Gemeinverständlich dargestellt

von

D. J. Meinhold
Professor der evangelischen Theologie in Bonn

A. Marcus und E. Weber's Verlag
Bonn 1904

Vorwort

Eine Reihe von Vorträgen, die ich Weihnachten 1903 auf dem religionswissenschaftlichen Ferienkurs der evangelischen Volksschullehrer zu Bonn gehalten habe, erweckte in den Hörern den Wunsch, das Gehörte gedruckt besitzen zu können. Ich durfte dem nicht nachgeben, da das, was in 7 Stunden zusammengedrängt wurde, sich so für die Drucklegung nicht eignete. Doch erhielt ich dadurch den Anstoß zur Herstellung einer ausführlichen Behandlung der biblischen Urgeschichte, die ich hiermit weiteren Kreisen vorlege. Ich hoffe nicht bloß meinen damaligen Hörern, nicht bloß den Volksschullehrern überhaupt, sondern allen, die sich für religiöse Fragen interessieren, damit einen Dienst zu leisten.

Es liegt in der Natur der Sache, daß ich in den folgenden Blättern für Forscher nichts wesentlich Neues biete; für diese sind sie ja nicht geschrieben. Immerhin habe ich, so sehr es auch galt, das Allgemeingiltige vorzuführen, meine Eigenart weder verbergen können noch wollen. Wo ich Eigenes biete, wird der Fachgenosse, falls er das Büchlein durchfliegt, leicht die Gründe erkennen, ohne daß es einer weiteren Ausführung an anderen Orten bedarf. Übereinstimmung mit anderen Forschern, Anlehnung an diesen oder jenen meiner Vorgänger habe ich nicht besonders angemerkt. Das verbot sich durch den Zweck der Schrift von selbst. Der Kundige wird das auch ohnedies wissen, für die Unkundigen hat es kein Interesse. —

Als Anhang ist eine Übersetzung der behandelten Abschnitte beigegeben. Sie ist besonders geheftet und paginiert und läßt sich leicht herausnehmen, um beim Gebrauch neben die Ausführungen gelegt werden zu können.

Es bleibt mir nur der Wunsch, daß ich nicht allzuweit hinter dem erstrebten Ziel zurückgeblieben sei und daß es mir gelingen möge, mit dieser Arbeit der Sache der Wahrheit und der Religion förderlich zu sein.

Bonn, 4. August 1904 **Meinhold**

Inhalt.

Die biblische Urgeschichte

Auch das Böse hat seine guten Folgen. Der in nicht erfreulicher Art begonnene, nicht erfreulich durchgeführte Streit über das Verhältnis des hebräischen zum babylonischen Altertum hat wenigstens das Gute gebracht, daß jetzt für die Frage nach der Herkunft und Zusammensetzung sowie nach dem religiösem Gehalt der biblischen Urgeschichte in weiten Kreisen ein so reges Interesse wachgerufen worden ist, wie das vordem in dieser Stärke nicht zu beobachten war. Sind es doch gerade die Erzählungen über die Schöpfung (Genesis 1), über Paradies und Sündenfall (Gen. 2—3) und über die Sintflut (Gen. 6—8), sowie über die Entstehung des Sabbats, welche in dem noch immer nicht ganz schlafenden Babel-Bibelstreit eine besonders bedeutsame Rolle spielten.

Man erwartet mit Recht von den Fachmännern über diese Gegenstände zuverlässige Belehrung. Handelt es sich hier doch um Stoffe, mit denen es der Religionslehrer ebensogut in den höheren wie in den Volksschulen tagtäglich zu tun hat, um Stoffe, die uns von der Jugend an vertraut und wert sind und die auf das untrennbarste mit unserem religiösen Denken und Empfinden verknüpft scheinen. So ist es ein dringendes Bedürfnis in bezug auf diese Dinge genaue Aufklärung zu erhalten, wenn anders die gelehrte Forschung selbst hier zur Klarheit durchgedrungen ist. Wir können ohne Selbsttäuschung behaupten: „Das ist der Fall.“ Es gelang der emsigen, angestrengtesten Arbeit vieler Männer, zu einer Reihe von gesicherten Ergebnissen zu gelangen, die der Allgemeinheit mitzuteilen Recht und Pflicht ist. Kampf- und Verteidigungsschriften haben in reicher, überreicher Fülle dem Bedürfnis nachzukommen versucht, aber doch wohl nicht in genügender Weise, wie das in der Natur der Sache liegt. Denn sie richteten sich in ihrer

Anlage und Abwehr nach dem Angriff, stellten einige besonders wichtige Seiten des israelitischen und babylonischen Altertums heraus, wobei der Stoff ziemlich zerpflückt werden mußte: aber eine umfassende Belehrung, eine geordnete Behandlung aller für den Laien wissenswerten Gegenstände — auch derer, die nicht gerade in den Streit hineingezogen waren und die trotzdem von großer Bedeutung sein können und auch wirklich von Bedeutung sind, ergab sich dabei nicht. Die nachfolgenden Blätter wollen versuchen, für die biblische Urgeschichte diese Lücke auszufüllen. Was sie bieten, glaubt der Verfasser als gesicherte Ergebnisse weiteren Kreisen vorlegen zu dürfen, wobei das weniger Sichere als solches deutlich herausspringen soll. Man darf hier nicht eine wissenschaftliche Förderung der mancherlei dunklen und strittigen Fragen erwarten, die noch der Beantwortung harren. Auch haben geistreiche Einfälle hier keinen Raum. Ebensowenig wird von dem Verhältnis der biblischen Schöpfungserzählung zu der Naturwissenschaft des breiteren gesprochen werden. Die nachfolgenden Ausführungen zeigen, warum das überflüssig ist.

Es gilt uns nur, den Sinn dieser alten Geschichten und ihre Herkunft zu ergründen, zu erforschen, wie sie der israelitische, der jüdische Leser verstand und auffaßte (eine ebenso schwierige wie lohnende Aufgabe); es gilt ferner die Stelle unserer Abschnitte innerhalb der israelitischen, innerhalb der Weltliteratur anzugeben und zu sehen, ob sie für unseren Geist und unser Herz noch etwas zu sagen haben.

I. Die Zusammensetzung des Pentateuchs

1. Die Ablehnung mosaischer Autorschaft

In der Bezeichnung „5 Bücher Mose" tritt uns ja auch heute noch die dem Schoße des nachexilischen Judentums entstammende Meinung entgegen, daß die 5 ersten Bücher unserer Bibel von Moses geschrieben seien. Sie ist unhaltbar wie die meisten kritischen Fabeleien der jüdischen Gelehrten in der Zeit von etwa 400 vor Christi Geburt an. An diesem Urteil lassen wir uns auch nicht durch die Tatsache beirren, daß Jesus und die Apostel in ihren kritischen Ansichten durchaus auf dem Boden des Judentums standen. Jesus ist nicht gekommen, uns kritische Offenbarungen zu geben oder uns die Aufgabe ernsten kritischen

Forschens zu ersparen. Tatsächlich macht der Pentateuch, abgesehen etwa von dem Kern des Deuteronomiums (des 5. B. Mosis), welches ja überhaupt literarisch vollkommen für sich steht, garnicht den Anspruch, sei es im Ganzen, sei es in Teilen von der Hand des Moses zu stammen. Schon Luther hat, auch hierin vielen, die sich auf ihn berufen, vorauseilend, deutlich erkannt, daß die Entscheidung der Autorfrage gar keine religiöse Bedeutung hat. Man kann aber noch über ihn hinausgehen und sagen, daß, selbst wenn kein einziges Wort des ganzen Pentateuchs von Moses wäre, — eine Ansicht, die man gar kein Recht hat als Ausfluß überstürzender Kritik zu bezeichnen — unser religiöses Haben und Empfinden dadurch nicht die geringste Einbuße erleiden würde. Auch dann bliebe dem Moses noch der Platz des Begründers der israelitischen Religion. Er hätte dann ebenso wie Jesus, ebenso wie auf anderem Gebiet Sokrates, nur durch die Wucht seiner Persönlichkeit gewirkt und zwar so machtvoll gewirkt, daß auch wir heute noch unter dem Einfluß seines Wirkens stehen.

Aber was nötigt uns denn die Meinung, daß Moses die nach ihm benannten Bücher verfaßte, so vollkommen abzulehnen? Es würde zu weit führen, wäre auch unnötig, wenn man alle die einzelnen Stellen, die den Forschern schon frühe Bedenken erregten, genauer aufzählen wollte. Nur im Vorübergehen sei daran erinnert, daß ein Schriftsteller, der da sagt „damals waren die Kanaanäer im Lande" (1. Mos. 12,6. 13,7), diese Zeit als längst vergangene kennzeichnet, während doch erst nach Moses Kanaan erobert, die kanaanäische Bevölkerung erst in Jahrhunderte langem Ringen von Israel aufgesogen wurde (vgl. 2. Sam. 21,1 ff., 1. Kön. 9,16). Auch konnte weder Joseph selbst, wenn wir ihn einmal als historische Persönlichkeit nehmen, klagen, daß er aus dem Lande der Hebräer gestohlen sei, noch Moses ihm eine solche Ausdrucksweise in den Mund legen. Weder zu Josephs noch zu des Moses Zeit war Kanaan, denn das ist gemeint, Land der Hebräer. (Gen. 40,15). Damals gab es überhaupt noch kein L a n d der Hebräer. Ebenso wenig kann Moses die Liste der edomitischen Könige, die uns bis in die Zeit Saul—Davids herabführt, aufgestellt und mit den Worten eingeleitet haben: „dies sind die Namen der edomitischen Könige, die im Lande Edom herrschten, bevor ein König in Israel war." Denn wer so spricht, kennt das Königtum in Israel (Gen. 36, 31). Gegenüber einer solchen Namenliste versagt auch die gänzlich willkürliche, unhaltbare Verlegenlegenheitsauskunft einer auch die geschichtlichen Ereignisse der Vergangenheit enthüllenden göttlichen Offenbarung. All diesen Erscheinungen gegenüber kann man sich auch nicht mit der Ausrede helfen, es handle sich da um spätere Hinzufügungen; denn oft sind es doch Bemerkungen, die untrennbar dem Körper der eigentlichen Erzählung angehören, ohne Schaden nicht herausgenommen werden können. Doch man könnte sagen: die Genesis bietet uns Geschichten der vormosaischen Zeit. Die mag Moses anderswoher übernommen, die mag auch ein anderer verfaßt haben, aber die Erzählungen von seiner Zeit werden doch auf ihn selbst zurückgehen. Auch diese Annahme läßt sich leicht als unzutreffend erweisen. Die Gesetzgebung des Moses muß doch einem Nomadenvolk gelten, da er es stets nur mit Nomaden zu tun hatte; nun aber wendet sich der Gesetzgeber hier überall an eine Nation, die längst in einem bestimmten Lande seßhaft geworden ist. Nicht der Nomade, vielmehr der Bauer wird 2. Mose 20 ff. angeredet. Wenn wir davon hören, daß der Israelit seinem Gesinde und Vieh in den Toren am Sabbat Ruhe gewähren soll, wenn von den drei großen Landmannsfesten, vom Ackern und Pflügen, vom „Haus", das nicht Gegenstand des Begehrens sein soll, geredet wird, so richtet sich das alles an den Bauer und seine Hantierung. Dabei wird die bäuerliche Seßhaftigkeit überall v o r a u s g e s e t z t. Der Gesetzgeber rechnet nicht damit, daß Israel, jetzt nomadisierend, einst angesiedelt sein wird. Er weissagt diese Siedelung nicht, er gibt nicht für den Fall der Siedelung passende Gesetze, sondern hier wie immer sind diese aus den Bedürfnissen des Lebens — hier des bäuerlichen Lebens — herausgewachsen. In den Geboten des 3. Buches Mosis suchen die Verfasser zwar die Wüstensituation festzuhalten. Aber der Schleier, der hier den späteren Verhältnissen, den aus der späteren jüdischen Gemeinde erwachsenen Ordnungen übergeworfen wurde, ist doch zu durchsichtig, als daß ein schärfer Hinblickender sich dadurch täuschen und zu der Annahme mosaischer Abfassung verführen ließe.

Ferner ist bemerkenswert, daß die Erzählungen nicht einheitlich geschlossen sind, sondern vielmehr Widersprüche und Wiederholungen in großer Fülle aufweisen. Sie können also überhaupt nicht von e i n e m Verfasser herstammen, mag der nun Moses oder sonstwie heißen. E i n M a n n wird kaum dreimal von der beabsichtigten oder wirklich erfolgten Entführung des Patriarchenweibes in den Harem eines heidnischen Fürsten erzählt haben, wie das doch in den Parallelberichten Gen. 12,10—20. 20. 26 geschieht; er wird uns schwerlich zweimal die Verjagung der Hagar (16. 21), dreimal (und jedesmal in anderer Weise) eine Erklärung des Namens Isaak geboten haben (17,17. 18,7. 21,6). Weder Moses noch ein anderer Schriftsteller konnte Exod. (2. Mose) 3 die Berufung des Moses, die Offenbarung des Namens „Jahve" (so ist anstatt „Jehova" zu sagen) bringen und das so vollkommen vergessen, daß er Berufung wie Mitteilung des heiligen Namens Ex. 6 noch einmal als etwas ganz Neues vorführt. Er hätte auch z. B. den Durchzug durch das rote Meer nicht in zwei verschiedenen, jetzt ineinandergearbeiteten Berichten geboten, von denen der eine uns erzählt, daß ein starker Ostwind das rechtzeitige Wiederkehren der Flut bis nach dem Durchzug Israels verhinderte, während der andere sich das Wasser also spalten läßt, daß die Israeliten durch den Spalt hindurchzogen, während die nachfolgenden Ägypter von den nun umstürzenden Wassermauern vernichtet wurden.

2. Lösungsversuche der Pentateuchkritik

Das genauere Eindringen in den Stoff, dessen Zusammenwürfelung aus den verschiedensten Stücken hier nur an einigen der vielen Beispiele vorgeführt wurde, regte die Gelehrten nun zu verschiedenen Lösungsversuchen an. Nach einem 150jährigen Ringen ist man in den Fachkreisen zu einer einhelligen Ansicht durchgedrungen, so daß man mit Recht hier von sicheren Resultaten der Forschung reden darf.

Dem Arzt Ludwigs XV., Jean Astruc, war es bei seinen Untersuchungen über die Frage, welche Urkunden Moses bei Abfassung der Genesis benutzt habe, zuerst aufgefallen, daß die Gottesbezeichnungen in der Genesis in merkwürdiger Weise abwechseln. Bald wird der Ausdruck Elohim = Gott, bald ‚Jahve', der Eigenname des Gottes von Israel, benutzt, ohne daß ein Grund für diesen Wechsel ersichtlich war. Er behauptete in seiner Schrift „Die Urkunden, deren Moses sich bei der Komposition der Genesis bedient zu haben scheint", 1753, daß wir es hier mit verschiedenen Urkunden zu tun haben, die besonderen Neigungen und Ansichten bez. des Gebrauches der Gottesnamen folgen; und so unterschied er eine Jahve- und Elohimurkunde, je nachdem die Gottheit mit dem Eigennamen ‚Jahve' oder mit der Gottesbezeichnung ‚Elohim' erwähnt wurde. Gerade 100 Jahre später gelang es dem deutschen Theologieprofessor Hupfeld in seinem Buche über die Quellen der Genesis 1853 siegreich nachzuweisen, daß zwei Elohimschriften und eine Jahveurkunde anzunehmen sind. Man muß sagen, daß eine solche Annahme ja von vornherein nahe lag, wenn man bedenkt, daß nach Ex. 3 ebenso wie Ex. 6 die Enthüllung des Jahvenamens erst von dem dort angegebenen Augenblick erfolgt sein soll. Da wir es hier mit zwei Parallelerzählungen zu tun haben, die nicht einer Schrift angehören können, so müssen also zwei Schriften bis zu der Berufung des Moses den Namen ‚Jahve' jedenfalls im Munde der Patriarchen, vielleicht aber überhaupt (und so ist es wirklich) vermieden haben. Nur die Tatsache, daß die gelehrte Forschung sich so stark gerade an die Genesis band, erklärt es, daß man diese aus Ex. 3 und 6 sich von selbst ergebenden Folgerungen so lange nicht fand.

Es hatte sich im Verlauf dieser 100 Jahre folgendes ergeben: die einfache Urkundenhypothese des Astruc, der ja von der Genesis ausging, mit ihren zwei Haupturkunden und zehn Nebenschriften, die von Moses in Kolumnen neben einander geschrieben, dann aber von Späteren durcheinander geworfen wurden, hatte ja einen Wahrheitskern geboten. Die darauf folgende, namentlich in Deutschland vertretene „Fragmentarhypothese", der zufolge der ganze Pentateuch ein Geröll der verschiedensten, ohne Zusammenhang zu einander stehenden Mitteilungen sei, hatte die Aufmerksamkeit besonders auf die mittleren Bücher des Pentateuch gelenkt, die leicht den Eindruck des wirren Durcheinander machen konnten. Sie zeigte, daß der literarische Prozeß weit verwickelter war, sich auch die einzelnen Abschnitte oft so stark stießen, daß man an wirklichen Zusammenhängen der Urkunden zweifeln konnte. Man war aber doch in diesen Zweifeln zu weit gegangen; das bewiesen die Vertreter der „Ergänzungshypothese", die doch mit Recht auf eine fortlaufende Geschichtserzählung hinwiesen. Sie behaupteten, daß die Elohimurkunde (Gen. 1. 5 u. s. f.) von einem jahvistischen Schriftsteller ergänzt worden sei. Anderseits schossen auch sie bei ihrer Betonung der Geschlossenheit und Einheitlichkeit der Erzählung weit über das Ziel hinaus. Denn es ergab sich ja einmal, daß die von ihnen angenommene eine Elohimurkunde, die sie die „Grundschrift" nannten, in der Tat nicht eine, sondern zwei von einander ganz unabhängige Schriften enthielt, und weiter, daß der sogenannte „Ergänzer", der Jahvist, der von Anfang den Namen Jahve gebraucht, eine für sich stehende selbständige Schrift verfaßt hatte, deren Abschnitte eine zusammenhängende fortlaufende Erzählungsreihe bildeten. So konnte er also nicht nur hier und da nach Bedürfnis und Neigung die Elohimerzählungen erweitert haben. Dazu kam, daß diese „Ergänzungen" bald Wiederholungen, bald aber unausgleichbare Widersprüche zu der „Grundschrift" boten. Vielmehr liegen hier, diese Erkenntnis hat sich allgemein durchgesetzt, drei für sich stehende Schriften vor, die dann etwa durch eine vierte Hand mit einander verbunden worden sind. Auch über die Ausscheidung der einzelnen Werke herrscht, besonders in der Genesis, erfreuliche Übereinstimmung. So ist man denn in der Lage, sie nach Art, Zeit und Herkunft genauer zu zeichnen.

3. Die Quellen

a) Der Jahvist (J)

Wir haben also drei Pentateuchquellen, die uns alle drei bis zur Eroberung Kanaans und damit weit über die Zeit des Moses hinausführen. Als älteste dieser Quellen gilt jetzt, und wohl mit Recht, die Schrift des Jahvisten, d. h. die Schrift, in der von Anfang an der Name Jahve ohne Scheu gebraucht wird (J.). Man wird recht haben, wenn man den Verfasser dieser Schrift in den prophetischen Kreisen des Südreiches sucht und seine Zeit etwa um 800—700 (Zeit des Propheten Amos) ansetzt.

Die Schrift verfolgt geschichtliche Interessen; wo Gesetze mitgeteilt werden, was sehr selten ist (jedenfalls in Ex. 34, dem sogenannten zweiten Dekalog), geschieht das doch mehr in historischer Absicht. Das Werk umspannt das ganze Gebiet vom Anfang der Welt (Gen. 2—3) bis zur Eroberung Kanaans. Der Verfasser hat es verstanden, die im Volk Israel umgehenden Sagen über die Patriarchen- und Wüstenzeit zu fassen, ohne ihnen ihren poetischen Reiz zu nehmen. Wohl ist er beherrscht von prophetischen Ideen, aber dieselben drängen sich nicht auf, noch vernichten sie die rein kindliche Weise der Volkssage. So vermag er es, die tiefsten prophetischen Gedanken in ergreifender Weise gerade durch Beibehaltung der kindlichen Form eindringlich zu machen. (Man denke an den Sündenfall). Wir befinden uns auf dem Boden, da Götter noch mit Menschen verkehren (Gen. 18), das Leben in ungekanntem höheren Glanz dahinfließt. „Der leuchtende Schimmer des mythischen Hintergrundes ist geblieben, nur daß der unverständliche Zauber beseitigt wurde." Es ist der große, heilige, starke Gott Israels, der seines Volkes Heilsgeschichte von Anfang gebildet, sein Volk geleitet, es schon in den Patriarchen in sein Land Kanaan berufen und erzogen hat. Er heiligte und weihte die vielen in Israel heiligen Stätten wie Hebron, Sichem, Betel, Gilgal usw. durch seine Erscheinungen für alle Zeiten. Freude an der Geschichte des Volks, Freude am Lande und seinen Gottesstätten, Freude am Volk und seinem Gott durchzieht das Ganze in wohltuender, niemals enger und abstoßender Weise. Die Erzählungen, dem Volksmunde entnommen, lassen uns einen Blick in Herz und Sinnen des israelitischen Volkes tun, der uns dies Volk im Ganzen doch als gesund und sinnend, religiös tief und doch heiter und fröhlich zeigt. Der Verfasser versteht es durch künstlerische Verumständung, durch Namenserklärungen und prophetische Vertiefung den übernommenen Stoff zu bereichern und in einen passenden Zusammenhang einzureihen. Er redet von Gott mit dem Volk in sehr menschlicher Weise (Gen. 2—3. 11. 18), und doch weiß er durch seine Schilderung jedes Gefühl fern zu halten, als ob die Gottheit damit erniedrigt würde. Auch fremde Stoffe treten uns, namentlich in der Urgeschichte, entgegen. Sie sind ihres polytheistischen Charakters entkleidet, mit tiefen religiösen Ideen verknüpft, aber doch so, daß man noch die ursprünglich heidnische Gestalt durchschimmern sieht. Wir werden seine Schrift Gen. 2—3. 4. 6—9 (zum Teil), 11, 1—9 genauer kennen lernen. Gerade diese Abschnitte aber werden uns zeigen, daß die Jahvequelle durchaus nicht einheitlich ist; man kann vielleicht besser von einer „jahvistischen Schule" als von dem „Jahvisten" reden. Es hat den Anschein, als ob nicht nur die aufgenommenen Stoffe einer glatten Ineinanderarbeitung widerstrebten; es mag auch die älteste jahvistische Schrift mancherlei Überarbeitung und Erweiterung erfahren haben. Den Prozeß bis ins Einzelnste zu verfolgen, gestattet das spärliche Material nicht, und es ist wissenschaftlich richtiger, das einzugestehen und damit auch Ernst zu machen, als andere und sich der Täuschung hinzugeben, als könnten wir die einzelnen Stufen der Entwickelung noch genau verfolgen und umschreiben.

b) Der Priestercodex (PC)

Die zweite Schrift, welche uns in der biblischen Urgeschichte entgegentritt und der zum Beispiel Abschnitte wie Gen. 1 und 5 angehören, ist in allem das Gegenbild der jahvistischen Quelle. Finden wir in dieser vorwiegend geschichtlich-prophetisches, so dort besonders priesterlich-gesetzliches Interesse. Der Verfasser will zeigen, wie die jeden Israeliten verpflichtenden kultischen Ordnungen von Jahve bei dieser oder jener Gelegenheit ins Leben gerufen und als für alle Zeiten giltig festgesetzt wurden. Zwar erzählt er uns ausführlich von der Erschaffung der Welt, aber doch nur um den für die jüdische Gemeinde unvergleichlich wichtigen Sabbat als von Anfang der Welt durch Gott selbst eingesetzt, der Weltordnung eingeschaffen, somit für alle Welt, ja auch für Gott bindend zu schildern. (Gen. 1—2, 4). Wir vernehmen auch aus seinem Munde die Geschichte der großen Flut. Der Grund ist klar. Damals hat Gott nämlich das der jüdischen Gemeinde außerordentlich hochstehende Verbot des Blutgenusses erlassen, welches für alle Menschen bindend sein soll (Gen. 9,1 ff. vgl. noch Apostelg. 15,29). Und wenn die Quelle in der Patriarchengeschichte einmal ausführlicher wird, so findet auch das in den Stimmungen und Gedanken der jüdischen Gemeinde seine Erklärung. Neben jenen zwei Dingen stand die Beschneidung bei den Juden in besonders großem Ansehen, wovon uns ja die Kämpfe des Apostels Paulus noch genugsam Zeugnis ablegen (man vergleiche den ganzen Galaterbrief, besonders Gal. 5,1 ff.). Dem Juden war die Beschneidung zur Zeit der Verbannung nach Babel (586—38), wo man diese Sitte nicht hatte, zum Sakrament seiner Religion geworden; ohne sie konnte er sich den Frommen nicht denken. Also muß schon der erste Stammvater, den man sich nicht anders denn als einen Idealjuden vorstellte, beschnitten gewesen sein. Abraham hat somit nach unserer Schrift die von Gott selbst befohlene Beschneidung an sich und allen männlichen Mitgliedern seines Hauses vollzogen und damit diese Sitte für alle seine männlichen Nachkommen dauernd begründet. Das erzählt uns Gen. 17 ausführlich, während wir sie nach anderer Quelle (J) an dem Sohne des Moses (Exod. 4,24), der darnach selbst unbeschnitten war (ein für das Judentum unmöglicher Gedanke), oder gar (E) an der Kanaan erobernden Generation der Israeliten (Josua 5,2 ff. in der ursprünglichen Fassung) zuerst vollzogen annehmen sollen. Gen. 23 wird ausführlich und umständlich von der Erwerbung einer Grabstelle durch Abraham berichtet. Warum ist leicht zu erraten. Es soll deutlich dargelegt werden, daß Israel auf rechtmäßige Weise in den Besitz Kanaans gekommen ist. Denn dort, wo ich meine Toten begrabe, will ich selbst begraben sein. Die im Leben zusammen gehörten, haben nach israelitischer Anschauung auch berechtigten Anspruch auf gemeinsame Grabstätte. Gaben die

Bewohner Kanaans dem Abraham gegen gutes Geld ein Stück Land zur Bestattung der Stammutter Sarah, so gaben sie es damit auch für die in ihr schlummernden Israeliten überhaupt, für die sich dann das Erbbegräbnis von Machpela naturgemäß zu dem Lande Kanaan erweitern mußte. Die Vorgeschichte der Gesetzgebung von Gen. 1. — Exod. 25 wird uns in Form von „Toledot", d. h. von Genealogieen vorgeführt, wie denn selbst die Schöpfung „Toledot von Himmel und Erde", die Flutgeschichte „Toledot des Noah" genannt wird. „Bei den Patriarchen wird unter den Toledot der einzelnen Erzväter immer die Entwickelung und fortschreitende Reinkultur des Patriarchenhauses durch Abspaltung der Seitentriebe dargelegt. Die Summe eines Lebenslaufs ist immer Geburt, Heirat mit einer ebenbürtigen Frau, Kindersegen, Reichwerden, Tod in reifem Lebensalter und Begräbnis bei den Vorfahren." (Holzinger, Genesis, 1898 S. XX.) Löst man die nicht zu dieser Quelle gehörigen Abschnitte von den Erzählungen der anderen Quellen in der Genesis, so bleibt erstaunlich wenig übrig. Bei der Gesetzgebung (Ex. 25 ff.) schwillt sie dann plötzlich zu großer Breite an. Darüber kann man sich nicht wundern. Soll doch dem jüdischen Leser nachdrücklichst zu Gemüt geführt werden, daß die für ihn geltenden Bestimmungen über Priester und Tempel, Opfer und Feste dem Moses unmittelbar von Jahve offenbart wurden, ja daß der Tempel in Jerusalem — und nur in diesem durfte nach der Anschauung des Judentums geopfert werden — nichts weiter ist, als das Nach- und Abbild des tragbaren Wüstentempels, der sogenannten Stiftshütte, die genau nach den von Jahve selbst bis ins einzelnste bestimmten Maßen hergestellt wurde. Von der Zerstörung des ersten Tempels (586) bis zur Einweihung des zweiten (516) ruhte der Kultus. Das, was die Juden in der Fremde (586—38) zusammenband und auch für andere kenntlich machte, war außer der Verehrung des deuteronomischen Gesetzes (5 Mose), die Haltung des Sabbats, die Enthaltung vom Blut und die Sitte der Beschneidung. Die Erzväter waren in ähnlicher Lage wie ihre Nachkommen in der Verbannung. Auch sie lebten inmitten einer heidnischen Bevölkerung, wie sie sich denn auch gleich jenen geradezu „Pilgrime" nennen. Ihnen wie jenen fehlt die legitime Opferstätte. So fallen denn die uns bekannten Erzählungen, in denen vom Opfern der Erzväter geredet wird (vgl. z. B. Gen. 12 und 22), für den Bericht von P. C. einfach aus. In den Kreisen, denen unsere Quelle ihr Dasein verdankt, huldigte man einem sehr engherzigen Partikularismus, der so weit ging, daß man Heiraten mit Frauen, deren jüdische Herkunft in Zweifel stand, verbot und auflöste (vgl. Esra 9,1 ff.). Was man für die Gegenwart erstrebte, muß für die ideale Vergangenheit schon vorhanden gewesen sein. So lesen wir denn auch, wie Jakob nur aus dem Grunde außer Landes geschickt wird, daß er sich in der alten Heimat Lea und Rahel als ebenbürtige Frauen gewinne, während Esaus Sünde darin bestand, daß er eine der „Töchter des Landes" (Gen. 27,46 vgl. zu dem Ausdruck Esr. 9,2,11: Töchter der „Bewohner des Landes") zur Frau nahm, ein Fehler, den er durch die Heirat mit seiner Cousine, der Tochter Ismaels, ohne Erfolg wieder gut zu machen versuchte (Gen. 26,34. 27,46. 28,9). Dies Bestreben nach Reinhaltung der Rasse führte natürlich zur Untersuchung der Abkunft, zur Herstellung der Stammbäume, wie wir dergleichen in den Büchern Chronik-Esra-Nehemia bis zum Überdruß vorfinden (vgl. z. B. 1. Chron. 1—9. Esr. 2. Neh. 7. 11. 12), und wie es sich auch in den Geschlechtsreihen des Priesterkodex ein wenig erfreuliches Denkmal gesetzt hat. — Es lag übrigens den Kreisen, aus denen unsere Schrift entstand, durchaus fern, mit dieser Betonung des Kultischen, des Äußerlichen, dem Sittengesetz abbruch tun zu wollen. Dieses wird vielmehr als bekannt und allgemein anerkannt vorausgesetzt. Ja, das sittliche Empfinden ist sogar feiner als in der Quelle J. Vieles, was diese und die noch sogleich zu zeichnende nordisraelitische Quelle E. zu eigener und zur Freude anderer über die Erzväter erzählte, wie zum Beispiel Jakob durch List den Esau betrog, den Laban überwand, oder auch was jene Schriften wenigstens ohne Abgabe eigenen Urteils mitteilten, so die Verstoßung der Hagar und des Ismael, das nicht ganz einwandfreie Benehmen der Patriarchen gegenüber den heidnischen Fürsten, die Begehr nach ihrer Frau tragen (Gen. 12,10—20. 20.26), alles das verfällt bei P. C. der Schere, oder es wird geradezu abgeändert. So weilt Ismael mit Isaak im Zelte Abrahams bis zu dessen Tode, um seinen Vater in friedlicher Gemeinsamkeit mit dem Bruder zu begraben (25,9). Auch die Trennung Esaus und Jakobs erfolgt erst nach dem Tode Isaaks und nach seinem durch die zwei Brüder vollzogenen Begräbnis (35,28 f., 36,6 ff.). Trotzdem werden wir der Quelle J. stets mit größerer Freude gegenüberstehen. Ganz abgesehen davon, daß, wie es im Judentum ja wirklich geschah, so doch auch im P. C. sehr stark der Eindruck vorherrscht, als ob die kultischen Bestimmungen den sittlichen nicht nur gleich (schon das ist schlimm) seien, vielmehr auch übergeordnet werden: die Schrift ist arm an Gedanken, arm auch an Stoff. Der überweltliche Gott des Judentums, von der armen Menschheit durch eine furchtbare Kluft getrennt, tritt uns in ihr mit voller Schärfe entgegen. Nur Gottes Ehre gewahrt, nur nicht ihm zu nahe getreten! So wird jede, auch noch so unschuldige Vermenschlichung des Göttlichen auf das ängstlichste vermieden. Natürlich ist Jahve der allein wirksame, allmächtige Gott. Das zeigt sich ja doch besonders im Wunder; darum wird dies gesteigert, das natürliche Geschehen möglichst zurückgedrängt (Ex. 14 f.). Auch die Engel treten zurück, damit die Alleinwirksamkeit der Gottheit nur ja nicht verdeckt werde. Nicht aus der Vögel Gebahren, nicht durch der Engel Botschaft erfährt Noah das Weichen der großen Flut, nein, Gott selbst gibt ihm zur passenden Zeit Befehl, die Arche zu verlassen. So ängstlich ist der Verfasser, daß er bis in den einzelnen Ausdruck hinein nach Farblosigkeit hascht, um nur nicht von göttlichen Dingen menschlich zu reden. Sein Stil zeichnet sich überhaupt im Gegensatz zu J. durch große Trockenheit und Nüchternheit aus. Ruhige, verständige Überlegung sitzt hier am Steuer. Der Stoff wird systematisiert und schematisiert. Für Maß und Zahl hat der P. C. Sinn und Interesse. Die Namen der Geschlechtsreihen ersetzen ihm geradezu die Geschichte, wie sie uns so vollsaftig in J. und E. entgegentritt. Selbst die Sprache ist arm und schwerfällig. Für eine Sache steht ihm immer nur ein Ausdruck zu Gebot, sodaß er schon an einzelnen Worten sehr leicht zu erkennen ist. Bemerkenswert erscheint seine künstliche Theorie, der zufolge Jahve in der Urzeit mit der Bezeichnung „elohim", d. h. Gottheit, von den Erzvätern an als „el schaddai", d. h. allmächtiger Gott, eingeführt und angerufen wird, während der Eigenname „Jahve" erst dem Moses offenbart ward und von da ab in gebrauch kam.

Wie demnach das jahvistische Werk aus den prophetischen Kreisen des alten Israel stammt, für diese charakteristisch ist, so verdankt der P. C. dem exilischen oder nachexilischen Judentum seine Entstehung und bietet schätzbares Material zur Zeichnung der geistigen Strömungen innerhalb der jüdischen Gemeinde. Daran kann nämlich kein Zweifel sein, daß diese Schrift, die man vordem für die älteste hielt, die jüngste des Pentateuch ist. Die Sage selbst geht der Verarbeitung der Sage zu einem System, der Entleerung und Einpressung in ein Schema voran. Viele Ausdrücke begegnen uns in ihr, die erst der späteren Sprache angehören. Die Einheit des Kultus ist für das Geschlecht, dem wir unsere Schrift verdanken, keine Forderung mehr, sondern eine feststehende Tatsache. Nur an einer Stätte, in Jerusalem, kann rechtmäßiger Weise geopfert werden, das ist ein Glaubenssatz der jüdischen Gemeinde. Die Blütezeit der israelitischen Religion kann es, so meinte man, nicht anders gehabt haben. Es muß unter Moses etwas dem Tempel Entsprechendes vorhanden gewesen sein, etwas, das man geradezu als Vorläufer des jerusalemischen Heiligtums bezeichnen kann. Altisrael wußte sich davon zu erzählen, daß Jahve, der Herr und Gott des Sinaiberges, dem Dringen des Moses nicht widerstand und seinen festen Felsensitz auf dem Berge zeitweise verließ und auf einem von Mose verfertigten tragbaren Sitz, der fälschlich so genannten „Bundeslade", dem jenen Berg verlassenden Volke voranzog, um es zu Sieg und Eroberung zu führen. Auf diesem Thron nahm Jahve — für menschliche Augen nicht sichtbar — Platz, wenn es ihm so gefiel. Hier konnte man ihn befragen. Die Gegenwart des Throns schien die der Gottheit selbst zu verbürgen (Exod. 33,1 ff. Num. 10,33 ff., Jos. 4 ff., 1. Sam. 3. 4—6, 2. Sam. 6 f., 15,25 f.). In der Wüste hatte Jahve natürlich wie alle Israeliten eine Zeltwohnung, d. h. der Thron stand unter einem Nomadenzelt (Ex. 33,6 f., 2. Sam. 7,2). Dies Zelt unterschied sich in nichts von einem Häuptlingszelt; denn nicht das Zelt an sich, sondern nur was in ihm stand war ja das Wertvolle. Der P. C. aber macht nun aus diesem Zelt die köstliche Stiftshütte d. h. eigentlich den tragbaren Tempel von Jerusalem und zwar hat ihm zur Entwerfung dieses Bildes — das schimmert durch das künstliche, aber doch durchsichtige Gewand der altertümelnden Sprache und Darstellung noch deutlich genug hindurch — der zweite Tempel (vom Jahre 516) die Farben geliefert.

Nur die in dieser Stiftshütte, darnach im jerusalemischen Tempel, dem Rechtsnachfolger jener Hütte, dargebrachten Opfer sind Jahve angenehm und darum allein erlaubt. Dieser Glaubenssatz nötigte natürlich zur Streichung aller Opfer von der Hand der Erzväter, brachte auch eine gründliche Umwälzung auf dem Gebiete der Darstellung von Israels Vergangenheit zuwege, wovon man sich durch die klassischen Ausführungen Wellhausens (Prolegomena zur Geschichte Israels, 1883 ff) überzeugen möge. Für Altisrael war Kanaan, ganz Kanaan das Land Jahves. Dies Gebiet hatte er seinem Volk erobert; er hatte es den Kanaanäern und ihrem Baal abgenommen, um hier mit Israel, von dem sein Gott doch nicht zu trennen war, dauernd seine Wohnstätte zu haben. Außerhalb Kanaans ist man fern von Jahves Angesicht (Gen. 4,14), muß man fremden Göttern dienen (1. Sam. 26,19), oder wenn man das nicht will, kanaanäische Erde holen, um auf ihr in fremdem Lande einen giltigen Jahvealtar zu errichten (2. Kön. 5,17 ff.). Innerhalb Kanaans kann man Jahve überall dienen d. h. durch Opfer verehren, wie denn bei jedem Ort eine „Bama" d. h. eine für Jahve bestimmte Opferstätte, eine „Höhe" zu denken ist. Unter der großen Zahl dieser „Höhen" ragten natürlich die besonders hervor, welche sich einer besonderen Gotteserscheinung rühmen konnten. Hatte doch die Gottheit selbst diese durch ihr Erscheinen für ihre besondere Verehrung ausgesucht und geweiht. Das ist's, was Altisrael aus den Erzählungen Gen. 12, 7—9. 16,7 ff. 18,1 ff. 28,10 ff. heraushörte und auch heraushören sollte. Bis zum Jahre 621 hat Israel darnach ohne Arg verfahren in der Meinung, Jahve also an rechter, von ihm selbst bestimmter Stätte zu verehren. Es hat es garnicht anders gewußt, auch seine Propheten nicht. Das ist's gerade, was ein Elias seinem Volk zum Vorwurf macht, daß es überall im Lande (hier doch hauptsächlich im Nordreich, wo nach P. C. überhaupt nicht geopfert werden durfte) die Jahvealtäre zerstört, die Jahveopfer eingestellt hat, um Altäre und Opfer für den phönikischen Baal an ihre Stelle zu setzen. (1. Kön. 19,14). Ja, auf dem Karmel, einer nach P. C. ja gänzlich unerlaubten Stätte, erbaut Elias einen Altar, legt auf demselben die Opferteile nieder und hat die Genugtuung, daß Jahve durch himmlisches Feuer sich zu diesem Opfer und damit zu seinem Propheten bekennt (1. Kön. 18,32 ff.). Was die Sage hier bietet, gibt uns sicher die allgemeingiltige Anschauung in Israel wieder. Jerusalem, vielleicht die jüngste Schwester aller berühmten Jahvestätten, hatte vor diesen nur voraus, daß hier das alte vorkanaanäische Heiligtum, der Jahvethron, stand und daß sein Tempel die königliche Schloßkapelle, seine Priester, wir würden sagen, Schloßprediger waren. Aber diese ‚Schloßkapelle' trug den Sieg davon über die alten Heiligtümer des Nordreiches. Sie alle waren dem assyrischen Eroberer zur Beute gefallen, Jerusalem mit dem Tempel und dem uralten Jahvesitz in ihm hatte allen Stürmen getrotzt. Hier wohnte doch Jahve (Jes. 8, 18) inmitten seiner Getreuen (Jes. 14,28 ff.); darum hatte sich an diesem Felsen der Anprall der assyrischen Woge erschöpft, wie man sich zu erzählen wußte (2. Kön. 18 ff.). Wenn demnach Schüler des

Jesaja aus prophetisch und priesterlich gesinnten Kreisen eine streng durchgeführte Zentralisierung des Kultes forderten, um ihn also besser überwachen und von Ausartungen freihalten zu können, so kam selbstverständlich als weiter bestehender einziger Kultusort nur das Gotteshaus von Jerusalem in Frage. Die Forderung jener Männer wurde im Jahre 621 von dem judäischen Könige Josia mit großer Schärfe und Rücksichtslosigkeit durchgedrückt (2. Kön. 22 f).

Man hätte sie wohl auf die Dauer nicht aufrechterhalten können, wenn nicht die Verbannung nach Babel der Vernichtung des judäischen Staats nachgeholfen hätte. Das vom altheimischen Boden losgerissene Volk hing nicht mehr an den alten dörflichen und kleinstädtischen Opferstätten. Das mitgenommene, das geistige Band der Vertriebenen bildende, Gesetz, das Deuteronomium, redet nur von einer Stätte, von einem Tempel. Diesem galt von da ab das ganze Interesse. Was für Altisrael Kanaan, nämlich Wohnstätte Jahves, war somit für die jüdische Gemeinde Jerusalem. Die Heimkehrenden hielten es für ihre vornehmste religiöse Pflicht, den Tempel in Jerusalem wieder zu bauen (vgl. Haggai und Sacharja). Diese Gedanken aber beherrschen den Priesterkodex. Er ist also spät entstanden und wurde wohl bald nach der Verbannung außerhalb Palästinas von den in Babel vertriebenen Priestern zusammengestellt und von Esra, den manche geradezu für ihren Verfasser halten (Esr. 7,1), im Jahre 458 nach Judäa gebracht. Im übrigen ist auch der Priesterkodex ebensowenig einheitlich geschlossen wie das jahvistische Werk. Es kamen im Laufe der Zeit noch mancherlei Erweiterungen und Änderungen, neue Erzählungen und Gesetzesnovellen hinzu. Denn es zeigte sich sehr bald, daß die in babylonischer Gelehrtenstube formulierten Bestimmungen sich nicht dem Leben anschmiegten. Man hat, ein Trost für uns, auch schon vordem vom grünen Tische aus dekretiert.

Geben uns die jahvistischen Bestandteile von Gen. 1—11 ein Bild davon, wie das israelitische Volk um 800 über die Anfänge der Dinge dachte und wie sich die prophetischen Kreise um 750 dazu stellten, so sind die priesterlichen Abschnitte in den ersten Kapiteln des Pentateuch recht geeignet, uns über die sich auf die Urgeschichte beziehenden Anschauungen des Judentums genauere Auskunft zu erteilen. — Da von dem ganzen Abschnitt 1. Mos. 1—11 kein auch noch so geringer Teil der „E“ genannten Quelle entstammt, das für sich stehende Deuteronomium (5. Mose) gleichfalls nichts über diese Dinge bietet, könnte hier die allgemeine Erörterung über die Zusammensetzung von Gen. 1—11 schließen. Doch wird erwünscht sein, über die Entstehung vom Pentateuch als Ganzem noch etwas zu erfahren. So sei, wenn auch in möglichster Kürze, noch folgendes hinzugefügt:

c) Der Elohist (E)

Die 3. Pentateuchquelle (E) hat ihre Bezeichnung daher, daß auch sie bis auf Ex. 3 den Gebrauch des Jahvenamens durchaus vermeidet. Sie hat dafür stets „Elohim" und bevorzugt auch noch nach Ex. 3 diesen Ausdruck. Weiter scheint sie im Unterschied von J. und P. C. keine Urgeschichte gehabt zu haben. Mit Sicherheit können wir sie erst Gen. 20 nachweisen, wo Abraham im Süden Kanaans in Gerar wegen seiner schönen Frau von dem König der Philister Abimelech in Verlegenheit gebracht wird. „E" steht der Quelle J. sehr nahe, was man sofort begreift, wenn man hört, daß sie fast derselben Zeit, etwa 750, entstammt. Sie mag wohl etwas jünger sein als J. Denn wir bemerken hier schon mehr Reflexion, fortgeschrittnere religiöse Entwicklung wie bei dem Jahvisten J. Nicht mehr von Mann zu Mann verkehrt Jahve mit den Seinigen. Der Traum erscheint mit Vorliebe als Mittel der Offenbarung (vgl. Gen. 20), Jahve ruft vom Himmel her (Gen. 22) oder bedient sich auch den Patriarchen gegenüber der Vermittelung durch Engel. E. sucht schon die Überlieferung nach Schematen und höheren Gesichtspunkten zu ordnen und ändert sie dabei zum Teil hier und da auch etwas. Er bemüht sich um chronologische Ordnung, durchsetzt die Geschichte mit theologischen Ideen (vgl. das abstrakte namenlose ‚Elohim' bis auf Moses). Im übrigen aber steht er, was Stoff und Stil anbetrifft, J. sehr nahe. Nur erreicht er diese Quelle nicht in der Meisterschaft der Darstellung und der psychologischen Motivierung, wenngleich er sich zuweilen (Gen. 22) zu hoher Kunst der Darstellung zu erheben vermag. Diese ursprünglich nordisraelitische Quelle, die im 7. Jahrhundert nach Untergang des Nordreiches eine judäische Überarbeitung erlitten haben wird, ist etwa um 600 mit der Quelle J. von einem verhältnismäßig selbständigen Verfasser, der auch, namentlich im Exodus, mancherlei Eigenes brachte, zu inniger Einheit verbunden worden. Es ist demnach kein Wunder, daß die Scheidung dieser Quellen (J. und E.) namentlich von

2. Mose 3 an, recht schwierig wird, um so weniger als diese Schriften sich stofflich und stilistisch ja sehr nahe stehen.

Wir haben demnach vor der Verbannung im Jahre 586 die Quelle J. und E. und das vereinigte Werk J.-E.

d) Das Deuteronomium (D)

Nun ist aber in diese Schriften ein Werk hineingearbeitet worden, welches ursprünglich garnichts mit ihnen zu tun hatte, nämlich das Deuteronomium oder das sogenannte 5. Buch Mosis.

Den Schülern des Propheten Jesaja (um 650) war es allmählich klar geworden, daß man durch die prophetische Predigt allein das Volk niemals zur Aufgabe des alten Kultus und der damit untrennbar verbundenen niederen Religionsstufe bringen werde. Zu sehr hing das Herz an den von den Vätern ererbten Gottesstätten und an den alten heiligen Gebräuchen. Da ging man in seiner Herzensnot zu Jahve und ließ sich vor seinem Bilde die Orakelstäbe werfen (Richt. 1,1; 1. Sam. 14,36 ff.), da empfand man das Rauschen der heiligen Bäume als Stimme der in ihnen wohnenden oder durch sie hindurchziehenden Gottheit (2. Sam. 5,24); da häufte man die Opfer, um sie bei rauschenden Gesängen und Harfenklängen mit der Gottheit gemeinsam zu genießen und sich so ihres Beistandes zu versichern (Amos 4,4 ff.; 5,21 ff.; Jes. 1,10 ff.); da schaute man mit anbetender Scheu auf die heiligen Stein- und Holzsäulen jeder Opferstätte und küßte anbetend die Bilder, salbte mit Salbopfer die heiligen Steine (Jer. 2,27; Hos. 13,2; Gen. 28,18), ja man schreckte nicht davor zurück, in großer Not die Bitte um Hilfe durch schaurige Menschenopfer zu unterstützen (2. Kön. 21,6; Mich. 6,7), alles in der Meinung, daß Jahve Wohlgefallen daran hätte. Oft schon und sehr nachdrücklich hatten prophetische Stimmen diese sei es altisraelitischen sei es kanaanäischen Gebräuche bekämpft, als Heidentum, als Abfall von Jahve bezeichnet, dieser Afterreligion die wahre Religion, die in herzlicher Liebe (Hosea), in gerechtem Wandel (Amos) bestehen sollte, kraftvoll gegenüber gestellt (Mich. 6,1 ff. vgl. Gen. 22): es hatte nichts geholfen. Vielmehr wurde es unter der langen Regierung des Hizkiasohnes Manasse (698—43 etwa) noch schlimmer. Juda war damals ein assyrischer Vasallenstaat, also ein Teil des assyrischen Weltreiches. Der judäische König war gehalten, mit dem assyrischen Oberherrn auch den assyrischen Reichsgöttern zu huldigen. So kam also auch die Verehrung der assyrischen Gottheiten, besonders der Gestirndienst zu der alten Volksreligion hinzu und wurde bereitwillig in sie aufgenommen.

Um dem allem mit Wucht entgegenzutreten, galt es „die Klinke der Gesetzgebung" in die Hand zu nehmen. So wurden viele in Israel umgehende Gesetze, die man wohl zumeist auf Moses zurückführen mochte, gesammelt und systematisch im Sinne der Propheten- und Priesterpartei verarbeitet. Und so entstand das Deuteronomium mit seinem Kampf gegen die Volksreligion, in der Altisraelitisches, Kanaanäisches, Assyrisches miteinander verschmolzen war, und mit der Forderung, daß nur in Jerusalem geopfert werde; denn nur so war eine strenge Überwachung und Fernhaltung fremder Elemente möglich. —

So lange Manasse und sein Sohn Amon (643—41 etwa) herrschten, war bei der bekannten Gesinnung dieser Könige an eine Veröffentlichung und gar an allgemeine Einführung einer solchen Gesetzgebung nicht zu denken. Denn sie standen ja auf Seite der Volksreligion. Aber auch darnach war eine Besserung der religiösen Verhältnisse ausgeschlossen, so lange Assur äußerlich noch ungebrochen dastand. Denn ein Aufgeben des assyrischen Kultus in Juda hätte öffentlichen Abfall Judas von dieser Weltmacht bedeutet. Das konnte man vor der Hand noch nicht wagen. Da aber offenbarte der über ganz Asien gegen 627 dahinbrausende Scythensturm die Ohnmacht des Kolosses vor aller Welt. Und so trat man denn bald darnach, etwa 623 (oder 621) gelegentlich einiger Tempelreparaturen öffentlich hervor. Der König Josia wurde gewonnen, und so ward das Werk der Prophetenpartei das offizielle Gesetzbuch des judäischen Staates. Wir besitzen es der Hauptsache nach in Deut. 12—26, wozu vielleicht auch noch K. 6—11 und 28 zu rechnen sind. Dies Werk hat J. und E. gesondert vor sich gehabt; dagegen scheint die Verarbeitung der zwei Werke zu einer Schrift (J.-E.) seinen Verfassern unbekannt gewesen zu sein. Zu Anfang der Verbannung, etwa 580, ist nun eine geschichtliche Einleitung für das Deuteronomium geschrieben (Dt. 1—4), welche sicher das vereinte Werk J.-E. kennt, während es zweifelhaft ist, ob ihrem Verfasser (D. 1) die Werke J. und E. noch als selbständige Schriften vorlagen. Wir haben also J.; E.; J.-E.; D. mit D. 1. Diese vier Werke sind dann von den im Stil des Deuteronomiums schreibenden Männern, der sogenannten deuteronomischen Schule, von deren Wirksamkeit auch die Bücher Richter, Samuel, Könige deutliche Spuren aufweisen, zusammengeschlossen worden.

Dazu brachte nun Esra die selbständige Priesterschrift aus

Babel mit. Sie wurde durch einen Redaktor aus der Priesterschule, der sich im Geiste und in der Sprache dem Priesterkodex anschloß, mit den anderen Schriften zu dem Gewebe zusammengewebt, das wir jetzt Pentateuch nennen.

So entstand die „Thora" oder die „fünf Bücher Mosis, wie die erste „heilige Schrift" der Juden genannt wurde. Den Abschluß des ganzen Prozesses wird man um das Jahr 400 anzunehmen haben. Denn die aus Jerusalem wegen ihrer „Mißheiraten" vertriebenen Priester, auf deren Anregung nicht lange nach 400 auf dem Berge Garizim der samaritanische Konkurrent des jerusalemischen Tempels erbaut wurde, brachten auch den Pentateuch mit und übersetzte ihn ins Samaritanische. Die Juden waren dadurch nicht mehr im Alleinbesitz der „heiligen Schrift". Und das sollten sie auch nicht sein. Daraus ist zu schließen: 1) daß der Pentateuch damals im Wesentlichen fertig war, 2) daß er als „heilige Schrift" als „Gottes Wort" galt, 3) daß er damels die ganze heilige Schrift der Juden gewesen ist; denn sonst hätten die Samaritaner auch die anderen Bücher, welche als heilige Schrift galten, übersetzt und heilig gehalten.

Nebenbei bemerkt ist dieser literarische Prozeß weder so verwickelt noch auch auf dem Gebiet der Weltliteratur so einzigartig, wie man vielfach glaubt und glauben machen will.

II. Die Urgeschichte in PC

A. Von der Schöpfung bis zur Sintflut

1. 1. Mos. 1—2 4. Die Erschaffung der Welt

Wenn wir jetzt an die Besprechung von Gen. 1 gehn, so sei noch einmal betont, daß es unser Bestreben sein muß, nach Möglichkeit den Bericht so zu erfassen, wie er von dem jüdischen Leser verstanden wurde. Wir müssen also versuchen, religiöse Erkenntnisse und Gedanken, wie sie in der Zeit etwa nach 400 herausgetreten sind, von uns fern zu halten. Denn nicht was Spätere sich bei dem Lesen von Gen. 1 dachten, ist für uns hier die Frage. Es ist weiter notwendig, daß wir unsere modernen Naturerkenntnisse, wirkliche oder vermeintliche, für den Augenblick vollkommen vergessen. Wir haben es mit einem antiken Bericht zu tun, da kann also nur die antike, nicht die moderne Naturkunde und Weltanschauung etwas für die Erklärung abgeben. Endlich muß man, so schwer es auch bei unserer Gewöhnung werden mag, in einem anderen Punkte gleichfalls Entsagung üben. Seit Herder (älteste Urkunde des Menschengeschlechts) hat man hier ein Meisterwerk der poetischen Empfindung und Darstellung des noch kindlich fühlenden ältesten Menschengeschlechts gesehen. Das Ohr des Poeten hat dabei vielfach Klänge gehört, die aus seinem Inneren und nicht, wie er vermeinte, aus den Worten unserer Erzählung kamen. Wir aber wollen hören und wissen, was der Erzähler selbst gesagt. Darum gilt es auch hier das, was die Erzählung bietet, von dem, was unser poetisches Gemüt in ihr findet, scharf zu unterscheiden.

a) V. 1—2 **Einleitung**

„Dies ist die Entstehungsgeschichte der Welt [da sie geschaffen ward] (2,4 a): die Erde war wüst und leer und Finsternis lagerte über der Urflut und der Geist Gottes schwebte brütend über dem Gewässer." Der jetzige Text lautet anders. Aber wenn unser Verfasser Entwicklungsreihen, Genealogieen einführt, so tut er das stets mit den an den Anfang gestellten Worten „dies ist die Geschlechtsreihe, ist die Geschichte, sind die Toledot" von N. N. (vgl. 5,1; 6,9; 10,1; 11,10 u. ö.). Es ist garnicht einzusehen, warum er hier und nur hier das Wort „dies ist die Geschichte" (Toledot) an den Schluß gestellt haben sollte. Das erscheint umsoweniger glaublich, wenn man sich 5,1, wo unsere Quelle den Faden von 1,1—2,4a fortführt, unmittelbar an 2,4a anschließend denkt. Es würde dann lauten: „dies sind die Toledot vom Himmel und Erde (2,4a). Dies ist das Toledotverzeichnis von Adam (5,1)." Da stießen sich die „Toledot" 2,4a auf das unangenehmste mit denen von 5,1, eine Ungeschicklichkeit, die man dem Verfasser nicht ohne Not zutrauen sollte.

Anders lag die Sache für den Mann, der diesen Schöpfungsbericht mit dem von J. (Gen. 2,5 ff.) zusammenarbeitete. Da galt es den ersten von dem zweiten deutlich abzuheben, was dann auf das einfachste durch die Verwandlung der Überschrift zur Unterschrift erreicht wurde. Von 5,1 war sie ja nun weit genug entfernt. Natürlich mußte dann wohl oder übel am Anfang der Erzählung ein Ersatz gegeben werden, der in der Tat auch vorliegt, aber doch in einer Form, daß die Gelehrten mit ihm nicht recht etwas anzufangen wissen. Denn faßt man V. 1 als Überschrift: „Im Anfang schuf Gott Himmel und Erde", so kann sich diese Überschrift gerade auf den nächsten

Vers nicht beziehen, da das Chaos (V. 2) von dem Ordnung wollenden und schaffenden Gott nicht ins Dasein gerufen, sondern vorgefunden wird, wie denn ein geschaffenes Chaos ein Widersinn ist. Schon aus dem Grunde, aber weiter auch darum, weil „Himmel und Erde" stets Ausdruck für den geordneten Kosmos, nie für die chaotische Masse ist, darf man V. 1 auch nicht übersetzen: „Im Anfang schuf Gott das Chaos (=Himmel und Erde) — „und die Erde (=Chaos; warum denn aber hier nur „Erde" gegen V. 1?) war wüste und leer." Sollte aber V. 1 Überschrift zu dem V. 3 ff. Berichteten sein, sodaß dann V. 2 den Zustand vor der Schöpfung (vor V. 1; 3 ff.) schildert, dann wäre doch das die Rede von V. 1 einfach fortführende „und" (nämlich (V. 1): Im Anfang schuf Gott u. s. w. (V. 2) und die Erde war . . .) nicht passend. So hat man sich denn zur Annahme einer verzweifelt verzwickten Periode (zu Anfang, da Gott Himmel und Erde schuf [und die Erde war wüste und leer . . .], da sprach Gott: es werde Licht) entschlossen und diese Übersetzung durch den Hinweis auf eine ähnliche Periode im Anfang des 2. Schöpfungsberichtes (2,4bff. s. u. S. 67ff.) und der babylonischen Schöpfungserzählung begründet. Aber die jahvistische Erzählung (2,4b ff.) ist am Anfang zugestandenermaßen verletzt, so daß man sie nicht gut zu irgend einem Beweise verwenden kann, und bei der babylonischen fehlt gerade die besonders störende Parenthese. Außerdem finden wir bei PC. sonst kein einziges Beispiel einer so weitläuftig gebauten Periode. — „Himmel und Erde" ist für den Hebräer das, was wir Welt, Weltall nennen. Nur müssen wir bedenken, daß seine Vorstellung dabei eine andere ist. Kindlichen Völkern, wie ja auch heute noch unseren Kindern, besteht die Welt aus der Erde und dem zu ihr gehörigen, über ihr sich wölbenden Himmel, an dem die glänzenden Lichter befestigt sind. „Himmel und Erde" ist die Welt, wie sie aus Gottes Hand hervorgegangen ist und sich noch immer dem Auge des Hebräers bietet. Schon dieser Ausdruck, der bei dem Jahvisten 2,4b in der noch älteren und kindlicheren Ordnung „Erde und (dazu gehöriger) Himmel" erscheint, zeigt zur Genüge, wie das den Hebräern und überhaupt den alten Völkern eigene Weltbild sich mit dem modernen, das bis in die Dorfschulen hinein gelehrt wird, in keiner Weise vereinigen läßt. Unser Bericht redet davon, daß „Elohim" d. h. Gott die Welt schuf. Natürlich ist ihm dieser „Elohim", (ein Ausdruck, der seiner ursprünglichen Wortbedeutung nach ebenso unklar ist wie unser „Gott") Jahve der Gott Israels;

nur vermeidet er auf Grund seiner künstlichen Theorie, daß die Gottheit zuerst als „Elohim" d. h. Gottheit, dann von Gen. 17,1 ff. an als „El Schaddaj" d. h. allmächtiger Gott (?) und endlich von Ex. 6 her als „Jahve" verehrt ward, bis zur Offenbarung Jahves an Moses diesen israelitischen Gottesnamen.

„Da Gott sie schuf". Der Ausdruck wie Begriff „schaffen" (bara) ist im Hebräischen verhältnismäßig jung. Solange in Israel noch der Glaube, daß Jahve der Gott des Landes Kanaan sei wie Kemosch der des Landes Moab (Richt. 11), Dagon der in Philistäa (1. Sam. 5 f), so sehr im Vordergrunde stand, daß die Kräfte der Religion, welche eine Überschreitung des Volksgebiets, eine Erweiterung der Volksherrschaft Jahves zur Weltherrschaft bewirken mußten, noch niedergehalten wurden, lag der Gedanke an die Weltschöpfung durch Jahve fern. Erst durch die Propheten, die unter Jahve den Herrn der Welt d. h. von Himmel und Erde verstanden, war die Voraussetzung für den Lehrsatz der Erschaffung von Himmel und Erde durch ihn gegeben, und erst nachdem durch ihre Tätigkeit Jahve, daß ich so sage, sich immer mehr vom Erdenstaub gereinigt hatte, war der Gedanke der Erschaffung aus Nichts möglich, wie er doch Jes. 40 ff. wohl vorliegt und wie er darin auch zum Ausdruck kommt, daß bei „bara", gleichviel was das Wort ursprünglich bedeuten mag, niemals der Stoff, aus dem Gott schafft, erwähnt wird. Von Wichtigkeit erscheint auch, daß es im Gegensatz zu den hebräischen Wörtern für „machen", „bilden", die von göttlichem wie menschlichen Schaffen gebraucht werden, nur von Gott ausgesagt wird. Gottes schöpferisches Tun ist von jeglicher menschlichen Tätigkeit schaffender Art damit aufs schärfste geschieden. Bemerkenswert ist nun zweierlei: 1. der Verfasser hat nicht als erster Wort und Begriff gebraucht. Er findet beides vor. Er hat den ihm durch seine Religion gebotenen Ausdruck übernommen und in die von ihm verwendete Schöpfungsgeschichte hineingearbeitet. Mit dem Erzählungsstoff fallen demnach die in ihm liegenden religiösen Gedanken, die ja aus anderen Quellen stammen können, nicht ohne weiteres dahin. Wenn sich zeigen sollte, daß der Stoff wirklich von außen her übernommen ist, dann ergibt sich sofort, daß Israel über diesem Stoff stand, ihn für sich verarbeitete, mit seinem Geiste, seinen Gedanken durchdrang. Denn nirgends in allen Kosmogonien des Altertums steht die schaffende Gottheit vor und über dem Stoffe da wie hier in Gen. 1. Diese Behauptung bleibt bestehen, trotzdem wir im folgenden, nicht bloß in V. 2, noch mancherlei nicht ganz verdaute Reste heidnischer Berichte finden werden, ja trotzdem man vielleicht annehmen darf, daß die beiden sich eigentlich ausschließenden Begriffe des Schöpfergottes und des seiner Natur nach unerschaffenen Chaos sich einst in unserem Bericht noch viel schärfer und unvermittelter gegenüberstanden als das jetzt der Fall ist. Unser Schriftsteller bietet nämlich stets nur die Worte: „Dies sind die Toledot von N. N.“ als Überschrift. Niemals (Num. 3,1 stammt nicht von ihm, und zu Gen. 5,1 siehe die Übersetzung, Anhang S. 3) beschwert er sie durch einen solchen Zusatz, wie er hier in dem Worte „da sie geschaffen wurden“ oder „da er (nämlich Gott) sie schuf“ vorliegt und wie er im Grunde selbstverständlich, ja geradezu lästig ist. Wir haben hier wohl, wie so häufig im Alten Testament, die Randbemerkung eines Lesers der zu den Worten 2,4b „am Tage da Jahve Erde und Himmel machte“, das „da er sie schuf“ an den Rand seines Exemplars schrieb, um dies Tun Gottes als ein „Schaffen“ geziemend hervorzuheben. Das Wort (boram) kam dann, wie das die Regel war, in den Text selbst hinein, wo es durch eine kleine Veränderung, nämlich durch Einschub eines Buchstabens „h“ (hibbaream), welcher sich schon durch die kleinere Schrift als Einschub verrät, dem Satzgefüge passend eingegliedert wurde. Wir hätten demnach so zu lesen: „So entstand Himmel und Erde: die Erde war wüste und leer usw., da sprach.“ .... Dann war deutlich gesagt, daß die Erde als Chaos von Anfang da war, wie sie ja auch V. 9 nicht „geschaffen“ vielmehr nur „entwickelt wird“. Aus ihr wurde dann weiter durch den Willen der Gottheit die Pflanzen- (V. 12), Tier- (V. 20, V. 24) und doch auch wohl die Menschenwelt gebildet.

Anderseits hat das Licht, der Himmel, die Gestirne nichts mit dem Chaos zu tun, wie denn der Verfasser mit keinem Worte andeutet, daß sie aus dem Urwasser entsprangen. Das Licht „Gottes Gewand“, der Himmel sein Ort, die Gestirne seine Diener, sie alle sind unmittelbar der Gottheit Kinder, die er wohl zur Ordnung und Regierung der Welt, der Erde hervorrufen und bestimmen kann, nimmermehr aber ihrem Schoß entsprossen ließ. Man versteht sehr wohl, wie Spätere an diesem unausgeglichenen Gegensatz, der hier so deutlich vorlag, Anstoß empfanden, die Überschrift an den Schluß verwiesen und mit dem Worte: „Im Anfang schuf Gott Himmel und Erde“ sehr energisch den das All schaffenden Gott an die

Spitze stellten und so obigen Widerspruch, so weit es ging, zu beseitigen suchten. Daß der Erfolg nicht durchschlagender war, ergab sich aus den verarbeiteten Vorlagen.

V. 2. Denn genau genommen paßt schon die Vorstellung von der sich durch eine ganze Woche hinziehenden Entwicklung des Chaos, in dem ja alle Keime des Lebens als bereits vorhanden gedacht sind, nicht recht zum Begriff des Schaffens, welches doch an ein müheloses schnelles Hervorbringen denken läßt (vgl. Ps. 33, 9: „er gebeut, so steht es da"). Der Bericht sagt ja auch in der uns vorliegenden Form noch nicht, daß das Chaos von Gott geschaffen sei. Er verneint es aber auch nicht ausdrücklich. Die Sache bleibt in der Schwebe. Diese Unklarheit erklärt sich ja eben daraus, daß hier zwei verschiedenartige, sich zum Teil scharf widerstrebende Anschauungen mit einander verschmolzen sind, ohne daß es einer von beiden gelang, der anderen ganz Herr zu werden. Es muß eine Erzählung zugrunde liegen, die von einem am Anfang aller Dinge stehenden Chaos redete. Von woher floß sie dem Verfasser zu? War es ein altisraelitischer oder ein fremder Mythus, den er verarbeitete? Wir haben es doch wohl mit fremdem Gut zu tun. Die chaotische Masse wird hier als „Majim" d. h. Gewässer bezeichnet, und die Meinung, daß die Erde, die Welt aus dem Wasser herausentwickelt ward, lag den Bewohnern eines Überschwemmungsgebietes, wie wir es am Nil oder am Euphrat und Tigris haben, recht nahe. In jedem Frühjahr erlebten sie es ja, daß die Erde aus dem chaotischen Zustande erlöst, zum Leben und Keimen erweckt, alles gewissermaßen neu geschaffen ward. Was Wunder, daß sie sich die erste Schöpfung nach Weise dieser sich stets wiederholenden Neuschöpfung ausmalten! Anders der Hebräer in seinem wasserarmen Lande, anders die Wüstenbewohner. Der trocken, tot und unfruchtbar daliegende Erdkern wird durch Nebel und Regen befeuchtet und triebkräftig gemacht. Es ist wohl möglich (doch s. unten S. 71 f.) daß 2,4 ff. diese Vorstellung geboten wird. — Bei dem weiteren allgemein bekannten, die Unordnung trefflich malenden Ausdruck „tohu vabohu" (Wüstnis und Wirrsal) hat man eine zweite heidnische Anschauung berührt gefunden, die im Grunde der von der angeordneten Stoffmasse widersprechen soll. Wie der griechische Ausdruck „Chaos" ursprünglich „Leere", „leere Kluft" bedeute und den leeren Raum bezeichne, in welchen die Gottheit die geschaffenen Dinge hineinsetze, so heiße auch „bohu" die Leere und erinnere sehr lebhaft an jene Vorstellung. Aber wenn „bohu", was recht zweifelhaft ist, ursprünglich „Leere" bedeutet hat, so hörte der Hebräer doch aus „bohu" eben wie aus „tohu" nur noch die Verwüstung, die Unordnung heraus (vgl. z. B. Jes. 34,11). Und wenn in der phönikischen Schöpfungssage der Urstoff als das Weib „Baau" bezeichnet wird, das nach Vereinigung mit dem männlichen Prinzip des Windes die Menschen gebar, so liegt hier eine Personifikation von „Bohu" vor, die auch auf den Gedanken der ungeordneten Masse, nicht aber auf den des leeren Raumes für unser Wort führt. Schließlich handelt es sich hier nur um die häufige Erscheinung, daß e i n Begriff durch zwei gleich an- oder auslautende Worte klangvoll ausgemalt wird. Man vergleiche zu demselben Anlaut hebräisch **n**in va **n**eched = Sproß und Schoß, **n**a va**n**ad = unstät und flüchtig, oder im Deutschen: Kind und Kegel (d. h. Bastard), Mann und Maus, Haus und Hof, während für gleichen Auslaut etwa „Not und Tod, Gut und Blut, weit und breit, was da kreucht und fleucht" passend heranzuziehen wäre. Man könnte also „tohu vabohu" etwa: (die Erde war) „wüst und trist" übersetzen und wird gegenüber der Behauptung, daß auch das Wort „bohu" an einen alten zugrunde liegenden heidnischen Mythus erinnert, mit Recht zurückhaltend sein. — Anders liegt es nun bei den folgenden Worten: „Finsternis lagerte über der Urflut". Der hebräische Ausdruck für Urflut weist schon durch seine Artikellosigkeit („tehom", nie „ha-tehom") darauf hin, daß man hier noch einen Eigennamen durchhörte, daß also eine ursprüngliche Personifikation vorlag. Nun hat das babylonische Schöpfungsepos nicht bloß denselben Namen (das babylonische „Tiamat" ist lautlich genau dem hebräischen tehom entsprechend), sondern die Urflut tritt uns dort auch in Person entgegen als die Urmutter des Alls, das aus ihrer Vereinigung mit dem männlichen Prinzip, dem Apsû, entstand. Zwischen ihr und den Göttern, die auch ihrem Schoße entstammen, von denen übrigens ein Teil sich auf ihre Seite stellte, entstand ein Kampf auf Tod und Leben. Es gelang dem Gott des Frühlings, der zugleich auch als Gott der Morgensonne galt, nämlich dem Marduk-Bel von Babel, sie zu töten und ihre Helfershelfer niederzuwerfen. An all dieses wird Gen. 1 nur mit dem Eigennamen ‚Tehom' erinnert und mit der Tatsache, daß das Chaos vor der Schöpfung dieser Erde vorhanden ist, während von einem Widerstreben des Urstoffs und einem Kampf gegen den Schöpfergott, gar von einem Hervorgehen der Gottheit aus ihm mit keiner Silbe mehr hingedeutet wird. Daß den Hebräern aber auch dieser Kampf bekannt war, zeigt uns der Schöpfungsang Ps. 104, wo es V. 5 heißt: „In die Urflut hülltest Du sie (die Erde) wie in ein Gewand, über den Bergen standen die Wasser. Vor Deinem Schelten flohen sie, wichen zitternd vor Deiner Donnerstimme zurück.“ Es liegt doch nahe, hier mehr als nur eine poetische Ausmalung zu finden; hier klingt doch der alte Schöpfungsmythus noch stärker durch als in Gen. 1,2. Ja, man glaubt an einigen anderen Stellen eine unmittelbare Übertragung der Marduk-Tiamaterzählungen im Alten Testament gefunden zu haben, nur daß dann an Stelle des Marduk einfach der Name Jahve gesetzt ward. So heißt es Jes. 51,9: „Rege dich, rege dich, wappne dich mit Kraft, Arm Jahves, rege dich wie in der Urzeit, bei den vorzeitigen Geschlechtern; warst Du es nicht, der die Rahab (d. h. das tobende Meertier) zerschellte, das Meerungeheuer durchbohrte?“ Und ebenso lesen wir Hiob 26,12 f. von der zerschmetterten „Rahab“, der „durchbohrten“ flüchtigen Schlange. Ist hier nicht das babylonische Weltschöpfungsepos in diesem Teile ganz unverändert übernommen? Ja, Hiob 9,13 redet auch von den Gehilfen der Rahab, die sich, niedergeworfen, unter der Hand Jahves ducken, genau wie es von den mit Tiamat verbündeten Göttern und schrecklichen Tiergestalten in der babylonischen Erzählung ausgesagt wird. So hat man denn bis ins Neue Testament hinein überall, wo vom Kampf mit dem Drachen und mit furchtbaren Tieren des Abgrundes die Rede ist (vgl. Dan. 7, Offenbarung 12), unsere Tiamat vermutet. Ob mit Recht? Das ist doch recht zweifelhaft. Denn in der babylonischen Erzählung erscheint sie als Weib, wie auch der babylonische Priester Berosus (300 v. Chr.), von dem man schon lange einen jetzt durch die Keilschrifttexte ja bestätigten Bericht über das babylonische Weltschöpfungsepos kannte, die Tiamat ausdrücklich und wiederholt ein Weib nennt. Babylonische Darstellungen, die uns, sei es in bildlicher, sei es in dichterischer Ausführung, einen Gott im Kampfe mit einem drachenartigen, gar wohl männlichen Wesen oder mit einer wilden Schlange vorführen, wird man darum wohl anstand nehmen müssen, auf das personifizierte Chaos, die Tiamat, zu beziehen. Und so gehen auch wohl die biblischen Stellen auf einen anderen Mythus, der uns vielleicht die Gottheit im Kampf mit dem die Erdscheibe schlangenartig umwindenden Ozean vorstellt, der damals und zuweilen auch heute noch die Neigung hat, die ihm vom Schöpfer gewiesenen Schranken zu durchbrechen (?). Dieser Ozean steht aber nicht am Anfange der Schöpfung, sondern kommt doch erst nach dem Tode der Tiamat in betracht. Wie dem auch sein mag, jedenfalls ist es für unsere Stelle von Wichtigkeit, festzustellen, daß nur einem feinen Ohr noch die mythologischen Klänge in Gen. 1,2 vernehmbar sind. — Die Finsternis erscheint hier wie auch sonst (bei den Indern, Ägyptern, Phönikiern, Hesiod [Griechen], Babyloniern) mit dem Chaos in engster Verbindung und damit wie dieses gleichfalls nicht als ein Geschöpf aus Jahves Hand. Das ist auffallend. Denn sonst hören wir ja ausdrücklich, daß „Jahve Licht und Finsternis, Gutes und Böses schuf" (Jes. 45,7; Klagel. Jer. 3,38). Gewiß hat es auch für die Israeliten eine Zeit gegeben, da sie eine besondere Gottheit oder Gottheiten der Finsternis, der Krankheiten und Seuchen verehrten und fürchteten. Aber diese Zeit liegt weit zurück, liegt im Dunkel der Urgeschichte Israels. Nachdem die verschiedenen Nomadenstämme sich im Dienst des Jahve vom Sinai zusammenfanden, ihn als den Gott der dort entstandenen Nation verehrten und in Krieg und Sieg als mächtig erfahren halten, trat was sonst etwa von göttlichen, dämonischen Mächten noch verehrt ward immer mehr zurück. Jahve riß alle Gebiete des Lebens an sich, ihm wurden die Mächte der Erde, des Himmels, der Unterwelt untertan. In allem, was geschieht, erkennt der Israelit Jahves unmittelbares Wirken, auch in dem Bösen. Jahve ist's, der David zur Volkszählung reizt und ihn und sein Volk dafür straft, daß er sie befiehlt. Mit anderen Worten: eine Pest, die zur Zeit der von David verordneten Volkszählung ausbrach, wird mit dieser in innere Beziehung gesetzt. Die Pest ist Strafe Jahves. Die Strafe weist auf Sünde gegen Jahve, er muß durch irgend eine Tat von Gesamtisrael — denn das Gesamtvolk wird ja heimgesucht — oder von dem Vertreter des Volkes, dem Könige, zum Zorn gereizt worden sein. Dieser hat nun aber das Volk zählen lassen; das ist's also, was Jahves Mißfallen erregte. Anderseits aber geschieht nichts ohne Jahve. So hat denn Jahve selbst den König zur Zählung veranlaßt, wohl um ihn nachdrücklich an die ‚Grenzen der Menschheit' zu erinnern, wohl um ihm und allem Volk zu zeigen, daß Jahve und er allein der absolute Herr ist (2. Sam. 24). Es gilt für den Menschen, sich unter die Hand der Gottheit zu beugen, denn sie hat die Macht. Nun ist ja gewiß, daß hiermit die prophetische Auffassung von Jahve als dem Herrn und Wächter der sittlichen Welt, der nicht nur will, daß die Menschen streng sittlich handeln, sondern der auch selbst als der vollkommen Sittliche nur sittlich gut handeln kann, in scharfem Widerspruch steht. Aber dieser Widerspruch kam nicht so bald zum Bewußtsein. „Das Problem, welches in diesem Nebeneinander von Gut und Böse in bezug auf die göttliche Weltregierung liegt, wird noch nicht aufgeworfen" (Hermann Schulz, alttestamentliche Theologie[4]) S. 581 ff.). So sehen wir, daß die Alleinwirksamkeit Jahves, von jenem großen Propheten, der zur Zeit der Eroberung Babels durch Cyrus unter seinen verbannten Volksgenossen gewirkt hat (Jes. 40—55), im bewußten Gegensatz zu den toten Götzen der Heiden, die weder gut noch böse handeln können, also überhaupt keine Existenz haben, in der Form hervorgehoben wird, daß Jahve „Licht und Finsternis, Heil und Böses schafft" (Jes. 45,7); ja, noch ein Dichter des 3. Jahrhunderts wagt das kühne Wort, daß aus „seinem (Jahves) Munde Böses und Gutes kommt" (Klagelieder 3,38). Anderseits hat Herder doch wohl das richtige Gefühl gehabt, wenn er in der ältesten Urkunde des Menschengeschlechtes, Cottasche Ausgabe 1852 III S. 197 folgendes ausführt:

„Was für früheres, einfältigeres Sinnbild gibt's für Gut und Böse als Licht und Dunkel — in der ganzen Welt und im Morgenlande! Man denke sich ein späteres umirrendes Leben erster Zeltbewohner und unbekannter Weltbürger — die Nacht bricht an: „da regen sich alle wilden Tiere, und die jungen Löwen brüllen nach Raub. Die Nacht bricht an, Grauen und Schreckenstöne in deinen Ohren: von den Höhen der Berge lauert das Schwert auf dich; Feinde des Lichts stehen auf, erwürgen den Gerechten und Armen; die Leuchten deines Zeltes erlöschen: Gott hat dir dein Licht geraubt; verloren! Hoffe auf Licht, und es komme Dunkel, müssest nie sehen die Wimper der Morgenröte" — so im Buch Hiob, in Psalmen, Propheten und allen morgenländischen Dichtern unzählige Stellen. Man fülle sich die Einbildung mehr oder minder mit allen Finsternisschrecken des Orients — Einöden, Abgründe, wilde Tiere, Räuber, Verwünschungen, Zaubereien, Unholde, Untaten unter dem Vorhange der Nacht; man denke sich das allgemeine Gefühl, das Hirt und Wanderer, Weib und Kind von Jugend auf fühlte; sehe das Klare, Allheitere, Gottähnliche des schönen Tages in seinem weiten Horizonte dagegen, welche Symbole natürlicher, im Herzen aller Menschen natürlicher, als „Licht gut! Finsternis böse!" Alle Erzählungen und Märchen des Aberglaubens, Schauderns, Schreckens, alle Taten der Sünde und Unmenschheit — was nehmen sie so natürlich zur Decke als Mantel der Nacht! wo sind die meisten der Art entsprungen? wo erhalten sie sich? wo werden sie am liebsten erzählt und fortgebreitet als in Finsternis und Dämmerung? Der Same alles Bösen und Unansehnlichen ist so, wie sein natürliches Bild, Finsternis; das ist der herrschende Ausdruck der heiligen Schriften in allen Jahrtausenden, der Ursprung des so weit verbreiteten Aberglaubens zweier Grundwesen — mich dünkt der ewige Same so mancher Sünd- und Nachtmeinungen in den Herzen aller Welt."

Es würde doch verwunderlich sein, wenn nicht in der feiner empfindenden Zeit des Judentums religiös gestimmte Männer Anstoß daran genommen haben sollten, daß Jahve Schöpfer der Finsternis, des Bösen ist. Tatsächlich sehen wir ja auch, wie der Verfasser des Buches Hiob (etwa um 400), der streng an der unmittelbaren absoluten Weltregierung Jahves festhält, demnach auch Finsternis und Böses auf ihn zurückführt, Mühe hat die Gerechtigkeit Jahves festzuhalten. Er fühlte also diese Schwierigkeit wohl, fand aber keine Lösung. Andere wußten sich zu helfen. Zwar die Gegenüberstellung zweier von Anfang an bestehender feindlicher Welten und Götterreihen, der lichten, guten und der bösen, dunklen, wie es die Perser lehrten, war für sie ausgeschlossen. Aber man dachte Jahve von der Urheberschaft des Bösen zu entlasten, indem man sie auf den Jahves Macht unterstehenden, aber verhältnismäßigen selbstständigen Satan abwälzte — eine Lösung, die tatsächlich doch keine Lösung war. So ist's denn bei dem Chronisten der Satan, der David zur Volkszählung anreizt (1. Chron. 21,1). Ähnlich mag unser Verfasser empfunden haben, indem er die Finsternis zwar nicht als Geschöpf Jahves vorführt, sie aber dann doch in der für die Menschen, für die Welt nötigen Form der Nacht von der Gottheit verwendet, in die Schöpfung eingeordnet werden läßt. — ‚Und der Geist Gottes brütete über dem Wasser'. Die Inder, Phönikier, Ägypter erzählten sich, daß aus dem Chaos ein Weltei emportauchte, das den Anfang alles Lebens in sich trug. Auf diese, übrigens bei den Babyloniern bisher nicht belegte, Anschauung geht unser Ausdruck zurück, und es ist außerordentlich lehrreich zu sehen, wie sich der Verfasser mit dieser, gleichfalls dem strengen Schöpfungsbegriff widersprechenden, weil eine allmähliche Entwicklung eines schon vorhandenen Stoffes bietenden Vorstellung abgefunden hat. Natürlich konnte er nicht Gott selbst als die Wasser „bebrütend" vorführen. Und so tritt die Vermittlung des Geistes dazwischen. „Geist" ist der Stoff, aus dem die Gottheit nach alter Anschauung gebildet ward. Die Gemeinschaft der Götter mit menschlichen Weibern führte „Geist" in die Menschheit ein und damit übermenschliche, riesige Kräfte (1. Mos. 6,1 ff). Was übermenschlich, unbegreiflich, furchterregend ist, (z. B. selbst auch die Tobsucht des Saul 1. Sam. 16,15 ff.; 18,10; 19,9) stammt von der Gottheit, geht auf Begabung mit dem „Geist Jahves" zurück. Der Geist ist's, der die Richter Israels „bekleidet" und zu „göttlichen" Taten fortreißt.

In Kraft dieses Geistes ergreift Simson einen Löwen und zerreißt ihn wie ein Böcklein (Richt. 14,6), sprengt die Seile, mit denen ihn die Judäer gefesselt, um dann mit einem Eselskinnbacken 1000 Philister zu erschlagen (Richt. 15,14). Der Geist Jahves kommt über ihn und er tötet 30 Philister, um mit ihren Gewändern, die im Rätselspiel verlorenen Kleider aufzubringen (Richt. 14,19). Hat Jahve sich Israel vornehmlich als starker Kriegsgott erwiesen, so ist's natürlich, daß es gerade die Kriegsbegeisterung ist, die als seine Wirkung, Wirkung seines Geistes aufgefaßt wird. Die Gottheit nimmt tatsächlich Besitz von dem Ergriffenen. Das zeigt sich nun besonders bei den Prophetenscharen, die auch wohl Kriegsbegeisterung hatten und weckten (1. Sam. 10). Aber von diesen rasenden und bis zur todesähnlichen Erschlaffung tanzenden Männern glaubte man, wie auch anderswo, daß sie besonders ihres „Gottes voll" waren. Selbst Propheten wie Jesaja werden von diesem Gottesgeist überwältigt (Jes. 8,11.). Je geistiger und sittlich höher die Gottesanschauung wurde, desto mehr mußte nun die Meinung von einem sittlich indifferenten, gewaltsam und ruckweise den Menschen überfallenden, ihn zu prophetischer Verzückung und rasender Kriegsbegeisterung reißenden göttlichen ‚Fluidum', der anderen weichen, daß der Geist des heiligen, reinen Gottes den Menschen heiligt, reinigt und verklärt. Von Jeremia an löst ja der e i n z e l n e Fromme den Propheten ab, der zwischen Gott und Gesamtvolk als Mittelsmann steht. Ein jeder will und soll jetzt persönlich mit Jahve in Verkehr treten, seines Geistes teilhaftig werden. Und wenn auch jetzt noch phantastische Geister unter der Geistesausgießung über alles Volk die Fortreißung der Gesamtheit zu prophetischer Ekstase verstehn (Joel 3) und eine solche Zeit ersehnen und weissagen, — man weiß doch, daß der Geist Jahves der „gute" „heilige", „gewisse" Geist ist, der die Herzen erneuert und Gottes Willen zum Willen des eigenen Innern macht (Ps. 51. Jer. 31), ein

Geist, der in jedem religiös gestimmten Menschen tätig und wirksam ist. —

Aber es handelt sich hier ja weder um den Ekstase und Kraft noch um den sittliche Reinheit bewirkenden Geist. Hier ist der Geist Jahves ja doch der die Lebenskeime weckende, die Weltschöpfung vorbereitende Geist.

Und das führt uns noch auf eine andere Gedankenreihe. Das hebräische Wort für Geist (ruach) bedeutet ja eigentlich „Wind, Hauch, Atem". Wo der Atem fehlt, fehlt das Leben. Das Leben aber kommt von Jahve, von ihm also auch der Atem in Mensch und Tier (Gen. 2,7; 6,17; 7,22; Ps. 104,29). Der „Lebensgeist" also ist aus Jahve. Und dieser Lebensgeist, der von der Gottheit ausgehend die Welt belebt und trägt, heißt nun gleichfalls ‚ruach' und wird hier geradezu personifiziert. Dadurch wird — und hier sehen wir wieder recht in das Herz des späteren Judentums hinein — ein Doppeltes erreicht: der Geist steht als Mittelursache zwischen Gott und Welt und verhindert somit ein Verwischen der Grenze zwischen göttlichem und menschlichem Geist, wehrt pantheistische Meinungen von vornherein ab. Wir haben hier aber weiterhin die schon oben berührte Erscheinung, daß man in der berechtigten oder unberechtigten Angst, Gott irgendwie zu menschlich zu schildern, Zwischenfiguren einführt, die zwar unter Jahves Leitung stehn, so daß seine allmächtige alleinige Wirkung nicht aufgehoben wird, von denen aber doch anderseits mancherlei Tätigkeit ausgesagt wird, die eine spätere Zeit von der Gottheit selbst auszusagen Scheu trug. So stieß man sich wohl daran, daß der überweltliche Gott sich den Tempel in Jerusalem zur Wohnung erkoren, da hieß es, er habe ‚seinem Namen' eine Wohnung bestimmt. Der Name ist gewissermaßen als selbständige Person von ihm losgelöst und doch wieder mit ihm in innigster Beziehung, wie ja nach allgemeiner antiker Anschauung der Name wirklich ein wesenhafter Bestandteil der Sache ist. Ebenso tritt die Weisheit, mit der Gott die Welt geschaffen hat und nun regiert, als ein selbständiges und doch ihm unterstehendes Wesen auf. Auch sie ist ein Geschöpf der Gottheit und zwar ihr erstes. Vor allen Dingen der Welt ward sie gebildet. Sie war nicht bloß dabei, als Gott den Himmel spannte, das Meer faßte und alles ins Dasein rief: sie leistete ihm auch hilfreiche Hand; so ward denn alles „weislich" geordnet. Mit Recht nennt sie sich denn auch Werkmeisterin des Herrn (Sprüche 8,22 ff. bes. V. 30; Weish. Salomos 7,21). Auch jetzt ist sie ihm unentbehrlich, nur Gott allein hat zu ihr Zutritt; den Menschen ist ihr Besitz verwehrt. Denn sie ist die persönlich gefaßte göttliche Weltregierung (Hiob 28,1 ff); und wenn das Judentum von Salomo Einblick in die tiefsten Geheimnisse der Natur zu rühmen wußte, so konnte es sich das nur so erklären, daß die göttliche Weisheit sich mit dem Menschen Salomo in einzigartiger Weise verbunden hat (Weisheit Sal. Kap. 7; etwa um 100 v. Chr.). Daß nun der erhabene Gott wie ein menschlicher Künstler die Welt gebildet habe, sie wie ein irdischer König regiere, erschien den über ihres Gottes Hoheit zu ängstlich wachenden jüdischen Denkern anstößig. Dieser Anstoß wird durch die zwischen Gott und der zu erschaffenden und dann erschaffenen Welt stehende Weisheit gehoben. Ähnliches gilt nun von dem „brütenden Geist" an unserer Stelle. Wenn die Phöniker sich von einem über dem Chaos wehenden und webenden Hauch erzählen, der durch seinen Zusammenschluß mit dem Chaos das Entstehen des Welteis bewirkte, aus dem dann weiter alle Dinge sich entwickelten, so konnte das natürlich nicht auf den Gott Israels übertragen werden. Da legte sich die Hilfsvorstellung von dem selbständig gefaßten göttlichen Geist von selbst nahe, umsomehr, da auch die dialektisch nur wenig vom hebräischen unterschiedene phönikische Sprache denselben Ausdruck wie das Hebräische (nämlich ruach d. h. Geist, Hauch, Wind) für jenes ‚Wehen' gebraucht haben wird. Auf diese Weise konnte jene geistvolle Erzählung von dem triebkräftig gemachten Weltei doch verwendet werden; so ward aber zugleich auch die Ehre des Gottes von Israel — wenigstens für das Gefühl des Judentums — gerettet. Man versteht nun, wie es kam, daß nur an unserer Stelle im alten Testament der göttliche Lebensgeist geradezu als von Gott losgetrenntes selbständiges Wesen erscheint.

b) Erste Hälfte V. 3—13

Die Erschaffung der leblosen Dinge: drei Tagewerke.

1) Erster Tag: Das Licht V. 3—5.

Aus dem Weltei entsteigt nach ägyptischer Erzählung der Sonnengott Ra, der Licht und Leben in die Welt hineinbringt. Die Phöniker lassen aus dem Ei zuerst Sonne und Gestirne aufstrahlen. Dem entspricht es, daß der erste Tag in der Genesis die Entstehung des Lichtes schildert. Aber gerade hier zeigt sich die Höhe der israelitischen Gottesanschauung. Die Worte: „Gott sprach: es werde Licht, da ward Licht" haben schon bald großen Eindruck gemacht, wie denn ein heidnischer Schriftsteller aus der Zeit etwa um 70—90 n. Chr. in seiner Schrift „über das Erhabene" diese Stelle als ein klassisches Beispiel erhabener Darstellung aus der Feder des Moses hervorhebt. Sie verfehlen auch heute noch nicht ihres Eindrucks und werden ihre Kraft nicht verlieren, so lange es religiös und poetisch empfindsame Gemüter gibt. Das Wort („er sprach") drückt den Willen zur Tat aus; der Gott Israel ist nicht wie der heidnische Schöpfergott ein Ausfluß der chaotischen Masse, er steht über ihr und gebietet in königlicher Machtvollkommenheit über den Stoff. Mag auch dieser Stoff schon von Anfang gewesen sein (V. 2): der Gott Israels, bis dahin ruhend, jetzt tritt er hervor, um mit seinem machtvollen Wort zu schaffen, den gefügigen Stoff zu ordnen. Vielleicht darf man bei der Lichtschöpfung noch einen Schritt weiter gehn.

Bei Tag zwei und drei handelt es sich ausdrücklich um Scheidung bisher ungeordneter Stoffmassen. So müßte man bei dem Licht etwa die Herauslösung aus der Finsternis, nach Analogie der Herausschälung der Erde aus dem Wasser, geschildert erwarten. Aber das Licht, Gottes Kleid (Ps. 104,2), entstammt nicht dem Chaos. Es ist unmittelbar von Gott geschaffen. Hier hat der israelitische Schöpfungsgedanke über das Chaos gesiegt. Jahve „spricht und es wird, er gebietet, so steht es da" (Ps. 33,9), so sagt der Psalmist und spricht damit aus, was Glaubenssatz der ganzen jüdischen Gemeinde war. Nirgends ist diese Lehre kürzer, kraftvoller und schöner gegeben als in unserem Worte: „Gott sprach, es werde Licht, da ward Licht." Die sofortige Anreihung der Erfüllung an die Worte des Befehls malen unnachahmbar die Mühelosigkeit des göttlichen Schaffens. Daß es dieselben Worte sind („werde Licht" „ward Licht"), zeigt, daß alles ganz genau dem göttlichen Willen entsprechend ins Dasein trat. Und ferner: wenn wir wie hier so auch weiterhin hören, daß Gott das Geschaffene „gut" und „sehr gut" fand, so will der Verfasser gewiß nicht meinen, daß seinem Gott ein Werk auch hätte mißlingen können. Vielmehr wird hier die Freude über das Gelingen ohne weitere Nebengedanken auf einen passenden Ausdruck gebracht. Es soll doch nur die Vortrefflichkeit der vorhandenen Welt auf das nachdrücklichste hervorgehoben werden. Sie ging also vollkommen sofort aus Gottes Hand hervor, daß eine weitere Vervollkommnung und Ausbildung, an die manche Ausleger noch bis zur Zeit der Flut hin gedacht haben, wenigstens für unseren Schriftsteller nicht in betracht kommt (doch s. u. S. 149). Der von jetzt ab stets stark hervortretende supranaturalistische, also echt israelitische Zug unserer Erzählung brachte nun auch eine andere viel bemerkte, aber in ihrem Grunde nicht recht erkannte Eigentümlichkeit mit sich. Gott schafft das Licht, damit Tag und Nacht — und doch, die Träger des Lichts, die Sonne und Gestirne, die Regierer von Tag und Nacht, die Regulierer der Wochen, der Jahre und Feste läßt er erst am vierten Tage entstehen! Wie kann Licht vor der Sonne sein? Wie kann man von einem Tage vor der Entstehung der Sonne reden? Beide Fragen lassen sich wohl beantworten. Sonnenlose Tage zeigen dem naiv empfindenden Menschen, daß das Kommen von Tag und Nacht nicht von Sonnenauf- und -untergang abhängig ist. Das Licht, aus feinstem Stoff gedacht, hat seinen besonderen Ort, aus dem es zur Zeit hervortritt, zu dem es wieder zurückkehrt wie auch die Finsternis. So fragt Jahve den Hiob (38,19): „Wie kommt man dahin, wo das Licht wohnt; wo ist der Wohnort der Finsternis, daß Du sie führtest zu ihrem Gebiet, brächtest zu ihres Hauses Pfaden"? Bei dieser Frage gilt es klar als Voraussetzung, die Jahve, Hiob, der Dichter und seine Leser machen, daß Lichtstoff und Finsternisstoff selbständige Größen sind und ihr bestimmtes „Haus" haben. Auch der alte griechische Dichter Hesiod macht zwischen dem Lichtäther (der reinen Lichthelle) und dem Tag (der Tageshelle) einen deutlichen Unterschied. Wenn man also durch eine Umstellung der Tagewerke (etwa V. 14—16 Gestirneschöpfung vor V. 3), oder eine Zusammenwerfung von V. 3ff mit 14—16 helfen wollte, so war das übel getan. Man rechnete nicht mit dem unten noch zu erörternden wohlgefügten Bau der Erzählung und nahm auf die antike Unterscheidung zwischen Licht und Lichtkörper keine Rücksicht.

Allerdings scheint diese Unterscheidung für manche heidnische Kosmogonie bedeutungslos zu sein. Am Anfang der Schöpfung steht die aus dem Chaos (Babylonier), aus dem Weltei (Ägypter, Phönikier) emporsteigende Sonne (Marduk bei den Babyloniern, Ra bei den Ägyptern), die als schaffender Gott der Welt und alles des, was darinnen ist, angesehen ward. So erscheint z. B. Schamasch = Sonne nicht unter den von Marduk erschaffenen Gestirnen (Mond und Sterne), doch wohl weil er ursprünglich als Sonnengott die Stelle des schaffenden Marduk-Bel, des Gottes der Frühlingssonne, im babylonischen Epos eingenommen haben wird. Die Priester Marduks, des Stadtgottes von

Babel, mußten bei der emporsteigenden Macht dieser Stadt auch auf die Verherrlichung des Gottes bedacht sein, auf den man die Machterweiterung Babels zurückführte. So bietet denn das alte Weltschöpfungsepos in seiner babylonischen Auflage den Marduk als Hauptgott, als Gott der Schöpfung. Wenn aber Gen. 1 die Sonne, streng von dem Geschöpfe Gottes, dem Licht geschieden, erst am vierten Tage zugleich mit allen Gestirnen ins Dasein gerufen wird und sehr ausführlich zum Dienst der irdischen Kreatur, besonders des Menschen, bestimmt erscheint, so ist damit die Gefahr einer Anbetung der Sonne, einer Gleichsetzung des Schöpfers mit dem Geschöpf, wie sie ja in den außerisraelitischen Religionen an der Tagesordnung war und für die Israeliten nicht ganz fern lag (vgl. 2. Kön. 23,11; Hiob 31,26ff.), von vornherein beseitigt. — Man könnte also schon von der Unterscheidung des Lichts und der Sonne her verstehen, wie ein Hebräer noch vor der Sonne schon vom Tage reden konnte. Aber da nach V. 14 die Gestirne, insonderheit Sonne und Mond, zur Scheidung von Tag und Nacht bestimmt sein sollen, bleibt doch ein gewisser Widerspruch, der sich aber auf andere Art lösen läßt. Wir werden unten sehen, daß der ursprüngliche Bericht von sieben oder acht Schöpfungswerken redete, als deren erstes die Lichtschaffung anzusehen ist. Die jüdische Woche mit dem jüdischen Sabbat bestand nach jüdischer Ansicht von Anfang an. So ist denn auch die Weltschöpfung im Raume einer Woche verlaufen, d. h. der vorliegende Stoff ist in das Fachwerk der Woche verpackt, so daß der 3. und 6. Tag zwei Werke brachte. Auf diese Weise ist es gekommen, daß schon von Tagen die Rede ist, bevor die Sonne da war. — Wenn Gott das Licht „Tag" und die Finsternis „Nacht" n e n n t, so will das nicht bloß besagen, das Licht hatte die Bestimmung des Tages, die Finsternis die der Nacht. Denn die Namen gehören zur Sache, natürlich die hebräischen Namen („jom" d. h. Tag, „lajlah" d. h. Nacht). Denn wie Kinder kennen die kindlichen Völker nur eine, d. h. die eigene Sprache; die Sprache anderer Völker erscheint ihnen lächerlich, ist ihnen ein Stammeln und Stottern. So auch die Hebräer (Jes. 28,11; 33,19). Der „jom", die „lajlah", wie der Hebräer sie kennt, haben Existenz und Namen von Jahve bei Gelegenheit der Weltschöpfung erhalten. — „So ward Abend und ward Morgen, ein erster Tag." Hier wird, wie das auch das Natürliche ist, der Tag von Morgen zu Morgen, nicht also wie meist von den Juden nach der Verbannung (Neh. 13,19; Dan. 8,14) von Abend zu Abend gerechnet.

Denn die Finsternis vor dem Licht (V. 2) ist noch nicht „Nacht". Sie war da von Anfang mit dem Chaos. Jetzt wird sie, die nicht von Gott geschaffen ward, doch in der geordneten Welt der Art verwendet, daß, sobald das neuentstandene Licht sich nach der ihm bestimmten Zeit an seinen Ort zurückzieht und also der Abend hereinbricht, sofort die Finsternis heraufsteigt, um sich nach Ablauf der für die Nacht gesetzten Stunden wieder zu ihrer Stätte zurückzuziehen. Jetzt erst erhält sie den Namen „Nacht". Und aus beiden Teilen zusammen wird der erste volle Tag. Es soll ja dargestellt werden, wie es zu der dem Juden bekannten Woche mit ihren 7 Tagen und dem abschließenden Sabbat, in der sich das Leben der Menschen abspielt, gekommen ist. So müssen diese Tage, wie es ja auch das Gegebene ist, den bekannten gleich sein, sintemal ja eben die Welt, wie sie uns umgibt, mit all ihren Dingen in ihrer Entstehung vorgeführt werden soll. Streng genommen widerspricht ja schon die Einordnung der Schöpfung in eine ganze Woche dem Gedanken eines allmächtigen Schöpfers, der doch nicht bloß mühelos, sondern auch im Augenblick hervorrufen kann und hervorruft, was er will. Dieser kaum empfundene Widerspruch — eben durch die Sabbatsidee hier hineingebracht — wirkt unerträglich, wenn man unter den Tagen Jahresperioden von ungezählter Länge zu verstehen hätte. „Gott sprach: es werde Licht — und nach 100 000 Jahren ward Licht"! Die Ruhe, die Gott sich doch nach einer Woche ununterbrochener Tätigkeit gönnt, fiele dann in die Tage selbst hinein und der Verfasser hätte dann statt der Erschaffung durch das Wort ein Hervorbringen durch die Tätigkeit von Mittelursachen schildern müssen. Auf die wunderliche Idee von Tagen unendlich langer Dauer konnten nur die Gelehrten verfallen, die da meinten in Gen. 1 liege von Gott selbst enthüllte, untrügliche Wahrheit vor, und es gelte nun, diese mit den Resultaten der Naturforschung in Einklang zu setzen. Die Naturforschung hat nun, so sagt man, zu der Gewißheit geführt, daß die Welt, die Erde sich in gewissen Perioden von unendlich langer Dauer bis zur jetzigen Gestalt entwickelt hat. Also sind die Tage als unendlich lange Zeitperioden zu fassen, wozu uns das Wort Ps. 90,4: „1000 Jahre sind vor Dir wie ein Tag", das unbestreitbare Recht geben soll. Aber, abgesehen davon, daß es zu einer genauen Übereinstimmung der geologischen Perioden und der Tage in Gen. 1 nie kommen konnte: unser Verfasser, das Judentum, die alte Welt wußte nichts von diesen modernen

Weltentstehungsansichten. Also soll man sie hier nicht suchen, sondern dem Bericht seine rührend kindliche Form lassen, mit der er zu unserem Herzen spricht. Dazu handelt es sich ja auch nicht um Tage von Gott, sondern um menschliche Tage, um die Zeitmaße, in denen sich das Leben der jüdischen Leser bewegte. Wie die Entstehung des im Judentum jeden 7. Tag gefeierten Sabbats zu denken ist, will der Verfasser lehren. Also muß dieser Sabbat doch eben der jüdische sein. Er wurde nur hier zum ersten Male gefeiert. Was dem Sabbat gilt natürlich gerade so den Wochentagen. Die jüdische Woche mit ihren 7 Tagen von je 24 Stunden und dem Sabbat am Schluß ist bei der Schöpfung entstanden.

2) Zweiter Tag: der Himmel V. 6—8.

Die erste Voraussetzung für das Bestehen unserer Erde, für das Leben alles des, was auf ihr „fleucht und kreucht", ist der Himmel. Er ist ja die göttliche Vorratskammer, der Speicher des Hauses „Erde", wie das im Buch Hiob so eindringlich und schön ausgeführt wird (Hiob 38 ff). Hier sind vor allen Dingen die großen Wassermassen aufgespart, deren die Gottheit, sei es zum Segen, sei es zur Strafe (Gen. 7,11) der Erdenbewohner benötigt. Schon der hebräische Name für „Feste", „Firmament" (rakia) führt auf die auch sonst, nicht bloß bei den Hebräern, entgegentretende Ansicht der Alten, daß der „eherne", „erzbeschlagene", „silberne" Himmel, wie ihn Homer benennt, eine feste Masse ist. Er erscheint wohl als ein gegossener Spiegel (Hiob 37,18), ein festes Gewölbe, das sich einem Zelttuch gleich über der Erde ausspannt (Ps. 104,2; Jes. 40,22), wie eine Glocke über dem kreisrunden Horizont (Hiob 26,10; Spr. 8,27) aufsteigend. Er ruht auf festen Bergsäulen (Hiob 26,11), hat Öffnungen und Türen (Gen. 28,17; 7,11). Dieses Firmament soll nun eine dauernde Scheidewand für die oberhalb und unterhalb der Himmelsdecke befindlichen Gewässer bilden. Es handelt sich hier nicht um Trennung der Wolken („himmlischen Gewässer") von den Meeren und Flüssen der Erde, wovon ja erst V. 9 die Rede ist. Denn auch die Wolken sind „unterhalb" des Himmels für den Hebräer. Vielmehr hat die Gottheit über den „himmlischen Gewässern ihre Söller gebälkt" (Ps. 104,3). Also über diesem Firmament wird ein unerschöpfliches Meer (Ps. 148,4) gedacht, das durch geöffnete Schleusen, „Fenster", (Gen. 7,11) oder „Kanäle" (Hiob 38,25) Regen zur Erde fließen läßt (Ps. 104,13). Diese also von Gott geschaffene, schwerlich dem Chaos entnommene Feste dient nun den Zwecken des die Welt, die Erde regierenden Gottes. Unsere Schöpfung ist also gewissermaßen ein Kompromiß. Gegebene Stoffe wie von Jahve ins Dasein gerufene werden zu der von Gott gut gewollten und gemachten Welt zusammengeordnet. Übrigens ist die Meinung, daß oberhalb unseres Himmels große Wassermassen fluten, nicht bloß israelitisch. Auch der ägyptische Sonnengott Ra fährt täglich über die Himmelswasser, und die Veden und der Avesta beweisen für Indien die gleiche Vorstellung; auch haben die Keilschriftforscher mit Recht hervorgehoben, daß in diesem Punkte wie überhaupt in der Weltanschauung das Alte Testament und die Keilschriften dieselben Anschauungen bieten.

3) Dritter Tag: Weltmeer und Festland; Pflanzen. V. 9—13.

Man sollte die Ordnung des irdischen Wassers, die Bettung des Ozeans in sein Becken, das er nicht überschreiten darf (Hiob 38,11), in Verbindung mit der Ausscheidung der Himmelsgewässer erwarten. Tatsächlich zeigt das Fehlen des Wortes: „Gott sah, daß es gut war" in V. 8, welches wir bei dem zweiten Tag zweimal hören (V. 10 und V. 12), daß das Werk des zweiten Tages mit V. 7 ff. noch nicht vollendet ward. Die Anlage des ganzen Abschnitts (s. u. S. 58) hat die Loslösung der VV. 9—10 von 6—7 und ihre Vereinigung mit 11—13 verursacht. Die von den erstickenden und lebentötenden Wassermassen befreite, nicht geschaffene, sondern nur aus ihrer nassen Umhüllung herausgeschälte Erde kann jetzt — sie hat ja noch Feuchtigkeit genug — sofort Pflanzen, Kräuter und Bäume aus ihrem Schoße hervorgehen lassen. Gott aber gibt dazu den Anstoß durch ein gebietendes Machtwort. Es wird hier unterschieden zwischen dem Gras, d. h. dem jungen Grün, das nach antiker Anschauung immer wieder von selbst ohne Samen aus der Erde herauswächst, und dem Getreide, welches sich durch Körner fortpflanzt, sowie den Bäumen, bei denen der Samen in der Frucht enthalten ist. So kindlich diese Scheidung erscheint: es ist der erste Versuch einer Einteilung nach Klassen auf Grund äußerer Merkmale. Wenn der Verfasser hier wie auch weiter hervorhebt, daß Gott von Anfang alles nach seiner Art und Spezies eingerichtet, so will er natürlich sagen, daß die verschiedenen Arten von Pflanzen, Insekten, Vögeln, See- und Landtieren, wie sie zu seiner Zeit vorhanden waren, von Anfang der Welt so existierten und sich auch immer erhalten werden. Daß Tierarten aussterben, neue Formen aufkommen konnten, liegt für seinen Gesichtskreis ganz fern, wird durch seine Worte auch klar verneint. Wenn nun hier die Pflanzen entstehen, wachsen, Farbe und Frucht bekommen, bevor sie das Sonnenlicht geschaut, so könnte man zur Lösung dieser Schwierigkeit ja auf das schon vom Tage 1 an vorhandene Licht hinweisen. Aber es kann mit Recht bezweifelt werden, daß dem Verfasser der innige Zusammenhang von Licht, Farbe und Leben einigermaßen deutlich gewesen ist.

c) Zweite Hälfte V. 14—31

Die Erschaffung der lebendigen Wesen: 3 Tagewerke.

Die Ordnung der 2. Hälfte entspricht genau der in der ersten vorgeführten, derart, daß die Entstehung der Lichtkörper (II. 1.) der des Lichts (I. 1), die der Vögel des Himmels und der Wasserbewohner (II. 2.) der Erschaffung des Himmels (I. 2.) und der wohl ursprünglich mit ihr verbundenen Bildung des Meeres (I. 3a) parallel läuft, während dann der Bildung des Festlandes (I. 3b) die seiner Bewohner (Landtiere und Mensch) (II. 3.) korrespondiert. Was die Geschöpfe der 2. Hälfte zusammenbindet, ist, daß ihnen Bewegungsfreiheit und Leben gemeinsam ist. Das gilt auch von den Gestirnen.

1) Vierter Tag: Gestirne V. 14—19, entspricht dem Licht V. 3—5.

Von alters her sind die Gestirne mit den Engeln in engster Beziehung gedacht. Sie bilden das himmlische Heer Jahves, das ihn in seinen Kämpfen für Israel unterstützt. Als er durch Debora und Barak den glänzenden Sieg über Sissera erstritt, kämpften die Sterne vom Himmel aus ihren Bahnen auf seiner Seite (Richt. 5,20). Wie ein ganzes Engelheer dem Jakob erscheint (Gen. 32,3), das doch wohl Jahves Heerschaar ist, so hören wir auch, daß dem sich zur Eroberung anschickenden Josua der Fürst des himmlischen Heeres (d. h. des Engel-Sternenheeres) erscheint, um ihn (so wird dort ursprünglich erzählt worden sein), seines Beistandes zu versichern (Jos. 5,13 ff.). Schon dies Ineinander von Sternen und Engeln weist auf eine alte polytheistische Grundlage hin. Die Sterne wurden ursprünglich als Götter verehrt. In Israel gab es nur einen Gott: Jahve. So wurden sie zu Dienern, Boten, d. h. Engeln der Gottheit, die zwar an der göttlichen Natur noch Anteil haben (sie sind „Söhne der Gottheit"), aber doch als untergeordnete Diener dem obersten Herrn und Kriegsfürsten Jahve zu gehorchen haben. Sie sind für den Israeliten nicht mehr Gegenstand der Anbetung. — Wie nun der Ausdruck „den Tag, die Nacht zu regieren" für jeden jüdischen Leser hörbar an jene heidnische Vorstellung von der „Herrschaft" des ‚Schamasch', d. h. des Sonnengottes und des ‚Sin', d. h. des Mondgottes erinnert, so ist die Stellung der Gestirne an der Spitze der lebenden Wesen ebenfalls noch ein unbewußter Rest jener alten heidnischen Anschauung. Auf der anderen Seite ist nun aber alles getan, um einer Anbetung der Gestirne, wie sie ja einst zur schlimmsten Gefährdung der Jahvereligion in den Tagen des Königs Manasse (etwa 650 v. C.) üblich geworden war und wie sie doch auch im Judentum nach der Rückkehr aus Babel noch immer nicht geschwunden war (Hiob 31,26 ff), gründlich den Garaus zu machen. Sie — die Sonne an der Spitze — sind Geschöpfe Jahves, nicht einmal wie die irdischen Wesen, aus einem vielleicht neben Jahve von Anfang vorhandenem Stoffe —, sondern wie das Licht einfach durch sein absolutes Machtwort vom Nichts ins Dasein gerufen. Wie kann man sie denn, das Geschöpf neben oder gar vor dem Schöpfer anbeten? Ja, nicht zum Herrschen über die Menschen, sondern zu ihrer Dienstleistung sind sie bestimmt (vgl. Hebräer 1,14). Wenn hier so genau gesagt wird, wozu Gott sie schafft, so ist damit auch ebenso klar ausgeführt, wozu sie nicht bestimmt sind, nämlich nicht zur Anbetung. Der Text ist nicht ganz glatt; das berührt uns aber hier weiter nicht, da Sinn und Bedeutung dieser Verse ganz klar zutage liegt. Die Gestirne sind für den Menschen, genauer den jüdischen Menschen da. Sie sollen den Tag und die Nacht heraufführen, zwischen ihnen scheiden, ohne sie eigentlich zu bilden, überhaupt den Jahreskalender nach Wochen, Monaten, namentlich nach den Festen (Passah, Laubhütten usw.) bestimmen. Es ist also geradezu der jüdische Festkalender, für den die Gestirne wesentlich geschaffen werden. Sie können den Menschen nicht blos Anlaß zu Wetterprognosen (vgl. Matth. 16,2 ff.) geben, sondern vor allen dem jüdischen Frommen durch auffallende bedeutungsvolle Bilder und Konstellationen zeigen, ob er nun bald die Erfüllung der göttlichen Verheißung für sein Volk erwarten darf (Joel 3,3 ff. vgl. Matth. 2; 24,29). Wie der einfach empfindende Mensch noch jetzt die Gestirne als Diener der Erde ansieht, so auch der antike Mensch. Wir haben hier jene kindliche Anschauung des Altertums in der jüdischen

Form, als ob Jahve alle Gestirne nur zur Regulierung des jüdischen Festkalenders, zum Dienst des jüdischen Frommen gebildet hätte. Die mit absichtlicher Breite gegebene Zweckbestimmung macht die Benennung der Gestirne unnötig. Und das ist ja wohl nicht unbeabsichtigt. Denn die Namen für Sonne und Mond waren dem Hebräischen mit den anderen semitischen Sprachen gemeinsam. Diese Namen waren aber Eigennamen, für die Gottheiten der Sonne und des Mondes. Solche aber auf Jahve zurückzuführen, schien doch kaum angängig.

2) Fünfter Tag: Flieg- und Schwimmtiere V. 20—22, entspricht dem Himmel und Wasser V. 6—9.

Jetzt gilt's Belebung der Luft „an der Oberfläche des Himmels", d. h. von der Erde aus gesehen, also gewissermaßen Belebung des Himmels, sowie ihn die Menschen erblickten, und Bevölkerung der irdischen Gewässer. Es ist eigentlich eine Doppelschöpfung, entsprechend der Doppelschöpfung des Himmels und des irdischen Gewässers, die ja V. 6—9 vorliegt und ursprünglich zusammengehört, wie denn ja auch die genau parallel laufende Erschaffung von Flieg- und Schwimmtieren hier in einem Zuge vorgeführt wird. Es stehen hier, anstatt des Ausdrucks „Vögel" und „Fische" allgemeine Namen, weil alles was fliegt, alles was im Wasser wohnt, gemeint ist. — Der Segensspruch hat für das antike Gefühl mehr zu besagen als für das unsere. Segensspruch hat Zaubergewalt, verleiht Kraft, wie auch die Worte und Namen, die man bei Segen- und Zauberformeln gebraucht (vgl. z. B. Gen. 12,1 ff.) kraft- und wirkungsvoll sind, so daß es auf den Sinn einer solchen Formel nicht sonderlich ankommt. Esau bittet und dringt, bis sein Vater auch ihm noch ein Segenswort mitgibt. Denn dies bedeutet für ihn nicht blos einen väterlichen Segenswunsch, sondern ein wirkliches Gut (Gen. 27,34 ff.). Es muß so werden, kraft der im Segenswort liegenden Macht, wie der Segnende es aussprach.

Das, hier zum erstenmal auftretende, Segenswort gibt diesen Wesen die Vermehrungskraft. Bei den Pflanzen lag die Weise der Vermehrung, wie man meinte, klar vor Augen. Aber die Vermehrung von Tier und Menschen war und blieb ein Geheimnis. Hier liegt unmittelbar göttliches Wirken vor, hier hat also ein Segensspruch stattgehabt. — Die Frage, ob für den Anfang je ein oder mehrere Paare anzunehmen sind, stellt und beantwortet unsere Schrift nicht. Doch führt die Erwähnung von je einem Paar, das Noach zur Fortpflanzung der Art in die Arche hineinnehmen sollte, wenigstens für das „Geflügel des Himmels" wie für die Landtiere doch wohl auf die Erschaffung je eines Paares. Wir wissen ja, daß der Kampf ums Dasein eins der Grundgesetze im Haushalt der Natur ist, daß viele Tiere schon ihrer Natur nach auf Vernichtung anderer Tiere, Insekten usw. angewiesen sind, woraus sich ergibt, daß manches Wesen, bevor es das Seinige für die Fortpflanzung der Art getan, der Vernichtung anheimfällt. Da würde ja, wenn jede Art nur in einem Paar entstand, die Art selbst eingehn. Diese Schwierigkeit kennt unser Verfasser nicht. Er nimmt für die älteste Zeit nur Pflanzennahrung an (vgl. V. 29). Auch wird er wie für die Menschen so für alles „Lebewesen" gesteigerte Lebens- und Zeugungskraft vorausgesetzt haben (vgl. Kap. 5).

3) Sechster Tag: Landtiere und Mensch V. 24—31, entspricht der Doppelschöpfung am dritten Tag (Erde und Pflanzen.)

Auch hier werden Klassen gemacht: zahme Tiere d. h. das Haustier, welches also seiner Bestimmung nach von Anfang Haustier gewesen ist, allerlei Gewürm (Schlangen, Käfer, Raupen usw.) und die wilden, dem Menschen feindlichen oder abholden Tiere.

Einen recht breiten Raum nimmt die Schilderung ein, die uns die Menschenschöpfung vorführt. Schon dadurch wird sie als etwas Besonderes hervorgehoben. Weiter erscheint der Mensch als Schluß und damit als Krönung des ganzen Werkes. Gott legt gewissermaßen das Handwerkszeug zur Seite, um mit sich über dies wichtige Werk zu Rate zu gehn. Und so spricht er zu sich: „Wir wollen den Menschen machen." Wir? Es ist doch nur ein Gott. Also ists der Plural der Majestät, der Plural, in dem die Könige zu reden pflegen (vgl. Wir, Wilhelm, von Gottes Gnaden)? Aber diese Art ist dem Hebräischen ganz unbekannt. Dann ists wohl der Pluralis, den man oft gebraucht, wo eigentlich der Singularis an der Stelle ist, in Selbstgesprächen, in Abhandlungen, vgl. z. B. „nachdem wir dies auseinandergesetzt haben, wollen wir usw.? Aber auch für diese Redeform läßt sich aus dem Hebräischen kein einziges Beispiel aufführen. Wir haben demnach einen wirklichen Pluralis vor uns. Die altprotestantischen Gelehrten fanden in dem „wir" das „wir" des dreieinigen Gottes. Aber der Gedanke der Dreieinigkeit lag unserem Verfasser wie seiner Zeit vollkommen fern.

Wie 1. Kön. 22, Hiob 1, Dan. 4, so ist hier, sagt man, von einer göttlichen Ratsversammlung die Rede. Und das wird das Richtige treffen, nur muß man sich dabei vergegenwärtigen, daß die Diener, Engel, Geister, die dort auf Gottes Befehl harren, ursprünglich Götter waren.

Darauf führt ja auch der Ausdruck nach unserem Bilde. Die sich Beratenden haben gleiche, nämlich Göttergestalt. Und diese soll für den Menschen Vor- und Urbild sein. In der Tat ein königlicher Preis des Menschen, der hier von Anfang als der Gottheit Ebenbild gewollt ist. Aber ist's nicht auf anderer Seite eine starke Herabsetzung der Gottheit, wenn sie hier in menschlicher Gestalt gedacht wird? Wir sind ja gewohnt, „Nase", „Hand", „Rücken", „Füße" Gottes als stark veranschaulichende Bilder zwar, aber doch als Bilder zu fassen, — und mit Recht. Aber damit ist nicht gesagt, daß der antike Mensch gerade so empfand. Alles, was unbegreiflich, furchtbar erschien, war göttlich, Leib und Sitz der Gottheit. So wohnt sie in Steinen und ewig grünenden Bäumen, in Schlangen, Wölfen, Krokodilen usw. Sobald dem Menschen seine eigene Erhabenheit über die umgebende Welt mit aller Klarheit aufging, dachte er sich auch die Götter in der seiner Ansicht nach edelsten, d. h. in seiner eigenen Gestalt, jene Tiere aber sanken zu Begleitern, Dienern der Gottheit herab, wie denn Zeus den Adler, Apollo, Odin den Wolf, Pallas Athene die Eule usw. zu Begleitern erhält. Es ist nun kein so unerhörter Vorgang, daß man, anstatt zu sagen und zu denken, der Mensch habe Gott seine Gestalt geliehen, vielmehr die Sache umgekehrt faßt, wie das hier und anderswo z. B. im Babylonischen der Fall ist, wo wir hören, daß die Göttin Aruru ein Ebenbild des Göttervaters Anu in dem Menschen erschuf.

Gewiß erscheint uns diese Anschauung im höchsten Maße seltsam. Darum hat man die Verse gern anders erklären wollen. So sei, sagt man, der Mensch in seiner Herrscherstellung gegenüber der Erde ein Abbild des die ganze Welt beherrschenden Gottes, wozu man vergleichen kann, was der Psalmist im 8. Psalm über das Königtum des unmittelbar unter der Gottheit stehenden Menschen ausführt. Aber diese Herrschaft kommt nach unserem Text zur Gestalt hinzu, kann sie also nichts ausmachen, ganz abgesehen davon, daß die Ausdrücke für „Gestalt", „Ähnlichkeit", die beide dasselbe aussagen, so daß man irrig hier an eine äußere und innere Ähnlichkeit gedacht hat, deutlich sich nur auf unsere Gestalt beziehn. Adam, der Gott ähnlich

Geschaffene, zeugte ihm ähnlich „nach seinem Bilde" Söhne und Töchter (5,1). Sie alle, weil nach Adams Bilde, sind nach dem Bilde Gottes gestaltet (9,6). Also gleicht die Menschengestalt der Figur der Götter. Wenn man demnach meint, des Menschen aufrechter Gang, seine königliche Stirn, die Vernunft, das Selbstbewußtsein und die Selbstbestimmung, die ihn als Persönlichkeit von allen anderen Wesen unterscheiden und der absoluten Persönlichkeit Gottes annähern, also ihn Gott ähnlich machen sollen, könnten „Gottes Bild" sein, so ist das weder dem einfachen hebräischen Ausdruck für Bild, Modell („selem" oder „demut") noch den Gedanken eines Juden um 500 entsprechend. Übrigens ist es möglich, daß dieser die Gottheit sehr stark vermenschlichende Zug aus einer Vorlage unseres Verfassers stammt, den er nicht ganz zu tilgen im stande war. — „Gott schuf die Menschen männlich und weiblich". Die Frage nach der Einheit des Menschengeschlechts war für den Verfasser wie für seine Zeitgenossen keine Frage. Sie verstand sich für ihn, der ja C. 5,1 alle Menschen von einem (Adam) ausgehn läßt, ganz von selbst. Darum drückt er sich auch so allgemein aus. Bemerkenswert ist, daß nach ihm Mann und Weib von vornherein zugleich geschaffen wurden, während wir 2,18ff. etwas ganz anderes vernehmen. Die von Anfang an gegebene geschlechtliche Verschiedenheit soll nach dem Willen der Gottheit, die mit dem Segenswort die Kraft der Fruchtbarkeit gibt, dem Zweck der Vermehrung dienen. Nach Gen. 3 kommt es zu all diesem erst auf dem Wege der Sünde. Durch Entwicklung seiner Vernunft macht sich der Mensch zum Herrn, zum Gott dieser Erde (Gen. 1), und gerade die diese Dinge durchforschende und dann sich unterwerfende Vernunft soll ihm nach Gen. 3 vorbehalten bleiben. Ihr Raub ist ein Raub an der Gottheit, hat die Strafe des erzürnten Jahve zur Folge. — Die Sehnsucht der Menschen nach Frieden hat Bilder geschaffen, wie sie uns Jes. 2 und 11 vorliegen. Es wird einst eine goldene Zeit kommen, da Friede unter allen Menschen, zwischen allen Tieren herrschen wird, wo Wolf und Schaf, Löwe und Rind, Schlange und Mensch ruhig nebeneinander hausen können, da auch die gefährlichsten Tiere sich zur Pflanzennahrung bekehrt haben. Dies Gemälde steht denn auch am Anfang der Weltgeschichte, da hier so oft das, was man von der Zukunft wünscht, als Ideal aus der Vorzeit vor die Seele gemalt wird. Hesiod weiß vom goldenen, silbernen Zeitalter am Anfang der Menschheitsgeschichte zu reden; gleichermaßen schildert auch unser Verfasser die Vorzeit als eine

Periode des goldenen Friedens. Alles nährte sich von Pflanzen, wobei entsprechend der Teilung von Gras, Getreide, Baumfrüchten, für die Tiere das junge Grün bestimmt wird, während der Mensch sich von den Körnern (Brot) und vom Obst ernähren soll.

Der Verfasser unterläßt nicht, eigens anzumerken, daß und wann hierin eine Änderung eintrat (9,1 ff.), woraus zugleich hervorgeht, daß die übrige Ordnung der Dinge, bei der er eine Änderung nicht anmerkt, verblieben ist, daß also sein Schöpfungsbericht die Entstehung der Welt, wie er und seine Zeitgenossen sie vor Augen hat, darstellen will. Übrigens ist man in Israel nicht immer der Ansicht von der ursprünglich rein pflanzlichen Ernährung der Menschen gewesen. Der Jahvist wenigstens läßt ja je sieben Paar reiner Tiere und nur je ein Paar unreiner Tiere in die Arche genommen werden (7,2) offenbar, weil von den reinen nicht bloß zum Opfer für Jahve (8,20 ff), sondern auch zur Nahrung für die Menschen genommen werden soll (s. u. S. 143.) — Jetzt ist die eigentliche Schöpfungsarbeit vollbracht. Dies letzte schwerste und wichtigste Werk ist gelungen. Mit besonderer Befriedigung sieht Gott auf dies sein letztes, ja auf sein Gesamtwerk, wie durch ein „sehr gut" hervorgehoben wird.

d) **7ter Tag: der Sabbat 2 1—4a.** Abschluß.

Der 7. Tag, der gewissermaßen die Scheide zwischen dem schöpferischen und dem erhaltenden Tun der Gottheit bildet, wird als Ruhetag hier besonders hervorgehoben. Gott sondert ihn aus allen als Tag für sich (und seinen Dienst) aus und legt auf ihn einen besonderen Segen. Daß der Sabbat so hoch gewertet, ja schon als von der Schöpfung an bestehend, für Gott selbst verbindlich eingeführt wird, ist für unsere Schrift besonders bezeichnend. Sie will ja dem Juden zeigen, wie die Teile seines Gottesdienstes bei dieser oder jener Gelegenheit von Jahve selbst bestimmt und eingeführt wurden. Allen Festen ging aber nach Auffassung des Judentums der Sabbat voran, so hat es auch mit seiner Entstehung seine besondere Bewandtnis.

Tatsächlich liegt nun die Entstehung dieses stets wiederkehrenden 7. Ruhetages, damit der 7tägigen Woche im Dunklen, und die Behauptung mancher Keilschriftforscher, daß sich Babylonien hier mit Sicherheit als Mutterboden dieser nach Kanaan importierten Pflanze erweisen lasse, ist von namhaften Assyriologen selbst bestritten worden (vgl. Jensen, Kluges Zeitschrift für deutsche Wortforschung I. S. 150 ff. Bezold, die babylonisch-assyrischen Keilinschriften und ihre Bedeutung für das Alte Testament 1904. S. 41). Man weist mit Vorliebe darauf hin, daß in einem Keilschrifttext dem Könige die Arbeit an dem 7., 14., 21., 28. Tage des Schaltemonats verboten sei. Aber nachweislich ruhten an diesen Tagen durchaus nicht alle Geschäfte, noch hatten sie den Namen sabattu, der dann durch ‚um nuh libbi‘, Tag der Ruhe des Herzens gedeutet wird. Vielmehr der 15., auch kein völliger Ruhetag, hieß schapattu (vgl. Christl. Welt 1904 S. 296). Wir begegnen dem Sabbat neben anderen Festen schon in Altisrael (Jes. 1,13 ff.). Aus Amos 8,5 ersehen wir, daß an ihm wie am Neumond Handel und Wandel schwieg. Übrigens hat man dabei nicht an die Ruhe des englischen Sonntags, dem Ab- und Nachbild des späteren jüdischen Sabbats, vielmehr an unseren deutschen Sonntag zu denken. 2. Kön. 4,20 ff. wird uns von der Sunamitin erzählt, daß sie um ihres eben gestorbenen Söhnleins willen sofort zu dem Propheten Elisa will. Sie schickt zu ihrem Mann auf dem Feld um einen Knecht und einen Esel. Der ist über diese Bitte verwundert, da doch weder Neumond noch Sabbat ist. Am Alltag braucht man Gesinde und Vieh auf dem Acker. Sabbats hat man sie zu einer Reise über Land zur Verfügung. Übrigens legt die stete Rede „Sabbat und Neumond“ (Jes. 1,13; Amos 8,5; Hos. 2,13. 2. Kön. 4,23) die Vermutung nahe, daß beiden nicht bloß die Eigenschaft des Ruhetages, sondern auch die Entstehung gemeinsam ist. Der „Neumond“ führt doch auf Mondfeier. Es ist das Fest zur Begrüßung des sichtbar werdenden Mondes, der Mondsichel. Der Sabbat (ursprünglich vielleicht die Vollmondsfeier vgl. Zimmern, Zeitschrift für deutsche morgenländische Gesellschaft. 1904. S. 199 ff.) würde dann die einzelnen Teile des Mondmonats von 28 Tagen abgrenzen und da man mit Neumond begann auf den 7, 14, 21 fallen. Er muß dann aber bald seine eigenen Wege gegangen sein, sich von der Bindung an das Neumondfest gelöst haben; er wurde unabhängig von diesem durch das ganze Jahr gezählt, welches dann in lauter siebentägige Wochen zerlegt ward. Die Vermutung liegt nahe, daß Israel den Sabbat mit dem Landbau, mit der Ansiedelung in Kanaan übernommen hat, da es in der Nomadenzeit schwerlich alle sieben Tage hätten feiern können. Hosea (2,11 ff.) behauptet, daß die israelitischen Neumond- und Sabbatfeste gar nicht Jahve, sondern den kanaanäischen Baalim gelten. Man wir aus dem Zusammenhang dort den Schluß ziehen dürfen, daß Israel mit den Baalstätten auch die

Ernte-, Neumond-, Sabbatfeste von Kanaan übernahm und alles dies auf Jahve übertrug, ohne sachlich viel zu ändern, sodaß der Prophet von seinem Standpunkt mit Recht den Vorwurf des Kanaanäismus machen kann. Es führt auch nichts mit Notwendigkeit auf die Annahme, daß der Sabbat nur bei den Kanaanäern und darauf bei ihren „Rechtsnachfolgern", den Israeliten in Übung war. Er wird wie die Beschneidung bis zur Verbannung Israel mit seinen Nachbarn gemein gewesen, darum als für die jüdische Religion besonders bezeichnend nicht angesehn worden sein. Das wurde mit dem Exil anders. Der Tempel wurde zerstört, der Kultus schwieg. Den Juden erkannte man in seiner Umgebung nur noch an der Sitte der Beschneidung und am Halten des Sabbates; so allein versteht es sich, daß beides mit einem Mal von einziger sakramentaler Bedeutung wird. Wer auch dies aufgab, gab seine väterliche Religion überhaupt auf. Die Beschneidung wird zum Sakrament (vgl. Gen. 17), der Sabbat zu dem einzigartigen, Jahve, dem Gott Israels, gehörigen Tage (vgl. Jes. 56,2; Jer. 17,21 ff.), was er übrigens nur werden konnte, wenn die Babylonier, in deren Mitte die Juden wohnten, ihn, wenigstens in dieser ausgebildeten Form, nicht hatten. Das Exil ist der eigentliche Mutterboden des Judentums, aus ihm ist auch der *jüdische* Sabbat geboren, der so wichtig ist, daß Jahve selbst ihn von Anfang geschaffen haben muß, ja an ihn selbst gebunden erscheint. — Ein seiner Zeit bekannter protestantischer Theolog (Grau) hat es einstmals mit großem Nachdruck ausgeführt, daß der *religiöse Wert* von Gen. 1 in der Herausstellung des Sabbats liege; das ist gut jüdisch geredet. Dem Christen ist der Sabbat, die siebentägige Woche eine nützliche, heilsame menschliche Einrichtung — nicht mehr. Gerade bei diesem Punkte zeigt sich, wie die auf Grund der Verbalinspiration erfolgte Gleichsetzung des Alten und Neuen Testaments geradezu verderblich und verwirrend gewirkt hat. Begründet man nicht auch heute noch die Forderung einer strengen Sonntagsfeier gern mit dem Hinweis auf Gen. 2,1 ff., wobei denn Sabbat und Sonntag einfach gleich gesetzt werden, obgleich sie tatsächlich garnichts miteinander zu tun haben? Die Schwachen, von denen Paulus Röm. 14,1 ff. redet, haben auch hier wie in vielen anderen Dingen den Sieg davon getragen. Je weniger tief man vom Geist der Religion ergriffen ist, umsomehr legt man auf die äußeren Formen der Religion großes Gewicht, als da sind Zeiten und Zeichen, Kleidung und Speise usw. Wie kann Gott überhaupt den Sabbat feiern, auch nur einen Augenblick ruhen? Ist das aber ein Unding, dann fällt die ganze Schöpfungswoche mit ihrem Schlußsabbat hin. Mit großer Schärfe hat das der Evangelist des 4. Evangeliums erkannt und gewiß ganz dem Geist und Sinn Jesu gemäß gegenüber dem Vorwurf der Sabbatschändung die deutlichen Worte gebracht, die sich geradezu als eine Bekämpfung von Gen. 2,1 ff. anhören: „Mein Vater wirket bisher und ich wirke auch. Was derselbige tut, das tut gleich auch der Sohn (Joh. 5,17 ff.)." Wie Gottes gutes Regiment keinen Augenblick pausiert, so kann sich auch Jesus, der sich doch Gottes Tun zum Vorbild nimmt, nicht durch den Sabbat an seiner Liebestätigkeit hindern lassen. Gerade bezüglich des Sabbats hat Jesus die häufigsten und heftigsten Zusammenstöße mit denen gehabt, die da meinten, die Frömmigkeit sei in ihrer Erbpracht. Kein Wunder. Wo der Geist entflohen, tritt stets die Form an seine Stelle. So wars auch im Judentum. Jetzt tritt der letzte und größte Geistesträger der israelitischen Religion auf. Da muß es zum Kampf kommen. Und so geschiehts. Es ist der Zusammenstoß der geistentleerten Form mit dem über der Form stehenden Geiste der Religion. In diesem Kampfe hat Jesus das unvergänglichste Wort geprägt: „Der Sabbat ward um des Menschen willen, nicht der Mensch um des Sabbats willen. So ist der Mensch ein Herr auch des Sabbats. (Mark. 2,27)". Jesus kennt nur einen Gottesdienst, nämlich den der Liebe und der Barmherzigkeit, und hat diesem Gottesdienst sein ganzes Leben geweiht. So soll auch des Christen ganzes Leben, Handeln Gottesdienst sein, ein Wirken für Gott und die Nächsten, hauptsächlich auf dem Wege der Berufsarbeit. Wie kann nun ein solcher Gottesdienst, ein solches Tun einen, doch willkürlich von Menschen ausgesonderten, Tag entweihen?!

Wir kennen durch Jesus und nach ihm nur ein Gebot, nämlich das der Liebe. Was sich hieraus begründen läßt, hat uns religiösen Wert, anderes nicht. Es ist ein Gebot der Liebe, daß ich meinem Gesinde einmal Ruhe gönne, damit es sich „verschnaufe" (Exod. 23,12), sich seines Lebens, seiner Familie, seines Gottes freue. Ebenso wird sich der „Gerechte auch seines Viehes erbarmen" und ihm Ruhzeiten gönnen. Es ist ein Gebot der Liebe, daß ich auch meiner eigenen Seele zuweilen eine Rast gewähre, damit sie in ihrem Gott ausruhe, sich im Verkehr mit den Lieben erfrische, an allem Schönen, was die Welt bietet, sich zu erheben Zeit finde und sich also zu neuer Kraft stähle. Wann das zu geschehen habe, in wie viel Abständen

Ruhetage einzuführen sind, ob Ruhetage oder öftere Ruhestunden ratsamer erscheinen usw., ist keine religiöse, sondern eine rein praktische Frage, die vor das Forum des Mediziners und des Lehrers der Volkswirtschaft gehört. Es wäre ausgemachte Narrheit, an der wohlbewährten und überall eingebürgerten Sitte der Ruhe und Feier am 7. Tag (dem 7. der Woche bei den Juden, dem 1. bei den Christen) zu rütteln, eine Narrheit, die eben nur ein alle geschichtliche Entwicklung zerreißendes Geschlecht, wie das der ersten französischen Revolution zu begehen imstande war.

Aber das Christentum soll man bei Begründung des Sonntages als „Sabbats der Kirche" beiseite lassen. Vor Gott ist alles rein, sind alle Tage, alle Speisen gleich. Menschliche Satzungen nennt das Neue Testament diese Unterscheidungen, durch die sich niemand ein Gewissen machen lassen soll (Col. 2,16 f.). Den Christen, die aus dem Judentum stammten, mag man es nachsehen, wenn sie einen Tag vor dem andern, eine Speise vor der andern heilig halten. Man mag diese Schwäche aus Liebe tragen (Röm. 14,1 ff.). Aber es ist immer eine Schwäche. Wo solche Schwäche aber die Herrschaft verlangt, da tritt ihr Paulus mit schneidender Schärfe entgegen, indem er das „Entweder" der Gnade und das „Oder" des Gesetzes deutlich gegenüberstellt. Entweder wir werden aus Gnade ohne alles Verdienst gerecht. Dann haben kultische Leistungen (Sabbat, Beschneidung) gar keinen religiösen Wert. Oder wir verdienen den Himmel durch die im Gesetz vorgeschriebenen Dinge, dann hat Jesu Kommen keinen Wert. Es ist ein Verrat an unserer christlichen Freiheit, wenn wir uns etwas von den altjüdischen Gesetzen (Beschneidung, Sabbat, Speisegebote u. s. f.) um der Religion willen aufbürden lassen (Gal. 5,1 ff.). So Paulus. Und doch hat er, ohne es zu wissen und zu wollen, selber viel dazu beigetragen, daß es doch geschah. Ihm wie der ersten Gemeinde war das Alte Testament das „geschriebene Wort" Gottes. Diese Ansicht wurde als selbstverständlich einfach vom Judentum übernommen und in die junge Kirche eingeführt. Und damit hat dann viel jüdischen Wesens sich in das Christentum eingeschlichen. Das war um so mehr der Fall, je mehr das eigentliche klare christliche Bewußtsein zurücktrat. Und so ist dann in den „dunkelsten Zeiten der Kirche", wie Theodor Zahn in seinem lesenswerten Vortrag über die Geschichte des Sonntags (1878 S. 50) sagt, der christliche Sonntag, der erste Wochentag, an dem die erste Gemeinde sich zur Erinnerung an die Auferstehung ihres Herrn feiernd zusammenfand und die gemeinsamen Liebesmahle hielt, aus Gen. 2 und Ex. 20 begründet und mit dem Sabbat gleich gesetzt worden. — Die Reformatoren stehen auch hier durchaus auf paulinischem Boden, wie denn Calvin jene judaistische Begründung des Sonntags als „Geschwätz der Sophisten" gebrandmarkt hat. Ganz besonders schön und zutreffend hat Luther diese Frage in seinem großen Katechismus zu dem 3. Gebot behandelt. Er sagt:

Dies Verbot geht nach dem groben Verstand uns Christen nichts an, denn es ein ganz äußerlich Ding ist, wie andere Satzungen des alten Testaments, an sonderliche Weise, Person, Zeit und Stätte gebunden, welche nun durch Christum alle frei gelassen sind.

Aber einen christlichen Verstand zu fassen für die Einfältigen, was Gott in diesem Gebot von uns fordert, so merke, daß wir Feiertage halten nicht um der verständigen und gelehrten Christen willen, denn diese dürfens nirgend zu, sondern erstlich auch um leiblicher Ursach und Notdurft willen, welche die Natur lehrt und fordert, für den gemeinen Haufen, Knecht und Mägde, so die ganzen Wochen ihrer Arbeit und Gewerbe gewartet, daß sie sich auch einen Tag einziehen zu ruhen und erquicken.

Darnach allermeist darum, daß man an solchem Ruhetage (weil man sonst nicht dazu kommen kann) Raum und Zeit nehme, Gottesdienst zu warten, also daß man zu Hause komme, Gottes Wort zu hören und handeln, darnach Gott loben, singen und beten.

Solchs aber (sage ich) ist nicht also an Zeit gebunden wie bei den Jüden, daß es müsse eben dieser und jener Tag sein; denn es ist keiner an ihm selbst besser, denn der andere; sondern sollte wohl täglich geschehen, aber weil es der Hauf nicht warten kann, muß man je zum wenigsten einen Tag in der Woche ausschießen. Weil aber von Alters her der Sonntag dazu gestellet ist, solls mans auch dabei bleiben lassen, auf daß es in einträchtiger Ordnung gehe und niemand durch unnötige Neuerung eine Unordnung mache.

Also ist das die einfältige Meinung dieses Gebots, weil man sonst Feiertage hält, daß man solche Feier anlege Gottes Wort zu lernen, also daß dieses Tages eigentlich Amt sei das Predigtamt, um des jungen Volks und armen Haufens Willen; doch daß das Feiern nicht so enge gespannet, daß darum andere zufällige Arbeit, so man nicht umgehn kann, verboten wäre.

Derhalben wenn man fragt, was da gesagt sei: „Du sollst den Feiertag heiligen", so antworte: Den Feiertag heiligen heißt so viel, als heilig halten. Was ist denn heilig halten? Nichts anders, denn heilige Worte, Werk und Leben führen. Denn der Tag darf für sich keines Heiligens nicht, denn er ist an ihm selbst heilig geschaffen; Gott will aber haben, daß er Dir heilig sei. Also wird er deinethalb heilig und unheilig, so du heilig oder unheilig Ding daran treibest.

Wie gehet nun solches Heiligen zu? Nicht also, daß man hinter dem Ofen sitze und keine grobe Arbeit tue oder einen Kranz aufsetze und seine beste Kleider anziehe, sondern (wie gesagt) daß man Gottes Wart handle und sich darin übe.

Und zwar wir Christen sollen immerdar solchen Feiertag halten, eitel heilig Ding treiben, das ist, täglich mit Gottes Wort umgehn und solches im Herz und Mund umtragen. Aber weil wir (wie gesagt) nicht alle Zeit Muße haben, müssen wir die Wochen etliche Stunden für die Jugend oder zum wenigsten einen Tag für den ganzen Haufen dazu brauchen, daß man sich alleine damit bekümmere und eben zehen Gebot, den Glauben und Vaterunser treibe, und also unser ganzes Leben und Wesen nach Gottes Wort richte. Welche Zeit nu das im Schwang und Übung geht, da wird ein rechter Feiertag gehalten; wo nicht, so soll es kein Christenfeiertag heißen. Denn feiern und müßig gehen können die Unchristen auch wohl, wie auch das ganze Geschwärm unser Geistlichen täglich in der Kirche stehen, singen und klingen, heiligen aber keinen Feiertag nicht, denn sie kein Gottes Wort predigen noch üben, sondern eben dawider leben und lehren." —

Ebenso sagt Melanchthon in dem Augsburger Bekenntnis (Art. 28): „Die es dafür achten, daß die Ordnung vom Sonntag für den Sabbat als nötig aufgetan sei, irren sehr. Denn die heilige Schrift (d. h. das ‚Neue Testament') hat den Sabbat abgetan" . . .

Jene jüdischen Begründungen des Sonntags haben sich in „die Christenheit eingeflochten, da man die Gerechtigkeit des Glaubens nicht lauter und rein gepredigt hat". In gleicher Weise läßt er sich in der Apologia zu den Artikeln VII. VIII. und XXVIII. des Bekenntnisses aus. Auch der Heidelberger Katechismus hat bei dem 4. Gebot die echtchristliche Auffassung. Und wenn man dieser gegenüber sogerne die judaistische als die richtige hinstellt, so müssen wir darauf hinweisen, daß Jesus die Tür (Joh. 10,9) für unsere Kirche sein soll; nur was durch ihn eingeht vom Alten Testament wie auch anderswoher, kann als christlich angesprochen werden. Die Lehren des Alten Testaments müssen erst im Feuer des Neuen umgeschmolzen und von ihren Schlacken gereinigt werden. Denn die Ausflucht, der Sabbat sei vor dem Gesetz dagewesen, sei also auch nicht mit diesem durch Jesus aufgehoben worden, zeigt sich jetzt ja ganz besonders als unhaltbar, seit wir wissen, daß Gen. 1. der nachexilischen Zeit entstammt, die hier vorliegende Wertung des Sabbats eine echt jüdische ist, und die Meinung, daß Jahve selbst ihn geschaffen, selbst beobachtet habe, zwar für das Judentum und seinen toten Gottesbegriff bezeichnend ist, aber jeder lebendigen Gottesauffassung geradezu ins Gesicht schlägt. (Weiteres hierüber in meiner Schrift: Jesus und das Alte Testament 1896 S. 70ff.)

Schlußbemerkungen

1) Es gilt, die bisher zerstreuten Eindrücke zu sammeln. Der Verfasser verrät in allem den Israeliten. Aus seiner Religion nahm er den Glauben an einen allmächtigen Schöpfer. Diesen Glauben hat Israel nicht von Anfang gehabt, sondern erst in längerem Kampfe erworben. Denn der Gott, zu dem Israel sich am Sinai bekennt, in dessen gemeinsamer Verehrung sich die verschiedenen Nomadenstämme zusammenfinden und zu einer Nation zusammenschließen, ist ein Gott neben anderen, wie ihn ja auch der Eigenname ‚Jahve' von anderen gleichartigen Wesen, also von Göttern, unterscheidet. Er erobert für sein Volk, dies für ihn das Land Kanaan, wo er jetzt Herr des Landes, Herr der Natur ist. Und wenn der phönikische Baal ihm sein Land entreißen will, erweist Jahve sich durch blutigen Ernst als der rechtmäßige Besitzer (1. Kön. 18ff.). Von hier aus allein wäre Israel nicht zum Glauben an den Schöpfergott gekommen. Denn in gleicher Weise war ‚Kemosch' der Gott Moabs (Richt. 11,24); er wachte mit gleicher Entschlossenheit über seinem Besitze (2. Kön. 3,27). Jahve, den man in fremdem Lande nur kultisch verehren kann, wenn man israelitische Erde exportiert und auf ihr einen Altar errichtet (2. Kön. 5,17), könnte höchstens als Schöpfer Kanaans, seiner Natur und seiner Bewohner, der Israeliten, angesehen werden.

So müßte es logischerweise sein; aber das Leben überhaupt und insbesondere die Religion, weil und insoweit sie besonders kräftig pulsierendes Leben ist, spottet der Logik. Man wußte sich doch zu erzählen, daß Jahve die Wege der Vorväter auch in fremdem Lande geleitet (Gen. 12,9ff.; 24; 28ff.; 37ff.). Israel war doch aus dem „Diensthause von Ägypten" durch die „starke Hand“ Jahves erlöst worden. Da hatte er auch die ägyptische Natur zu seinen Zwecken benutzen und zwingen können, gleichwie er sich auch in der Wüste überall durch Wundertaten als mächtig zeigte. Israel hat lange Zeit in der Wüste, bei der Eroberung, bei der Behauptung Kanaans (von 1300 bis 1000) um seine Existenz ringen müssen. Da war es natürlich, daß der Gott, dem es diese Existenz verdankte, der zuerst wesentlich als Kriegsgott (Richt. 5; 2. Sam. 5,16 ff.) gefaßt wurde, alle anderen Gottesfiguren (Stammes- und Familiengötter) verdrängte. So ward er zu dem einzigen Gott in Israel, dem die Erde, was auf ihr, über ihr und unter ihr war, gehorsamte. Die Vorstellung, daß Israel in Kanaan, einem alten Kulturland, der Brücke von Ägypten nach Asien, verhältnismäßig ungestört, von fremden Einflüssen verschont, leben konnte, ist mit Recht längst aufgegeben. So werden fremde Mythen und Sagen, sei es von den Kanaanäern übernommen, sei es in Israel von außen her eingeströmt sein. Sie konnten, weil meist polytheistisch, nur in gereinigter Form übernommen werden. Der handelnde Gott wurde ein anderer, nämlich stets Jahve; und e r a l l e i n handelte. Das Lokal konnte aber nicht überall geändert werden. Das macht sich besonders in der Urgeschichte geltend, in der Jahve über dem die E r d e durchfahrenden Noach wacht, in B a b e l den Turmbau verhindert und die Sprachen verwirrt, ja auch als Bildner des ersten, wohl nicht in Kanaan gedachten, Menschenpaares (Gen. 2.) erscheint. So sehr dies alles über den Glauben an einen eigentlich nur in Kanaan gebietenden Gott hinausgreift: Israel ist auf diesem Wege nicht zu dem Gedanken eines allmächtigen Schöpfers gekommen. — Weil Jahve, der eigentliche und einzige Gott Israels war, wurde ihm auch die Welt des Rechts und der Sitte unterstellt. Je feiner die rechtliche und sittliche Empfindung wurde, um so edler und gereinigter auch die Gottesauffassung. Und so sehen wir Jahve bei den Propheten als den Herrn der sittlichen Weltordnung. Die Aufrechterhaltung derselben setzt aber die Weltherrschaft voraus. Die ganze Geschichte Israels wird nun von diesem Standpunkt aus beurteilt. Fremde Völker knechten Israel. Damit ergibt sich nach gemeinem Verstand, daß ihre Götter mächtiger sind als Jahve. Soweit aber hat sich für die Propheten Jahve doch schon von Israel gelöst, daß sie ganz anders urteilen. Jahve selbst hat jene Völker herangeführt, daß er seinen Willen an Israel vollführe. Er ist der Bildner der Weltgeschichte. Seinem Winke folgen die Nationen. (Jes. 5. 7. 10. 18.). Ja, auch ihr sittliches Tun untersteht dem Gott Israels (Amos 1. Jesaja 10,14 ff.). Als nun mit der Zerstörung von Jerusalem (586) dem israelitischen Staate das Ende bereitet wurde, war damit zugleich der altisraelitischen, aber nicht der prophetischen Religion das Grab gegraben. Israel konnte in der Verbannung an seinem Gott festhalten. Die so langsam und schön gereifte Frucht des Monotheismus wurde durch den babylonischen Sturm herabgeschüttelt und der Menschheit in den Schoß geworfen. Je elender die Gegenwart ist, um so höher erhebt sich die Hoffnung auf eine glänzende Zukunft, damit der Glaube an die Allmacht Jahves. Der Glaube an einen allmächtigen Gott Himmels und der Erde steigt in strahlender Klarheit und Schöne empor (Jes. 40—55). Dieser Glaube rettet der jüdischen Exulantenschaar als einer bleibenden Gemeinschaft die Existenz. Denn der Gott, der Himmel und Erde geschaffen hat und allmächtig durchwaltet, kann auch das geknechtete Volk aus den Fängen des babylonischen Geiers reißen. Ja, er wird und muß das tun. Denn seine Allmacht steht im Dienste seiner Sittlichkeit, die nicht dulden kann, daß der Böse dauernd triumphiert, die auch gegebene Versprechungen einlösen muß. Es ist von Wichtigkeit, daß dieser Glaube an den einen allmächtigen und heiligen Gott, für dessen allmächtige Schöpfertätigkeit sich nun auch das passende Wort (bara = schaffen) einstellt, nicht auf dem Wege der Spekulation gefunden wurde, nicht ein wirkungsloser Gedanke einiger erleuchteter Geister geblieben ist, sondern durch das Leben, die Geschichte eines ganzen Volkes erkämpft ward und daß er damit zur tragenden Kraft des religiösen Besitzes nicht blos Israels, sondern der Welt wurde. Die Frage, ob schon anderswo, schon früher dieser Gedanke gedacht worden ist, hat demgegenüber wenig Bedeutung. —

2) Den Glauben an den allmächtigen Schöpfer Himmels und der Erde bot also dem Verfasser die Religion seines Volkes. Aber wenn wir das auch wissen, so ist damit die Entstehung von Gen. 1. doch noch nicht erklärt. Nicht daß Jahve die Welt schuf, sollen wir hören. Das war nichts Neues, konnte auch einfacher gesagt werden (vgl. Ps. 33,9). Vielmehr wie sie entstand, soll geschildert werden. Bei dieser Frage mußte der Verfasser bei der Weltweisheit seiner Zeit in die Schule gehen, mußte Stoffe bieten, die vielleicht schon lange in Israel heimisch, aber dort schwerlich gewachsen waren. Hier haben ihm die verschiedensten Kosmogonieen dienen müssen, womit nicht gesagt sein soll, daß er direkt bei den Ägyptern, Babyloniern, Phönikern in die Lehre gegangen sei. Auf Phönikien weist die Vorstellung vom

brütenden Geist, auf Ägypten und Phönikien das Weltei, sie haben mit Babylonien den nach Israel verpflanzten Gedanken einer chaotischen, wässrigen, in Finsternis gehüllten Urmasse gemeinsam. Ja, der Name für das Chaos ist im Hebräischen wie Babylonischen derselbe, was zu der Übertreibung geführt hat, im Babylonischen liege der Schöpfungsbericht in wesentlich reinerer Gestalt vor. Um dem Leser selbst darüber ein Urteil zu ermöglichen, möge hier der kurze Bericht folgen, den der neueste Übersetzer der babylonischen Schöpfungslegende, Bezold, seiner Wiedergabe in dem sehr empfehlenswerten 7. Heft der Lietzmannschen Sammlung (Bonn, Markus und Weber 30 Pfg.) vorausgeschickt hat: „am Anfang, d. h. vor der Erschaffung der Götter und vor Himmel und Erde, existierten nur deren Erzeuger, Apsu, die Personifikation des Süßwassers, und Tiamat, dem hebräischen Tehom entsprechend, die Personifikation des Salzwassers. Dann entstehen die ersten Götter paarweise: Lachmu und Lachamu, Ansar und Kisar. — Apsu und Tiamat beschließen Kampf gegen die neuerschaffenen Götter; unter diesen selbst werden eine Reihe abtrünnig, Kingu an der Spitze, und stellen sich auf die Seite Tiamats. Zunächst sucht Ansar seinen Sohn Anu sowie Nudimmud gegen Tiamat zu senden, aber vergebens. Da erbietet sich Marduk, der Herr, ein anderer Sohn Ansars, gegen Tiamat zu ziehen, falls ihm nach ihrer Besiegung die Bestimmung des Geschickes in der Götterversammlung zugebilligt werde.

Ansars Bote Gaga verständigt Lachmu und Lachamu hiervon, und sie halten eine Versammlung mit Mahl und Zechgelage ab, an deren Schluß sie Marduks Zauberkunst bewundern und ihm die Königswürde verleihen. Marduk zieht nun gegen Tiamat und ihre Helfershelfer, die sie im Stiche lassen; er überwindet und tötet das Ungeheuer, teilt seinen Leichnam in zwei Teile und erschafft aus der einen Hälfte das Himmelsdach. Er erschafft ferner den Mond und die Sterne. — Es folgt ein teilweise verstümmelter Abschnitt, in dem eine abermalige Götterversammlung beschrieben wird, als deren Resultat die Erschaffung des Menschen berichtet wird. Den Schluß des Gedichtes bildet ein Hymnus an Marduk, in dem dessen verschiedene Titel, zum Teil mehrfach gedeutet werden.“ —

Wir haben hier wie Gen. 1. die Tiamat, die zwar im Gegensatz zu der hebräischen Darstellung in heftigem Kampf und Widerstreben gegen die Gottheit gedacht ist, so daß nur durch ihren Fall die Weltschöpfung möglich wird, von der dann aber doch in sehr deutlich an Gen. 1,6 ff. erinnernder Art berichtet wird:

„Da ruhte der Herr aus und betrachtete ihren Leichnam, teilte den . . . schuf Kunstvolles und brach sie wie einen . . . Fisch entzwei; eine Hälfte von ihr setzte er hin und machte sie zum Himmelsdach; er zog einen Riegel vor, siedelte einen Wächter an, dem ward aufgetragen, ihre Gewässer nicht herauszulassen".

Weiter bietet der babylonische Bericht keine Berührungen. Selbst wenn das „Herrschen" der Sonne und des Mondes (V. 16), die göttliche Ratversammlung sowie der Beschluß, den Menschen nach dem Götterbilde zu schaffen (V. 26), auf babylonische Grundlage zurückgehen sollte, was ja möglich, aber keineswegs sicher ist, so haben wir auch damit nicht viel gewonnen. Wir kommen doch über die Behauptung nicht hinaus, daß der jüdische Schriftsteller fremde, darunter auch babylonische Stoffe benutzte.

Diese, heidnischem Boden entsprossenen, Stoffe ließen sich nun doch schwer mit dem auf dem Acker des Judentums erwachsenen Gedanken eines schaffenden Gottes vereinigen. So schaut denn auch, wie früher gezeigt, noch häufig die heidnische Grundlage hindurch; ja, auch der Gedanke des schaffenden Gottes leidet, genau betrachtet, eine ziemliche Einbuße. Das Chaos ist seiner Natur nach unerschaffen; die Frage seiner Herkunft wird jetzt, und zwar ist das vielleicht nur erst auf Grund einer späteren Umarbeitung so gekommen, in der Schwebe gelassen, ursprünglich ist es wohl als von Anfang neben der Gottheit vorhanden gedacht.

Das Licht, der Himmel, die Gestirne entstammen nicht dem Chaos, sondern der Hand Gottes. Aber die ganze Schöpfung ist doch durch ein Zusammenordnen der von Jahve erschaffenen und aus dem Chaos entwickelten Dinge entstanden. Entwicklung dieser Art erscheint als Gegensatz zu der Erschaffung, wie das Judentum sie auffaßte. Die Finsternis, die Gewässer, die Erde sind da. Sie werden nicht durch Gott hervorgerufen. Auf göttlichen Befehl zwar, aber doch aus dem von Gott nicht gebildeten Schoß der Erde kommen die Pflanzen heraus. Auch Vögel, Fische, Tiere, Menschen sind doch wohl aus dem schon gegebenen Stoff, wenn auch auf göttliches Machtwort hin, hervorgegangen zu denken. Und wenn nun hier doch der Ausdruck „schaffen" (V. 21. 27) gebraucht wird, den wir ja 2,3 auch von dem ganzen Werke angewendet finden, so zeigt sich deutlich genug, daß der Zusammenschluß der verschiedenen Gedankenkreise nicht restlos gelang, noch auch gelingen konnte. — Bei alledem kann man ruhig behaupten, daß der israelitische Geist sich hier doch als der beherrschende, der siegreiche erwiesen hat.

Man empfindet das Ganze ja mit Recht als großartigen Lobpreis auf einen Gott, den allmächtigen Schöpfer Himmels und der Erden. Und diese Empfindung wird nur stärker, wenn man andere Weltschöpfungslegenden zum Vergleiche heranzieht.

Der Verfasser steht seinem Stoff sehr selbständig gegenüber und verschmilzt ihn mit Gedanken, die doch wohl eigenem Nachdenken, eigener Beobachtung entsprossen sind. Mag es auch sein, daß die babylonische Legende einen Hymnus auf den Frühlingsgott Marduk darstellt und also die Weltentstehung nach Weise der sich in jedem Frühling wiederholenden Schöpfung bietet: für Gen. 1 reicht diese Beobachtung nicht aus. Die Reihenfolge hier — die man bisher und gewiß für immer im Babylonischen vergeblich sucht — verdankt anderen Ideen ihre Entstehung. „Nimmt man," so sagt Wellhausen in seinem grundlegenden Werke, den Prolegomena zur Geschichte Israels (Kap. 8.I), „das Chaos als gegeben, so ist von hier aus das Ganze entsponnen; alles Folgende ist Reflexion, systematische Konstruktion, der man mit leichter Mühe nachrechnen kann. Es sind sehr einfache Erwägungen, welche dazu führen, erst das Große und dann das Kleine, erst das Fundament und dann das darauf Befindliche entstehen zu lassen, das Wasser vor den Fischen, den Himmel vor den Vögeln des Himmels, das Land und die Pflanzen vor den Tieren. Die Anordnung der zu erklärenden Dinge gilt hier für die Erklärung selbst, über eine vom Einfachen zum Entwickelten fortschreitende Reihenfolge kommt es nicht hinaus, kein Versuch der Phantasie, den Hergang näher zu beschreiben, überall bedächtige Überlegung, die sich scheut, über das Allgemeinste hinauszugehen. Es wird eigentlich bloß das Fachwerk der Schöpfung gegeben, das aber unausgefüllt bleibt."

Diese gewiß richtige Zeichnung Wellhausens genügt aber doch auch nicht. Sie ignoriert nicht nur ganz die auch im weiteren Verlauf stark hindurchschimmernden heidnischen Stoffe, sie vermag auch über die Entstehung der Reihenfolge nicht genügend Rechnung zu geben. Warum ist die Lichtschöpfung von der der Gestirne getrennt, oder warum ist diese wenigstens nicht mit der Erschaffung des Himmels zusammengenommen? Herder hat recht gesehen, wenn er von der Beobachtung des Tages ausgeht. Zunächst liegt alles im Dunkeln da; Himmel, Erde und Wasser scheinen zu einem Chaos vermengt; da wird es hell, bevor die Sonne erscheint: es ward Licht. Nun schaut man die helle, feste Himmelswölbung, über der Gott seine Wohnung gemacht, wo er über den himmlischen Gewässern thront. Das Auge wendet sich nach unten, scheidet Wasser und Land, bemerkt die Pflanzen und Kräuter und Bäume in ihrer Fülle und Farbenpracht. Hiermit haben wir die stets wiederkehrende Geschichte der ersten Schöpfungshälfte (V. 3—13).

Noch schläft alles, was da lebt. Da steigt die Sonne empor, um den Tag heraufzuführen, Leben und Freude zu wecken. So wird dann an dieser Stelle auch erst die Entstehung der Sonne, und naturgemäß mit ihr zusammen die der anderen Gestirne vorgeführt. Nun regt sich's zuerst im Wasser, in der Luft: Erschaffung alles dessen, was da fliegt und schwimmt. Darnach tritt auch das Landtier hervor, das wegen der an des Menschen Arbeit und Leben gebundenen Haustiere dicht vor dem Menschen seine Stelle hat. Zuletzt erhebt sich der Mensch vom Lager, um zu seiner Arbeit auszuziehen (Ps. 104,23), durch die er sich die Natur dienstbar macht. Und diese Fähigkeit selbst, diese Herrscherstellung ist ja natürlich auch von Gott. Sie wurde ihm schon bei der Schöpfung zuerteilt. So muß natürlich auch sein Herrschaftsgebiet, das ihm der Schöpfer zuwies, vorhanden gewesen sein. Auch darum kann der Mensch, der Herrscher, die Krone der Schöpfung, der diese aber auch zum Leben (so die Pflanzen), zur Lebenseinteilung (die Gestirne), zur Arbeit (die Tiere) nötig hat, erst am Schluß des Ganzen erschaffen sein. — Es würde hieraus folgen, daß der ganze Hergang nach Weise der jeden Tag wiederkehrenden Schöpfung an einem Tage sich vollziehend gedacht wurde. Es sind dann 7 Akte gezählt worden: 1. Licht, 2. Himmel und Erde, 3. Pflanzen, 4. Gestirne, 5. Luft- und Wassertiere, 6. Landtiere, 7. der Mensch. Es ist wohl möglich, daß die Erzählung einmal diese Form hatte. Dann aber kam das Interesse des Sabbats hinzu. So mußte, was ja mancherlei Veränderung bedingte, die Schöpfung eines Tages, oder vielleicht noch richtiger eines Morgens, auf eine Arbeitswoche von 6 Tagen verteilt werden. Es ergab sich dann leicht die Verteilung auf zwei Schöpfungshälften, deren erste den festen, unbeweglichen Boden vorführte, auf dem sich das Leben der beweglichen Schöpfungen abspielen sollte. Dabei führte der Sinn für Ordnung, für pedantischen Parallelismus zu der Zerreißung des 2. Aktes, so daß wir nunmehr 8 Akte haben, von denen 3 und 4, wie 7 und 8 auf den je dritten Tag fallen. So kam es denn auch, daß nach Tagen gezählt ward, bevor das Tagesgestirn vorhanden war.

Also ist das Kapitel 1 der Genesis entstanden. Mag die

Vorgeschichte unserer Erzählung auch eine recht verwickelte sein, mögen die verschiedensten Stoffe der verschiedensten Völker in älterer oder neuerer Zeit Aufnahme gefunden haben, mag selbst die Formulierung unserer Erzählung in Israel noch mancherlei Abwandlung erlitten haben: es bleibt doch der erste Eindruck imponierender Einfachheit, Größe und Geschlossenheit. Gerade hier, Gen. 1, paßt auch die auf Ordnung, System und feierliche Eintönigkeit bedachte Stilart des PC. vortrefflich zu dem Gegenstand. Die Naturforscher haben Grund, anstatt die Erzählung zu verabscheuen und zu bekämpfen, vielmehr ihren Verfasser als einen der ihren zu begrüßen. Die Natur ist entgottet, dadurch erst konnte sie Gegenstand der menschlichen Forschung werden. Dadurch, daß die Gottheit dem Stoff entrückt ist, wird dieser, die ihn bestimmenden Gesetze und Kräfte, die Frage nach seinem Woher erst zum Objekt des Nachdenkens und Forschens. Ein erster kindlicher Versuch, interessant auch für die Geschichte der Naturwissenschaften, liegt hier vor. — Unser Abschnitt trat bei der Zusammenarbeitung des Pentateuch an die Spitze der heiligen Schrift der jüdischen und später der christlichen Kirche und hat nach den verschiedensten Seiten mächtig gewirkt. Wohl hat das der Herrschaft des Geistes über den Stoff zum Siege verholfen. Mächtiger wie irgendwo erscholl hier an hervorragender Stelle in alle Lande das Wort von dem allmächtig und allweise waltenden Schöpfer Himmels und der Erden; der Geist ist's, der Leben weckt und schafft; er ist nicht Ausfluß der Materie, wie das ja nicht bloß die alten Weltschöpfungslegenden aussagen. —

Anderseits aber brachte die vom Judentum aufgestellte in die christliche Kirche eingeführte Lehre von der Verbalinspiration, hier von der Uroffenbarung, dazu, daß Dinge, die den heidnischen Legenden, der Reflexion und Beobachtung jüdischer Männer entstammten, auf die Dauer als untrügliche göttliche Wahrheit festgelegt und somit zu einem schweren Hemmnis der naturgeschichtlichen wie auch theologischen Forschung gemacht wurden. Die wissenschaftliche Arbeit der letzten 100 Jahre hat dem ein Ende gesetzt. Auch der Christ kann sich an Gen. 1. erfreuen, er wird aus dem Kapitel ein zwar kindliches, aber doch rührendes Loblied seines Gottes vernehmen. Und er wird sich dankbar des erinnern, daß an der Spitze der Naturforscher, durch deren emsiges Forschen und Arbeiten er in den Stand gesetzt ist, die göttliche Weisheit in ganz anderen, volleren Tönen zu preisen, als es unserem Verfasser möglich war, ein Mann steht, der zwar nach Seiten der Naturbetrachtung auf Schritt und Tritt die kindliche Weise seiner Zeit verrät, aber doch dem religiösen Gefühl, welches das einzelne Ich, den Menschen als Mittelpunkt des Alls empfindet und stets empfinden wird, immer noch zu Herzen spricht. —

2. Noachs Stammbaum Kap. 5.

Wir sind gewohnt auf Adam zwei Stammreihen zurückzuführen, deren erste den Kain, die andere den „Ersatz" des Abel, den Seth, zum Vater hat. Bei Kain und seinen Nachkommen zeigte es sich zum ersten Mal, daß „der Apfel nicht weit vom Stamme fällt". So führt uns denn die Kainitenlinie ein gewalttätiges, böses, vom Mörder kommendes, zu Mord schreitendes (Kain 4,1—15; Lamech 4,23) Geschlecht vor. „Die Kinder der Welt sind klüger als die Kinder des Lichts" (Luk. 16,8); so verstehen sie sich auf die Welt und beginnen, sich durch allerlei Erfindungen zu ihren Herren zu machen, die Erde auszunutzen. Die zweite Reihe dagegen nennt uns die Kinder Gottes, die sich, „rein und unbefleckt von dieser Welt halten" und darum auch mit besonders langem Leben belohnt werden (vgl. Spr. 10,27). Erst durch ihren Fall, durch das Zusammenfließen der zwei Linien (Gen. 6,1 ff.) wird dann das Strafgericht der Flut für alle notwendig gemacht. — Gewiß führt die Bibel in der jetzigen Zusammensetzung auf solche Gedanken; aber nehmen wir unsere Quelle für sich, so ergibt sich sofort, daß sie irrig sind. Gott weist ja nach unserem Verfasser die Herrschaft über die Erde der Gesamtmenschheit zu. (Gen. 1,27 ff). Der in Gen. 5 gegebene Stammbaum soll der Stammbaum der Gesamtmenschheit sein. So kann das von den Kainiten Ausgesagte nicht nur für einen Teil der Menschheit Bedeutung haben. Tatsächlich nimmt unser Verfasser auf Kain und seine Geschichte (4,1—15) nicht die geringste Rücksicht. Das wird sofort klar, wenn man die Abschnitte K. 2—4, die dem Werk J. entstammen, hinwegdenkt. Dann schließt 5,1 sofort an 2,3 an. Man hat zwar gemeint, daß auch in PC. ein Sündenfall nach Art von K. 3 gestanden habe. Das ist schon darum unwahrscheinlich, weil der letzte Redaktor wohl JE. gern zu gunsten von PC. kürzt, aber höchst selten das Umgekehrte tut. Weiter ist ja das K. 2—3 als Sünde Geschilderte, das Durchdringen zu der die Welt durchforschenden und sie damit eben beherrschenden Vernunft, bei PC. das Gottgewollte (1,26 ff.). Ja, sein Schöpfungsbericht lüftet ja selbst den Schleier von der die Welt erschaffenden und regierenden Tätigkeit Gottes, was dem Verfasser von JE. gewiß ebenso unerhört erschien wie dem des Hiob (K. 28). — Außerdem greifen die Worte 5,1 ja deutlich auf den Tag der Menschheitsschöpfung zurück (vgl. „am Tage da Gott sie schuf", „am Tage ihrer Erschaffung" 5,1). Der durch den Sabbat unterbrochene geschichtliche Faden wird hier wieder aufgenommen und zu der Kap. 1 berichteten Schöpfung jetzt die Benennung des Menschen entsprechend der Namengebung in 1,5.8.10 nachgebracht. Das ist sachgemäß. Der Gattungsname, der auch sonst nicht auf Gott zurückgeführt wird (vgl. 1,11.20 ff. 23—25), erscheint hier als Name eines von anderen unterschiedenen Individuums. Und der kann beim ersten Menschen nur von der Gottheit selbst bestimmt worden sein und wird passend da erwähnt, wo es sich um Hervorbringung neuer, also durch die Namen von dem Erstgeschaffenen zu unterscheidender Menschen handelt.

Die einfache Aneinanderreihung von Namen und Zahlen, das stete sich Wiederholen von Geburt, Alter bei Zeugung des ersten Sohnes, Erwähnung weiterer fruchtbarer Zeugungskraft, Tod nach langem Leben wirkt ja recht seltsam, ja abstoßend. Es ist die Weise des PC., die uns hier, wohl zum Teil dem Geschmack des Judentums entsprechend, aus dem auch das Buch der Chronik mit seinen 12 Kapitel füllenden Geschlechtstafeln (1. Chron. 1—12), Esra und Nehemia mit den langen Namensaufzählungen (Esra 2. Nehem. 7; 10 ff.) stammen, in sehr bezeichnender Weise entgegentritt. Immerhin läßt sich aus Kap. 5 mancherlei entnehmen, was der Verfasser selbst hat sagen wollen, mancherlei auch, was von ihm nicht deutlich ausgesprochen ist, aber doch für den schärfer Blickenden erkennbar hinter den Namen und Einzelangaben steckt.

Da ist zuerst bemerkenswert, daß unsere Schrift PC. dem Satz der „Tod ist der Sünden Sold" (Röm. 6,23) nicht zustimmt; nach ihr müßte dies Wort lauten: „Der vorzeitige Tod, die Abkürzung des Lebens ist der Sünde Sold". Adams und seiner Nachfolger Tod wird als etwas ganz Selbstverständliches, von Natur so Bestimmtes mitgeteilt, wie ja auch Jes. 65,20 für die goldene Zukunft, die der goldenen Vergangenheit wesentlich gleichgeachtet wird, eine lange, aber nicht ewige Lebensdauer geweissagt ist. Die Annahme einer so langen Lebensdauer ergab sich ja auch, wenn man an die wenigen Menschen und die große zu bevölkernde Erde dachte. Da muß von Gott langes Leben und lange Zeugungskraft verliehen gewesen sein. So versteht man, warum der Verfasser nicht blos die Jahreszahlen bei der Geburt des ersten Sohnes angibt, die ja dazu dienen sollen, den leeren Raum zwischen Adam und Noach wenigstens mit einer Zahl auszufüllen, sondern warum er auch hervorhebt, daß jedem noch darnach eine lange Lebenszeit und lange wirksame Zeugungskraft geschenkt wurde. Anderseits ist diese doch wohl erst spät erwachend gedacht; so soll auch ja nach Jes. 65,20 ein Hundertjähriger in dem Zukunftsreich der Langlebigkeit noch ein „Jüngling" heißen. Da kann man sich nicht wundern — was die Erklärer hier zumeist tun — wenn auch dem Adam bei Seths Geburt schon 130 Jahre beigelegt werden. Außerdem käme ja für die Zeit von Adam bis Noach eine zu geringe Summe heraus, wenn die Geschlechtsreife früher angesetzt würde. Aus gleichem Grunde ist auch die Meinung abzuwehren, daß hier unter Jahren ein geringerer Zeitraum wie sonst immer zu verstehen sei, also bis Abram etwa 3, bis Joseph 8, dann erst 12 Monate. Unser menschlicher Körper kann ein Alter von 200 Jahren nicht übersteigen, sagt man. Also muß man hier anders rechnen wie gewöhnlich. Aber der Verfasser wußte von einer derartigen Schwierigkeit nichts. Seine Theorie ist, daß von Adam bis Noach das Leben sich zwischen den Grenzen von 1000—700, von Noah bis Abraham von 700—200, in der Patriarchenzeit bis Mose zwischen 200—100 bewegt habe. Erst dann kam es auf unsere kurze Zeit von 70—80 Jahren. Das allmähliche Abnehmen wird nach ihm mit dem allmählichen Zunehmen der Sünde in bestimmtem Verhältnis stehen. So hat Adam in der wohl am besten erhaltenen Zahlenreihe der samaritanischen Übersetzung, die hier bedeutsam von den Angaben im Hebräischen wie auch in der griechischen Übersetzung abweicht, als der Erstgeschaffene die größeste Lebenskraft und Dauer. Mit einer geringfügigen Ausnahme (Enosch 905, sein Sohn Kenan 910 Jahre) ist dann das Alter des Sohnes immer etwas kürzer bemessen wie das des Vaters.

Für sich stehen Chanoch (Henoch) und Noach. Zwar die Bemerkung bei Noach (V. 29) („er wird uns trösten" usw.) scheidet für PC. anerkanntermaßen aus. Sie ist, wie schon der Gebrauch des Jahvenamens zeigt, anderswoher entnommen (s. u. S. 123ff.). Aber von beiden finden wir die einzigartige Redensart „er wandelte mit Gott". Führt das am Ende auf das Leben bei den Göttern, auf ursprüngliches Gottsein? Ein Rest davon hat sich jedenfalls in der Entrückung des Chanoch, vielleicht auch noch in dem der Tageszahl des Sonnenjahres (365) entsprechenden

Alter dieses Mannes erhalten. Der babylonische Noach wird auch zu den Göttern entrückt. Das ließ sich von dem biblischen nicht aussagen (die Gründe s. u. S. 64). So wird er denn wenigstens mit der längsten Lebensdauer (950) bedacht; er war also wohl noch frommer als Adam, den er um 20 Jahre an Lebensdauer überholt hat. Gerade die Geschichte des Noach zeigt, daß der Verfasser an wirkliche Jahre gedacht hat, wie ja sein 600tes Jahr, das Jahr der Flut, Monate von 30 Tagen bietet (2 Monat: 7,11.; 7. Monat: 8,4; 10. Monat: 8,5), und die Tage und Monate in gleicher Weise wie in der jüdischen Gemeinde gezählt werden. Ebenso widerlegt sie auch die Ausflucht, die einzelnen Namen bedeuteten Stämme und Völker, für die man ja große Zahlen ansetzen müsse, da das von Noach, der nur mit 7 Menschen die Arche bewohnt, nicht gelten kann. Außerdem wird von Stämmen kaum gesagt: „er zeugte Söhne und Töchter".

Nun aber die Frage: woher hat der Verfasser diese Namen, was bedeuten sie eigentlich? Daß er sie sich einfach erdachte, wird man, so weit kennen wir ihn jetzt schon, kaum annehmen dürfen. Er verarbeitet den Stoff zu seinen Zwecken, ordnet ihn seinen Gedanken unter, aber erfinden tut er ihn nicht. Nun liegt natürlich die Sage selbst zeitlich vor der Verarbeitung der Sage zu einem System, sei es genealogischer, sei es chronologischer Art. Hinter diesen Namen mag also eine ganze Fülle sagenhafter Erzählungen verborgen sein. Wir sind in der Lage, das mit ziemlicher Sicherheit zu behaupten, ja hier auch dem Verfasser nachrechnen zu können. Denn die Genealogie der Kainiten (4,16—23) ist der Hauptsache nach dieselbe wie die der Sethiten. Zu den 7 Namen von Kain bis Lemech sind vorne Seth und Enosch, hinten Noach hinzugekommen. Man wird sich unter den Israeliten, vielleicht schon vorher bei den Kanaanäern, mancherlei von den hier genannten Persönlichkeiten erzählt haben (s. u. S. 120 f.). Unser Verfasser fand sie schon in genealogischer Zusammenordnung vor. Aber die Ahnentafel hatte ursprünglich nichts mit der Flutgeschichte zu tun. Diese ist wohl verhältnismäßig ziemlich spät von den Babyloniern übernommen worden. Dadurch erst wurde die Kainitentafel zur Brücke von der Schöpfung zur Flut. Eine Figur, an die man die Flutsage heften konnte, bot sie nicht. Die fand man in Noah, dem Erfinder des Weinbaues. Er galt Altisrael als der eigentliche Ahn der palästinensischen Bevölkerungsgruppe. Gen. 9,20ff. werden die Israeliten, Philistäer (? oder Chetiter s. u. S. 125ff.), Kanaanäer von ihm hergeleitet. Führte man die babylonische Flutsage in den Kreis der israelitischen Urgeschichte ein, so wurde Noach, der Vater der nachflutlichen Palästinenser, da die Flut in Israel ausdrücklich zur Weltflut erweitert wurde, zum Vater der ganzen nachflutlichen Menschheit. Seine 3 Söhne gaben dann mit Notwendigkeit die Väter für die 3 Familien ab, in die sich die Menschheit nach der Flut spaltete. Noach trat somit an den Schluß der Kainreihe. Er wurde zum Sohn des Lemech, dem dann seine 3 Söhne Jabal, Jubal, Tubal(-Kain) genommen werden mußten, da sie dem Noach selbst als die Lemechsöhne, Noahs 3 Söhnen als Anfänger gewisser Menschheitsklassen im Wege standen. Zu fest aber haftete die Figur des Noach schon am Boden, zu klar mochte sie in der israelitischen Sage schon umrissen sein, als daß der babylonische Bericht von der Entrückung des Flutheros sich hätte übernehmen lassen. Ebenso wurden aus den babylonischen Urkönigen für Israel, das für den Anfang seiner Geschichte keine Könige kennt, langlebige Patriarchen. Doch ist, wie eben bemerkt, insofern der übermenschlichen Bedeutung des Flutheros Rechnung getragen, als dem Noah die größeste, auch über Adams Zeit hinaus gehende Lebensdauer zugeschrieben wird (so nach der samaritanischen Zahlenreihe). An 3. Stelle steht im Babylonischen Amânu, das ist doch wohl der „Werkmeister". Nun hörte der alte Israelit zwar aus Kain nicht die diesem Namen beigelegte Bedeutung „Schmied" heraus, wie 4,1 zeigt, wo der Name Kain als „Abkömmling", weil ich ihn „bekommen" habe, erklärt ist. Aber anderseits konnte das Ohr eines auch mit dem Aramäischen vertrauten Hebräers, und das waren die Juden vom Exil an fast alle, doch leicht den „Schlosser", den „Werkmeister" vernehmen, zumal wenn die Form dem Aramäischen (kainen = schmieden) noch etwas angenähert wurde, wie das durch die Bildung Kenan (urspr. Kainan, ein Name, der uns auch bei den Südarabern als Name eines Gottes, vielleicht des Schmiedegottes, begegnet), beabsichtigt sein mag. Dem Amelon, d. h. „Mensch" an dritter Stelle der babylonischen entspricht der Enosch = „Mensch" als dritter der hebräischen Reihe. Auch der Grund für die Versetzung des Chanoch an die siebente Stelle wird bei einem Blick auf die babylonische Liste sofort klar. En-me-dur-an-ki (d. h. vielleicht der in die Gesamtheit von Himmel und Erde Eingeweihte?) ist König von Sippar, der Sonnenstadt. Die Götter Schamasch (der Sonnengott) und Ramân haben ihn einst in ihre Gemeinschaft aufgenommen und in der dann den Priestern vererbten Wahrsagekunst unterrichtet. Nun wird ja allerdings in Altisrael der Name Chanochs in Verbindung mit der ersten Stadt erwähnt (4,17). Das führt in nichts zu dem Chanoch, der nach der Sage des Judentums der große Apokalyptiker, der Kenner tiefster himmlischer Geheimnisse, namentlich der Sternenwelt, gewesen ist, wie denn das Judentum all sein eigenes Wissen, all seine eigenen Gedanken nach dieser Richtung hin ihm in den Mund gelegt hat (vgl. das Buch Henoch und noch den Brief Judä [V. 14 ff.] im Neuen Testament). Und doch sind es nicht zwei verschiedene Persönlichkeiten: Chanoch heißt der „Eingeweihte“. Er eignete sich seines Namens wegen dazu, der biblische Enmeduranki zu werden. So erhält er wie jener den 7. Platz, wird in die Gemeinschaft der Gottheit entrückt, wie auch jener sich in der überirdischen Gesellschaft bewegte, und erinnert durch die Zahl des Sonnenjahres (365) an das besondere Verhältnis des Enmeduranki zu dem Sonnenkultus. Es ergibt sich also hier wie bei der Schöpfungserzählung, daß der Verfasser zum Teil eigene, zum Teil aus der Religion der Juden geflossene Gedanken mit israelitischen sowie fremden Stoffen zu einer Einheit verarbeitet hat.

III. Die Urgeschichte in J

A. Von der Schöpfung bis zur Sintflut

Was nach Herausnahme der oben behandelten Abschnitte des Priesterkodex (1—2,4a; 5) übrig bleibt, gehört durchweg der Quelle J. an. Sie hat also erzählt, daß Jahve den Menschen bildete, als die Erde noch leer und unbelebt dalag. Er gab ihm die Tiere, das Weib zur Gesellschaft, schuf den herrlichen Gottesgarten, in dem die Menschen ohne Sorge und Not hausen sollten. Aber die Übertretung eines göttlichen Verbotes erwirkt die Vertreibung aus dem Paradies. Nun beginnt der Kampf ums Leben. In ihm entwickeln sich auch alle bösen Seiten des Menschen. Es kommt zu Mord und Totschlag (Kain 4,1—16), ja man brüstet sich noch seiner Mordgier (Lemech 4,23). Die Grenzen zwischen Göttern und Menschen beginnen zu schwinden (K. 3; 6,1—4). Ein Flutgericht muß dem ein Ende machen (6,6 ff.). Wenn hier die Erzählungen auch nach zeitlichen Gesichtspunkten geschickt aneinandergereiht sein mögen, so ergibt sich bei genauerer Untersuchung doch sehr bald, daß gerade in der Urgeschichte das Werk J., was Einheitlichkeit und Geschlossenheit anbetrifft, sehr viel zu wünschen übrig läßt. Der Grund zur Erklärung dieser Sachlage ist leicht gefunden. In den verschiedenen Kreisen, zu verschiedenen Zeiten hat man sich in Israel sehr Verschiedenes über die Anfänge der Dinge erzählt. Diese einzelnen Erzählungen standen wohl zuerst für sich. Sie sind dann durch Schriftsteller in Verbindung gebracht worden. Aber es gelang nicht, konnte auch wohl nicht gelingen, alle Widersprüche zu beseitigen. Ferner wird man über mancherlei Probleme hier und dort anders gedacht, die Lösung in einer anderen Geschichte (Mythus) vorgetragen haben. Wurden nun verschiedene Parallelerzählungen aufgenommen, so ergab sich, wenn sie ziemlich nahe standen, Zusammenarbeit (so wohl in Kapitel 2 und 3) oder sie wurden zeitlich hintereinander gestellt. Das machte dann aber auch eine gewisse Umdeutung nötig. Ist K. 2—3 der eigentliche Sündenfall, so mußte eine Parallele wie K. 6,1 ff. (Ehen der Göttersöhne und Menschheitstöchter), wenn man sie überhaupt brachte, etwas anders verstanden werden. Die Sprödigkeit des Materials macht es verständlich, daß die Gelehrten über das Verhältnis der einzelnen Stücke innerhalb der jahvistischen Quelle nicht einer Meinung sind, vielleicht auch nicht so bald sein werden. So nimmt der eine einen Kern an (2—3; 4,16—24; 11,1—9), der dann ergänzt und erweitert worden sei; ein zweiter denkt, daß eine ältere Schrift (erster Jahvist J^1) mit einer bewußten Neubearbeitung und Vermehrung (J^2) durch einen 3. (J^3) zusammengewebt wurde, während ein dritter drei von jenen 3 Jahvisten verschieden bestimmte Schichten findet, von denen die zwei ersten [1) K. 2; 3; 11,1—9; 2) 4,25ff.; 17—24; 9,20—27] schon für sich vereinigt wurden, um darnach mit der dritten, der Flutsage, zusammengeschlossen zu werden u. s. f. — Es ist nicht unsere Aufgabe, diesen Fragen hier bis ins einzelnste nachzugehen. Immerhin wird sich im Verlaufe der Auslegung zweierlei deutlich ergeben: 1) alle diese Abschnitte sind nicht bloß durch den Gebrauch des Jahvenamens (doch siehe u. S. 68), sondern auch durch Ausdruck, Darstellungsweise und Inhalt so aneinandergebunden, daß man sie mit Recht durchweg zur jahvistischen Schule rechnet; 2) sie wurden, wenngleich ursprünglich wohl für sich stehend, doch von Schriftstellern dieser Schule gestaltet und zusammengefügt, und zwar wird man doch wohl am besten annehmen dürfen, daß zuerst zwei nach Inhalt und Darstellungsform einander recht nahe stehende Schriften entstanden. Die sind dann durch einen dritten zu einer Einheit verarbeitet und vermehrt worden.

1. Paradies und Sündenfall K. 2—3

Es wird sich bei genauer Untersuchung zeigen, daß auch diese beiden Kapitel mancherlei ursprünglich verschiedene, nicht zusammengehörige Stoffe enthalten; doch sind sie durch die überlegene Kunst eines Schriftstellers so stark miteinander verflochten, daß man sie nicht auseinanderreißen kann. K. 2 schildert uns den Schauplatz, auf dem sich die traurige Begebenheit von K. 3 abspielt. Die Tierwelt stellt die Verführerin (3,1), so hören wir von ihrer Erschaffung (2,18 ff.). Das Weib fällt zuerst, darnach der Mann. Das erklärt sich aus dem Verhältnis des Weibes zum Manne, sowohl nach Seiten der Entstehung (das Weib hat selbst das Verbot nicht angehört) als nach Seiten der Stellung beider zu einander (sie hat als „von ihm genommen" große Gewalt über ihn 2,21 ff.). Den Gegenstand der Versuchung bietet ein Baum. Auch die Entstehung der Bäume, das Pflanzen des Erkenntnisbaumes, das an ihm haftende Verbot wird K. 2 gegeben. Das „Zurückkehren zur Erde (3,19)" greift auf die Bildung des Menschen (2,7) zurück. Die Bemerkung, das erste Paar sei nackend umhergegangen, ohne sich zu schämen (2,25), bereitet auf die Erzählung vor, die uns zu berichten weiß, daß mit dem Fall der Blick für die geschlechtliche Verschiedenheit geöffnet und das Schamgefühl erweckt wurde. Der Fluch über das Weib endlich (3,16) malt uns das dermalige Los der Frau als das Zerrbild ihres gottgewollten Loses vor Augen (2,20 ff.).

a) K. 2. **Paradies**

1. Die Entstehung des Menschen 2,4b—7.

. . . „am Tage, da Jahve Elohim Erde und Himmel machte". Der Anfang der Erzählung ist nicht erhalten. Denn so, wie es gewöhnlich geschieht, kann man kaum übersetzen. Es soll dann heißen: „Zur Zeit, da Jahve Elohim Erde und Himmel bildete (2,4 b) — und es war noch keinerlei Gesträuch gesprossen . . . (5), und ein Nebel (?) stieg auf — (6), da bildete Jahve Elohim den Menschen (V. 7)". Aber daß Jahve zur Zeit, da er die Welt machte, auch den Menschen gebildet hat, ist eine höchst unnötige, triviale Bemerkung. Daneben ist der ungeschickte Satzbau am Anfang einer sonst stilistisch so gewandten Darstellung höchst verwunderlich. 2,4b mag zu einem gestrichenen Vordersatz gehören, der dann der zur Unterschrift gemachten Überschrift der

Schöpfungsgeschichte von PC. in 2,4a gewichen ist. Wir wissen nicht, was alles vor 2,5 ursprünglich in der jahvistischen Quelle gestanden haben mag, wissen auch nicht, ob ein größerer Abschnitt aus ihr dem Schöpfungsbericht aus PC. hat Platz machen müssen; es ist auch möglich, daß 2,4b Teile einer kurzen Zusammenfassung eines solchen Berichts gibt: jedenfalls gehört 2,4b jetzt für uns zu J. Denn PC. sagt „schaffen" nicht „machen" von „Himmel und Erde", redet von der „Gottheit" nicht von „Jahve", hat für den Ausdruck „der Himmel und die Erde" nie das unbestimmte und andersgeordnete „Erde und Himmel". Auch würde der bis zur Kleinlichkeit genaue Verfasser von Genesis 1 schwerlich geschrieben haben ... „am Tage, da Jahve machte", selbst wenn dies „am Tage" in weiterem Sinn als „zur Zeit da" ... zu fassen wäre, was übrigens keineswegs notwendig ist; hat er er doch ausdrücklich von 6 Tagen göttlicher Arbeit berichtet. Übrigens wird man es vielleicht besser vermeiden, von einem Schöpfungsbericht des Jahvisten zu reden. Er will uns nicht die Erschaffung der Welt, sondern nur die des Paradieses und der durch die nachfolgende Geschichte vorgeführten Dinge aufzeigen. — Er sagt: „Jahve Elohim" d. h. „Gott der Herr". Die Verbindung dieser 2 Ausdrücke findet sich in dem ruhigen Fluß prosaischer Rede nur in unseren 2 Kapiteln. Wie kommt das? Es geht auf eine Korrektur des Textes zurück, sagt man. Ein jüdischer Leser, der für den heiligen, unaussprechlichen Namen „Jahve" (vgl. Levit 24,11.16) überall „Elohim" gesprochen haben wollte, trug das „Elohim" in seinen Text ein. Man wagte aber nicht, den Namen „Jahve", anstatt dessen es stehen sollte, zu tilgen. So kam es denn zum Doppelnamen „Jahve Elohim". Dabei wäre aber höchst auffällig, daß das Bedürfnis Jahve für Elohim zu setzen in den nachfolgenden Kapiteln (K. 4 ff.) nicht gefühlt worden wäre. Deshalb hat man den Doppelnamen lieber auf den letzten Redaktor zurückgeführt, der durch seinen Gebrauch in Kap. 2 ff. anmerken wollte, daß der Gott („Jahve") von dem dieser Abschnitt redet, kein anderer ist wie die „Gottheit" (Elohim) von Kap. 1 — als ob das für jüdische Leser nicht vollkommen selbstverständlich gewesen wäre. Mehr Beachtung verdient doch wohl die Meinung, daß hier 2 Berichte zusammenflossen, deren einer den Namen „Elohim", der andere „Jahve" gebrauchte. Der Zusammenarbeiter hätte dann die Gottesbezeichnungen beider Quellen nebeneinander gestellt. Es werden sich noch weitere Spuren von einer solchen Verarbeitung zeigen (vgl. K. 3,18 ff.). Die jahvistische

Schrift hat 2 Stammbäume, die sich im Wege stehen, wie unten erhellen wird. Gelegentlich des einen hören wir, daß der Name Jahves nicht gleich von Adam an gebraucht ward (4,26). Die Schrift, aus der diese Bemerkung stammt, hätte dann im Gegensatz zu der anderen in ihrer Paradieserzählung den Eigennamen der Gottheit vermieden. Im übrigen scheint sie anzudeuten, daß die Anrufung der Gottheit unter dem Namen „Jahve" ursprünglich nicht auf Israel beschränkt war. Wenn nun auch die Versuche, in altbabylonischer Literatur den Namen „Jahve" nachzuweisen bisher nicht geglückt sind, wenn weiter dieser Name später nur als fremdländischer Gottesname in der Keilschriftliteratur erscheint, so läßt sich doch nicht leugnen, daß wir in den syrischen Königsnamen aus der Zeit des Jesaja ‚Izrijau', ‚Jau-bi'di' dem Namen des Gottes Israels zu begegnen scheinen.

Wie dem auch sein mag: für Israel galt Jahve durchaus als der Nationalgott, der rechtmäßigerweise nur in Israel verehrt wurde. Seine eigentliche Stätte war für Israel der Sinaiberg. Dort hatten verschiedene Nomadenstämme sich in seinem Kult zusammengefunden und zusammengeschlossen. Mit ihnen war die Gottheit, war ihr heiliger Name nach Kanaan gewandert. Wie das Vorkommen des Namens, wenn es wirklich vorliegen sollte, bei syrischen Fürsten zu erklären ist, scheint eine zur Zeit noch nicht zu lösende Frage. Es ist natürlich, daß man sich schon früh an dem Geheimnis dieses Namens versucht hat, wie er denn Ex. 3, 14 von dem hebräischen Worte „hajah" = „sein", hergeleitet wird. Hier wie so oft suchte man dem Geheimnis auf dem Wege der etymologischen Erklärung nahe zu kommen und griff da zu der nächstliegenden hebräischen Wurzel, obwohl diese nur noch in der Form „haja" („sein"), nicht mehr in der „hava" vorhanden war. Also heißt Jahve „ich bin, der ich bin". Mag man hierin den Ausdruck der Selbstgenugsamkeit des Allmächtigen oder seiner Ewigkeit und Unveränderlichkeit oder auch der sich gleichbleibenden Hilfsbereitschaft des Bundesgottes fassen: gewiß ist, daß diese Worterklärung nicht das Richtige trifft. So abstrakt denkt und benennt ein auf primitiver Kulturstufe stehendes Volk seine Götter nicht. Diese Volksetymologie hat wissenschaftlich ebenso wenig Wert wie andere etymologische Erklärungen der Alten, die wir ja häufig genug, nicht nur im Alten Testament, finden, und wie die etymologischen Versuche, die uns noch heute im Volksmund begegnen. Jetzt denkt man bei Erklärung des Namens „Jahve" mehr an eine arabische Wortwurzel. Das liegt ja nicht ferne, wenn man erwägt, daß die Israeliten auf der arabischen Sinaihalbinsel nomadisierten, und daß Jethro, des Moses Schwiegervater und Priester der arabischen Midianiter, in besonderem Verhältnis zu „Jahve" stand, wie ja der in seinem Dienst die Schafe auf dem Sinai hütende Moses die „Jahve"-Offenbarung empfängt. Hält man dazu, daß Jahves Erscheinen gern in den Farben des Gewitters gemalt wird (Ex. 19 f.; Dt. 5.; 1. Kön. 19.; Ps. 18), so könnten die dem Arabischen entnommene Bedeutung „der Haucher", d. h. der den Gewittersturm bringende, oder der „Fäller", d. h. der durch die Blitzespfeile zu Fall bringende u. a. a. ja vielleicht das Richtige treffen. Aber man muß sich doch vor Augen halten, daß man bei so alten Eigennamen mehr oder weniger auf das Raten angewiesen ist. Das beweisen ja auch die verschiedenen Erklärungsversuche. Im übrigen kommt es ja nicht darauf an, was der Name ursprünglich besagen sollte, auch nicht darauf, ob sein Träger sich auch anderswo noch kultischer Verehrung erfreute, sondern darauf, was Israel bei diesem Namen empfand und dachte, mit welchem Inhalt es die alte übernommene Form erfüllt hat. Und da kann man gewiß behaupten, daß der „Jahve Israels" einzigartig gewesen ist.

Der jahvistische Bericht ist zu Anfang verstümmelt. Wir wissen demnach nicht genau, ja man hat es mit Recht bezweifelt, ob hier überhaupt von Entstehung von Himmel und Erde geredet wurde. Mit V. 5 erst stehen wir auf festem Boden. Die Erde liegt als trockener Kern da. Das Gestrüpp und Gebüsch bedarf nur des himmlischen Regens, das Aufkommen von Getreide noch dazu der Hand des Menschen. Beides war noch nicht vorhanden. Hier setzt nun die schöpferische Tätigkeit Gottes ein. Sie bezieht sich zunächst nur auf die Bildung des Menschen. Die Entstehung der Pflanzenwelt (außer den Paradiesbäumen) wird gar nicht weiter erwähnt. Das erscheint auffallend. Die Endredaktion hat den Abschnitt gestrichen, sagt man, sei es, daß er die Darstellung von Gen. 1. in lästiger Weise wiederholte oder ihr zu stark widersprach. Aber gerade hier zeigt sich, daß der Verfasser garnicht von aller Welt, von allen Pflanzen reden will. Es ist alles nur auf die nachfolgende Geschichte angelegt. Der Mensch entsteht zuerst. Er wird ins Paradies gesetzt. Das bedarf wie die Oasen des Regens nicht, es hat stets fließendes Wasser. Nach Vertreibung aus dem Paradies soll der Mensch Getreide aus dem Acker gewinnen, aber Disteln und Dornen gehen aus der Erde hervor, um ihm das Leben, die Arbeit sauer zu machen. Damals entstand gewiß nach dem Sinne des Erzählers erst, wie das Getreide so das ‚Siah', das man mit Gestrüpp übersetzt, bei dem man aber vielleicht speziell an die Dornen und Distel (vgl. Hiob 30, 4) zu denken hat. Gerade die Wahl dieses Ausdrucks, der sich sonst nur von Wüstengestrüpp findet, zeigt deutlich, daß der Verfasser garnicht über die Entstehung der Gesamtpflanzenwelt berichten will. Denn zur Bezeichnung aller Pflanzen wäre ‚siah' das möglichst ungeeignetste Wort. Er hat nur die Absicht zu sagen: „es war nicht wie jetzt." Jetzt ringt der Mensch mit der ‚adama', der Erde, um sie von einer Wüste zu Fruchtland zu machen, um aus ihr seine Nahrung zu ziehen. Nur unter seiner Pflege gedeihen Getreide und Hülsenfrüchte aller Art. Er wird sie schützen und retten aus der Umarmung des Gestrüpps, der Disteln und Dornen. Nach dem Menschen wird das Paradies geschaffen, wo es weder Dorn noch Getreide gibt, und nach dem Verlust des Paradieses wird er in das Ackerland versetzt, wo nun Dorn und Distel neben dem Korn hervorsprießen. Bisher hat er ja das Korn zur Nahrung nicht nötig. Also wird es auch noch nicht vorhanden gewesen sein. Daß wir damit des Verfassers Meinung treffen, läßt sich aus V. 5. deutlich erweisen. Voraussetzung für die Existenz des Getreides ist der Mensch, der es bauen soll (V. 5). Er wird aber doch zuerst zum Gärtner. Im Paradiesgarten hat das Getreide und der Getreidebau keinen Raum. Erst von Gen. 3,17 an muß er Getreide ziehen. Also ist dies nach unserem Erzähler erst dann entstanden. Er wird auch das Eintreten des ersten Regens, der fürs Paradies nicht nötig, ja störend war, erst hier (3,17) angenommen haben, wenn das auch wie so manches nicht besonders erwähnt wurde. Übrigens gilt dem Verfasser wohl weder Gestrüpp noch Getreide als von Jahve „gebildet", ihnen fehlt ja der göttliche Lebenshauch, der Menschen und Tiere (7,22) beseelt; sie wurden auch nicht eigenhändig von Jahve gepflanzt wie die Bäume; wenn Jahve Regen auf die Erde fallen läßt, dann geht aus dieser Gestrüpp wie Getreide von selbst hervor, und der Mensch vermag durch seine Arbeit das Getreide zu gewinnen, die Anbauflächen zu erweitern, das Wüstengebiet zurückzudrängen. Dieser Regen aber war erst nötig und trat dann auch wirklich ein beim Austritt aus dem Paradies, als für den Menschen neue schwierige Lebensbedingungen und damit ein neues Feld, das „Land", das des Regens bedurfte, für seine Tätigkeit gegeben wurde. So des Verfassers Meinung. Man hat allerdings in V. 6 eine Erwähnung des Regens gefunden, indem man übersetzt: „ein Nebel stieg auf (und fiel als Regen herab) und tränkte" u. s. w. Aber der Nebel „tränkt" kaum die „ganze" Erde, und daß er als Regen herabfiel, steht nicht da. Der eigentümliche hebräische Ausdruck ‚ed' ist, wie das assyrische Lexikon an die Hand gibt, besser mit Wassermasse, Strom zu übersetzen. Dann aber zeigt sich nur noch deutlicher, was auch so schon gewiß, daß der Vers 6 an dieser Stelle störend ist. Denn, haben wir hier an eine nilartige Überschwemmung zu denken, so hat diese wieder nichts mit der Wüstenflora (‚siah') zu tun; auf alle Fälle steht der Vers, ob nun Nebel und Regen, ob Flußüberschwemmung gemeint ist, zur Entstehung des Menschen in gar keiner Beziehung. — Die aufmerksame Betrachtung der Dinge und ihrer Geschichte führte zu Vermutungen über ihre Entstehung. Solche Vermutungen werden hier ganz im Stil der Antike als Gewißheiten im Gewande des Mythus, der Geschichte, des Märchens gegeben. Der Mensch stirbt und wird zu Staub, zu Erde, also ist er von Erde gemacht wie auch die Tiere (V. 19). Das zeigte auch schon die hebräische Sprache, die dem Verfasser ja als die eigentliche, als die Ursprache galt. Die Namen, die sie den Dingen beilegt, stehen in innigster Beziehung zu ihrem Wesen; sie können auch Auskunft über ihre Entstehung geben. „Adam" der „Irdische" ist aus „Adama" der „Erde" gebildet. Der Gottesgarten, dessen Gegenstände der Natur nach unsterblich, ewig sind, hat also den Stoff nicht hergegeben. Die „Erde" war vor dem Paradies da. Denn wenn auch das Paradies ursprünglich ein Gottesgarten war (s. u. S. 73), und damit schon vor dem Menschen bestand, so ist es hier doch für den Menschen nach seiner Schöpfung entstanden gedacht. Es ist toter, triebunfähiger Staub, zu dem der Leib verfällt, so glaubte man. Demnach ist er auch bei Bildung des Menschen also tot, triebunfähig, nicht durch Regen lebensfähig gemacht zu denken. Denn sein Leben kommt nicht aus der Erde und etwa nur mittelbar aus Gott wie das der Pflanzen. Vielmehr ist er direkt durch Jahve „geformt". Die Mitteilung von dem aufsteigenden Strom oder Quell kann aber anderseits schwerlich Zusatz eines Späteren sein, schon wegen des so seltenen, eigentümlichen Ausdrucks ‚ed'. Man möchte fast vermuten, daß es die Bezeichnung des Paradiesstromes ist und daß der Vers ursprünglich nach V. 10 stand und dem Einsatz (V. 10—14 s. u.) von den 4 Strömen hat weichen müssen. Zu dem Bilde einer Oase, und als solche erscheint hier der Gottesgarten, gehört unbedingt das frisch quellende Wasser, zum Paradies der Paradiesstrom. Dieser Zug würde fehlen, wenn V. 15 sofort an V. 9 anschlösse, er würde zur Genüge durch V. 6 hervorgehoben, nur daß dann an Wässerung des Gartens an Stelle der unmöglichen Vorstellung von der Überflutung der ganzen Erde zu denken wäre, von der V. 6 jetzt redet. — Jahve bläst dem Menschen Lebensodem ein. Das Unbegreifliche, darum Göttliche im Menschen ist das Leben, das sich im Atmen kund tut und darum, wie Derartiges ja oft geschieht, diesem einfach gleich gesetzt wird. Durch diese Einblasung göttlichen Lebenshauches in jene leblose irdene Form wird der Mensch „zu einer lebenden Seele" d. h. zu einem lebenden Einzelwesen. Das gilt nicht bloß vom Ersterschaffenen, es gilt nach hebräischer Anschauung ebenso auch von jedem Menschen, der vom Weibe geboren ist (Hiob 1,21). Zieht Gott seinen Odem heraus (Hiob 34,14), so verfällt der Körper und es bleibt der Totengeist, die Seele des Toten, die zum Hades hinabsteigt. — Übrigens stört das Wort „aus Staub" („er bildete den Irdischen aus Staub von der Erde") das Verständnis der beabsichtigten Volksetymologie („Irdischer" aus „Erde") und ist vielleicht als Einschub einer Parallelerzählung zu streichen.

2. Die Entstehung des Paradieses V. 8—17.

Es gehört zu der kindlichen Art unserer Erzählung, daß das Bedürftigste aller Wesen, der Mensch, am Anfang der Schöpfung steht. Noch ganz anders wie in Kap. 1 ist hier alles vom Menschen aus beurteilt, auf ihn und sein Interesse angelegt. Eigen ist's doch auch, daß *nach* dem Menschen erst sein Aufenthaltsort geschaffen wird. In ewig grünenden Bäumen, in Oasen, wo stets rinnendes Wasser für dauerndes Leben sorgte, da fand und verehrte man die Gottheit. So ist auch dieser Garten, den Gott pflanzt, ursprünglich als Gottesgarten zu verstehen, wie denn das alte Testament häufig genug vom Gottesgarten redet (Gen. 13,10; Jes. 51,3; Ez. 28,13). Nur noch leise klingt die Idee vom Wohnen der Gottheit in der Stelle durch, die uns sagt, daß Jahve sich gegen Abendzeit, wo ein erquickender Lufthauch sich zu erheben pflegt, in seinem Garten erging und an der Menschen Gesellschaft, die er dort hineingesetzt, erfreuen wollte (Gen. 3,8). Die wunderbaren Bäume lieferten doch wohl ursprünglich den Göttern ihre Speise. Alles das empfand man als zu heidnisch und so wurde aus dem Gottesgarten, in den der Mensch zeitweise zur Gesellschaft der Götter entrückt wurde, das Paradies, das Gott für den Menschen und nach ihm zurichtete. Es ist ein Garten „in" Eden. Möglich, daß man hier den Gedanken an „Steppe", was das Wort „edinu" im Babylonisch-Assyrischen bedeutet, heraushören soll. Es wäre also eine Oase in einer Steppe. In dem V. 15, der mit anderen Worten dasselbe aussagt, wie V. 8b, heißt der Garten selbst ‚Eden' d. h. doch wohl „Wonnegarten". Wir haben hier vielleicht geradezu den hebräischen Ausdruck für unser aus der griechischen Übersetzung stammendes „Paradies" (persisch eig. „Umwallung") d. h. Park, Baumgarten. Man denkt unwillkürlich an unser „Schlaraffenland" bei dem „Wonnegarten". Die Notiz, daß er im Osten lag, die sich nicht in allen Handschriften findet, mag ein Einsatz sein, jedenfalls kann sie gut entbehrt werden. Vielleicht steht sie mit der Einarbeitung der ursprünglich fremden Verse 10—14, die uns augenscheinlich in den Nord-Osten versetzen wollen, in näherem Zusammenhang. Möglich auch, daß die Aufnahme assyrisch-babylonischer Sagen, nach denen die Anfänge der Menschengeschichte sich in den östlichen Gegenden abspielten, dazu geführt hat, daß auch das Lokal nicht babylonischer Urgeschichten verändert und also in den Osten verlegt wurde. Vielleicht haben wir hierin die Ansicht der Quelle, die von Anfang den Jahvenamen gebraucht. Dann gehört V. 8 diesem Bericht, V. 15 dem anderen. Die Verse betr. die Lage des Paradieses gelten allgemein als Einschub. Sie geben eine, den Fortschritt der Handlung unangenehm unterbrechende, breite Schilderung über die Gegend, in der man das Paradies zu suchen hat. Mit den Versen und den von ihnen gebrachten Angaben ist nicht viel anzufangen. Selbst wenn man neben den 2 bekannten Strömen Euphrat und Tigris auch die 2 anderen „Gichon" und „Pischon" genau angeben könnte, was nicht der Fall ist, käme man noch nicht weiter. Denn bei den mangelhaften geographischen Kenntnissen und Anschauungen der Alten, die es z. B. gewiß erlauben, daß man bei diesen beiden an den Nil und Indus denkt und also die vier Weltströme des alten Orients aus einer Quelle ableitet, würde man doch kaum geographisch brauchbare Angaben erhalten.

Unter den lieblichen und nützlichen Bäumen, die Jahve sprießen läßt (V. 9) werden 2 namentlich genannt, der „Lebensbaum" und der „Erkenntnisbaum". Hierbei fällt die Stellung der Satzteile unangenehm auf; „und der Baum des Lebens inmitten des Gartens und der Baum der Erkenntnis von Gut und Böse?" Wo stand denn dieser? Nach 3, 3 inmitten des Gartens. So müßte es denn heißen und der Lebensbaum und Erkenntnisbaum waren in der Mitte des Gartens? Die Umstellung hilft nicht. Nach 3,3 („der Baum inmitten des Gartens") war nur ein Baum mitten im Garten, nämlich der Erkenntnisbaum. Also ist hier die Verwirrung durch den Einsatz des Lebensbaumes bewirkt worden. Dieser Einsatz hat auch in V. 17 eine Änderung des Textes nötig gemacht, welche zu der spannenden Weise unserer Erzählung schlecht genug paßt. Was es für eine Bewandtnis mit dem Baume habe, erfährt der Mensch erst durch die Schlange (3, 5). Ursprünglich hieß es wohl in V. 17: und von dem Baume inmitten des Gartens sollst Du nicht essen (wie 3,3). Das aber war nach Einschub des Lebensbaumes mißverständlich, da war die deutlichere Hervorhebung nötig geworden. Und so wird der Mensch hier durch Jahve selbst über die Bedeutung dieses Baumes unterrichtet und im Grunde doch auch schon in Versuchung geführt. — Hier in diesen Wonnegarten wird nun der Mensch versetzt. Er soll ihn pflegen und bewahren. Es ist kein Grund, diese Worte zu streichen, weil sie in das Bild des Wonnegartens, der dem Menschen alles mühelos zuwachsen ließ, nicht hineinpaßten. Denn auch ein prächtiger Garten bedarf der Pflege, der Bewachung, daß er nicht verwildere. Nicht die Arbeit überhaupt, sondern die mühevolle, schweißtreibende Arbeit gilt als Fluch (3,17 ff.). Auch hier ist wie in K. 1. für die Anfänge des Menschengeschlechts vegetabilische Nahrung vorausgesetzt, allerdings mit der Einschränkung, daß zunächst nur Obstnahrung in betracht kommt.

3. Die Entstehung der Tiere und des Weibes V. 18—25.

Der Ort der Handlung ist bereitet, aber die Handelnden sind noch nicht vollzählig. Es fehlen die Tiere, es fehlt das Weib. In seiner Güte empfindet Jahve des Menschen Einsamkeit als „nicht gut". Es entstehen die Tiere, doch wohl in gleicher Weise wie der Mensch. Genannt werden nur die Vögel des Himmels und das Getier des Feldes. Die Fische werden nicht erwähnt. Der Verfasser will ja keinen vollständigen Schöpfungsbericht geben. Man kann auch zweifeln, ob er die Fische aus Erde geformt, mit „Lebensodem" beseelt gedacht hat. Tiere und Vögel standen dem Menschen nach seiner Anschauung gewiß näher; daß die Fische etwa als Gehilfen des Menschen gedacht seien, konnte ihm nicht einfallen. Auch die Tiere werden aus Erde geformt, auch ihnen wird, so dürfen wir annehmen, ohne daß es ausdrücklich hervorgehoben wird, göttlicher Lebensodem eingeblasen. (vgl. 7,22 mit 2,7). Denn auch die Tiere werden gleich dem Menschen wieder zu Erde, gleich wie bei ihm flieht der Atem aus ihrem Munde, wenn sie sterben. Der Verfasser drückt diese Gleichheit so aus, daß die Tiere zur Gesellschaft des Menschen von Jahve gewollt und gebildet seien. Anderseits dient nun die folgende reizvolle Erzählung dazu, den Unterschied zwischen Tier und Menschen prächtig herauszustellen. Schon daß der Mensch dem Geflügel des Himmels, den Tieren des Feldes Namen gibt, die sie fortan dauernd tragen sollen, zeigt seine höhere Stellung. Die Namen selbst dienen ja auch dazu, sie nicht bloß von einander, sondern auch vom Menschen zu trennen. Sie drücken aus, daß der Mensch sich das Tier nicht gleich stellt. Man hat Gewicht darauf gelegt, daß hier zuerst die Sprache des Menschen erwähnt wird. Sie gerade zeigt den Unterschied von Mensch und Tier an — schwerlich im Sinne unser Quelle, die ja den Tieren (vgl. die Schlange 3,1 ff.) unbedenklich Sprache beilegt. Nicht Gott ist es eigentlich, sondern der Mensch, der hier die Tiere unter den Menschen stellt. Jedenfalls hat die Gottheit ihr Ziel nicht erreicht, da so dem Menschen keine ihm gesellschaftlich gleichstehende „Hilfe" erstanden ist. Sie versucht es jetzt auf anderem Wege. Übrigens ist die Wertung der Tiere und ihre Stellung zum Menschen hier doch eine wesentlich andere wie in Gen. 1, wo sie nur als Gegenstand seines „Herrschens" gedacht sind. — Der Stoff war der gleiche, auch wohl die Beseelung und doch war nicht das Gleiche entstanden. So geht Jahve jetzt sicher. Aus einem Teil des Menschen wird das Weib gebildet, demnach ist sie also ein Stück von ihm selbst. Das wird er doch als zu ihm gehörig anerkennen müssen. Natürlich soll der Mensch nicht die Geheimnisse der Schöpfung schauen, wie ja auch die g e s c h a f f e n e n Tiere dem Menschen zugeführt wurden. Dem in todesähnlichen Tiefschlaf versetzten Manne wird eine „Seite" d. h. Rippe entnommen, aus ihr das Weib gebildet, das ihm nun zur „Seite" stehen soll. Der Zweck ist erreicht; in poetisch gehobenen Worten erkennt der entzückte Mensch das Weib als seinesgleichen an. Es ist im Gegensatz zu den Tieren geradezu ein „Stück von ihm". So soll der Name, den er ihr beilegt, diese innige Gemeinschaft zum vollen Ausdruck bringen; als vom Manne genommen soll sie Männin heißen. — Es ist interessant, daß der Verfasser in einem gewissen Selbstwiderspruche dem Menschen Worte in den Mund legt, die ja das Wissen um des Weibes Entstehung voraussetzen, von deren Beobachtung er doch ausgeschlossen war. („Bein von meinem Bein", „Fleisch von meinem Fleisch" „aus dem Manne genommen"). Die Zusammengehörigkeit von Mann und Frau, wie sie zu Tage liegt, läßt ursprüngliche Einheit vermuten. Bei den Eskimos ist die Frau aus dem Daumen des Mannes entstanden und Plato kennt mann-weibliche Wesen, die erst durch Zeus in Mann und Weib getrennt wurden. Ähnliches hier. Wenn nun aber die Keilschriftforscher zu Gen. 2,18 ff. gern an die Erzählung von Eabani, dem „an Pan und Priapus erinnernden, am ganzen Körper behaarten" Freunde des babylonischen Nationalhelden Gilgamesch erinnern, so dient gerade diese Erinnerung dazu, die Erhabenheit unserer israelitischen gegenüber jener babylonischen Sage zu zeigen. Eabani, aus einem Tonkloß gebildet, lebt ursprünglich mit den Tieren zusammen wie ein Tier. Von einem Weib verführt, gibt er den Umgang mit den Tieren auf und zieht in die Stadt Erech. Später verflucht er dies Weib als Ursache seiner Mühen und Leiden. Mehr als ein zufälliges Zusammentreffen wird man hier nicht finden dürfen, zumal da ja Eabani überhaupt nicht als Mensch, geschweige denn als erster Mensch gedacht wird.

Auch die Sprache führte den Hebräer auf eine solche Entstehungsweise des Weibes, dessen Bezeichnung „issa" von „is" (Mann) hergeleitet wird. Natürlich ist's die hebräische Sprache, die Adam spricht. Nur diese weist auch auf den Ursprung des Weibes aus dem Manne, während das weder bei dem Babylonischen noch dem Syrischen der Fall ist. Spricht der Verfasser in V. 23 durch den Mund des Adam, so nimmt er V. 24 selbst das Wort. Alle solche mit „darum" eingeführten Schlußbemerkungen bieten Reflexionen des Schriftstellers (vgl. Genesis 26,33; 32,33). So will er auch den rätselhaften Zug des Mannes zum Weibe, die Verschmelzung der beiden zu einer Einheit in der Ehe aus der Art ihrer Entstehung erklären. Es wäre ja auch zu merkwürdig, wenn unsere sonst so geschickte Schrift, hier den Adam von Vater und Mutter sprechen ließe. Allerdings klingt auch so ein leiser Widerspruch durch. Hier ist das Menschenpaar von vornherein auf fleischliche Gemeinschaft („sie sollen ein Fleisch sein") angelegt, zur Zeugung geschaffen, während doch erst mit dem Fall die Erkenntnis geschlechtlicher Verschiedenheit und damit die Voraussetzung für Zeugung und Geburt gegeben ist. Es sind doch wohl die verschiedensten Erzählungen hier zu einer Einheit verarbeitet worden. Da ließen sich nicht alle Unebenheiten beseitigen. Die Bemerkung, daß sie, obwohl nackend, sich nicht schämten, verdeckt das ein wenig und leitet geschickt zu K. 3 über.

b) K. 3. Der Sündenfall und seine Folgen

1. Versuchung und Fall 1—7.

Die Schlange wird hier als Tier, wenn auch als das klügste von allen eingeführt. Zwar redet sie hier; doch das führt noch nicht über das Tier hinaus. Auch Bileams Eselin redet (Num. 22,28), wie bei Homer des Achilles' Pferde sprechen, ohne daß jene mehr als eine Eselin, diese mehr als Pferde sein sollen. Dazu ist's hier doch eine Wunderwelt; haben wir Wunderbäume, warum nicht auch ein mit wunderbarem Wissen, mit wunderbarer Redegabe versehenes Tier? Jetzt ist's ja nicht mehr so, aber die Natur der Schlange hat sich geändert (3,14). Und doch — man hat mehr hinter der Schlange vermutet und zwar mit Recht. Allerdings der Satan, mit dem sie von der Weisheit Salomos an (um 100 v. Chr.) gleichgesetzt wird (2,24; Joh. 8,44 ff.; Offenb. 12,9; 20,2), hat ursprünglich mit ihr nichts zu tun: „der Teufel kriecht nicht auf dem Bauche, frißt keinen Staub" (V. 14). Aber neben dem erst in der nachexilischen Zeit (nach 536) auftretenden Satan kennt das Alte Testament mancherlei Dämonen. Altisrael hat hier dieselbe Vorstellung wie alle auf primitiver Kulturstufe stehenden Völker.

Wie die Kinder so denken sich die Naturvölker alles als beseelt, belebt. Was ihnen unbegreiflich, groß, schrecklich erschien, war ihnen von einem über den Menschengeist hinausgehenden, ihn überragenden Geist, einem Dämon bewohnt. Es galt diesen Geist, der ja kraft seiner Macht dem Menschen gefährlich werden konnte, durch Opfer und Anbetung zu verehren. So finden wir die göttliche Verehrung der Krokodile bei den Ägyptern, der Leoparden bei Negervölkern u. a. m. Die Wüste mit ihren Gefahren, mit ihren Untieren galt insbesondere als Wohnort solcher Dämonen, solcher Genien oder (was dasselbe bedeutet) solcher Gottheiten. Hier hausten die schrecklichen Drachen, hier lauerten vor allem die gefährlichen und hinterlistigen Schlangen (Jes. 30,6; Deut. 8,15). Wo der Mensch seinen Fuß hinsetzte, trat ihm die Schlange feindlich entgegen. Sie lagerte unter Büschen und Sträuchern, die er rodete, um sich Boden zu bereiten; sie war ihm hinderlich, wenn er es unternahm, der Wüste Terrain abzugewinnen. Es ist gut zu verstehen, daß man in ihr, die sich auch durch Hinterlist und kluge Verschlagenheit (vgl. noch Matth. 10,16) vor vielen Tieren auszeichnete, vor allem einen dämonischen Geist fand und diesen durch Opfer und Verehrung zu gewinnen suchte. Auch in Israel haben wir Spuren solcher Verehrung, wie die bekannte Erzählung von der ehernen Schlange (Num. 21,5 ff.; vgl. 2. Kön. 18,4) deutlich zeigt. Ja, man stellte sich auch wohl den Geist, d. h. den Dämon der stets rauschenden, wunderbares Leben spendenden, darum göttlich verehrten Quelle, sowie die Seele eines wunderbaren, also gottbewohnten Steines als Schlange vor (vgl. Neh. 2,13 „Schlangenquelle", 1. Kön. 1,9 „Schlangenstein"). Wir vernehmen auch wohl, daß die Seelen, die Genien abgeschlagener Bäume als Schlangen den rodenden Menschen Tod und Vernichtung bringen. Zu den Dämonen, die den Menschen Furcht und Schrecken einjagen, rechnen auch die Gespenster, d. h. die Geister der Abgeschiedenen, die darum gleichfalls als göttliche Wesen, als Dämonen (vgl. 1. Sam. 28,13) bezeichnet werden. Sie wählen sich auch wohl Tierleiber zu ihrer Behausung; unter diesen finden wir wieder mit Vorliebe die Schlange erwähnt, wie denn die Schlangenhaare der Erinnyen noch daran erinnern, daß die Seelen der Verstorbenen (denn das sind die Erinnyen ursprünglich) einst in Schlangen wohnend gedacht wurden.

Aus alle dem versteht man, daß gerade die Schlange hier als Versucherin auftritt. In ihr erscheint alles Böse gewissermaßen zusammengefaßt. Sie trachtet nach des Menschen, des Kulturbringers Tod; denn er engt ihr Reich ein, vertreibt sie, wo er seinen Fuß hinsetzt. Natürlich war sie ursprünglich nicht Geschöpf Jahves, sondern sie ist als ein dämonisches Wesen göttlicher Art dem Wesen nach Jahve gleichgeordnet. Das aber konnte der israelitische Erzähler nicht übernehmen. Er macht sie zu einem von Jahve erschaffenen Tier. Doch schimmert der Dämon, der mit Absicht und Bewußtsein böse handelt und darum auch schonungslose Strafe verdient und erhält, noch deutlich durch. Bei dieser Erklärung hebt sich die Schwierigkeit, die den Auslegern viel Not gemacht hat, daß ein verantwortungsunfähiges Tier doch zur Verantwortung gezogen und bestraft wird, auf sehr einfache Weise. Der Widerspruch in der Figur der Schlange ist ein wesentlicher Widerspruch der israelitischen Religion zu den in sie aufgenommenen oder von einer früheren Stufe bewahrten mythologischen Elementen. Die Schlange weiß von dem Verbot, ja sie weiß besser über den Baum Bescheid als die Menschen (vgl. oben zu 2,17). Und sie benutzt ihr Wissen, um die ihr verhaßten Menschen zu vernichten und zugleich die ihr feindliche, den Menschen aber wohlgesinnte Gottheit zu bekämpfen. In der nun folgenden meisterhaften Schilderung, die das Anwachsen der Sünde von den ersten Regungen des Zweifels, der Begierde bis zur sündigen Tat hin in unübertroffener Weise vorführt, ist mancherlei bemerkenswert. Die Schlange und in der Gegenrede mit ihr dann auch das Weib gebraucht nur den Ausdruck „Elohim“, d. h. Gott, nicht „Jahve“. Der Israelit vermeidet schon, den Namen des Heilsgottes Heiden in den Mund zu legen (Richt. 1,7; Gen. 43,29), wie vielmehr noch der bösen Schlange. — Es lag für den Verfasser vielleicht deshalb auch besonders nahe, „Elohim“ zu wählen, weil ja schon seine heidnische Vorlage von der „Gottheit“ im Allgemeinen geredet haben mag, jedenfalls Jahve, den Gott Israels, nicht als handelnde Person bot. Möglich ist aber auch, daß dieser Abschnitt unverändert aus der Elohim-Erzählung genommen wurde (s. u. S. 93). Die Schlange wendet sich an das Weib. Dies hat das Verbot selbst nicht gehört. Das Mädchen erwacht eher als der Knabe, so geht auch hier das Weib dem Manne voran. Es gilt dazu dem Verfasser auch wohl als minder fest gegenüber jeglicher Versuchung. Der Zusatz zu dem göttlichen Verbot „rührt ihn nicht an“ soll wohl weniger zeigen, wie scharf sich die Menschen das Verbot einprägten, als vielmehr eine nach Empfinden des Weibes übermäßige Härte der Gottheit hervorheben. Im übrigen weist auch dieser Zusatz zu dem göttlichen Verbot wieder auf die große Erfahrung und Kunst des Schriftstellers hin. Denn tatsächlich liegt in jenem göttlichen Verbot „eßt nicht“ auch das „berührt nicht“ mit eingeschlossen. Die Erfahrung zeigt ja auf Schritt und Tritt, daß der Mensch, der die verbotene Frucht berührt, im Begriff ist, sie zu genießen. Er hat nicht mehr die Kraft, die Hand zurückzuziehen. Darum gilt es auch die geringste Berührung zu fliehen. — Es ist gewöhnlicher Klatsch in seiner Übertreibung und Böswilligkeit, mit dem hier und oft die Sünde beginnt. Er zieht wie so gern den guten Willen des Mitmenschen so hier der Gottheit in Zweifel. Nicht Wohlwollen, vielmehr Neid gab den Anlaß zum Verbot. Der Genuß der Frucht wird nicht den Tod, vielmehr die Erhöhung zur Stufe der Gottheit im Gefolge haben. Denn die Frucht verleiht das, was die Gottheit vor dem Menschen voraus hat: Kenntnis von „gut und böse“. Das gerade ist das Gefährliche der Versuchung, daß sie mit der Lüge einen Wahrheitskern enthält. Es gehen den beiden wirklich die Augen auf, aber auch über. Sie sehen, was ihnen bisher verborgen. Sie gewinnen bisher nicht vorhandenes Wissen, aber dies Wissen ist ihnen nicht zum Nutzen, bringt ihnen vielmehr Not und

Tod. Auf die Augenlust, die V. 6 sehr fein breit ausgemalt ist, folgt dann unmittelbar die Sinnen-, die Fleischeslust. Kurz entschlossen greift das Weib nach der Frucht und genießt sie; der Mann sieht sie essen und nicht sofort tot zu Boden fallen. Also wird's schlimm wohl nicht sein! Sie reicht auch ihm, und er nimmt und ißt. Diese Kürze — als ob es selbstverständlich wäre, daß er auch genießt — ist von großer, eindrucksvoller Kraft. Kinder, und als solche werden die Ersterschaffenen hier durchweg aufgefaßt, haben noch nicht die sittliche Kraft, allein sündigen, allein auch die Verantwortung tragen zu wollen. — Nur durch das Weib ist der Mann zu gewinnen, sie ist der Schlüssel zu seinem Herzen (2,22 ff.). Auch darum wendet sich die Schlange zuerst an das Weib.

Natürlich ist gedacht, daß der Baum selbst durch seine Frucht jene Kenntnis verleihen soll, wie der Lebensbaum Lebenskraft darreicht. Man darf das nicht also abschwächen, als ob die Menschen auf alle Fälle von Gott zu jener Erkenntnis geführt werden sollten. Gehorchten sie Gott, so meint man, dann taten sie mit bewußtem Willen, was bisher instinktmäßig geschah. Sie wußten jetzt klar, was gut und böse. Übertraten sie das Gebot, auch dann waren sie aus der Kindheitsstufe des unbewußten Handelns heraus, um auch, da das böse Gewissen erwacht war, genau zu wissen, was „gut und böse" ist. Also nicht die Frucht des Baumes, sondern das Verbot sollte dem Menschen so oder so die höhere Erkenntnis geben. Aber, abgesehen davon was das Wissen um „gut und böse" bedeutet (s. u. S. 101 ff.): fest steht, daß die Menschen es nicht erreichen sollen (3,22 f.). Demnach hätte der Gehorsam der Menschen nur bewirken können und sollen, daß sie blieben, wie sie waren. Da nun der den Menschen verbotene Baum doch irgend einen Zweck hatte und haben mußte, so wird man nicht fehl greifen, wenn man annimmt, daß seine Früchte eben allein für die Gottheit bestimmt waren; daß diese durch ihren Genuß das Wissen bekam und daß gerade darum den Menschen die Furcht versagt wurde, weil sie sonst, insofern hat die Schlange Recht (vgl. V. 22), den Göttern gleich wurden. Dies Wissen ist also das eigentliche Unterscheidungsmerkmal zwischen Gott und Mensch. Auch der Erkenntnisbaum führt demnach auf einen Göttergarten, in den dann der Mensch entrückt wurde. Wenn das Paradies erst n a c h dem Menschen und für ihn geschaffen wurde, dann hatte ein Wunderbaum, dessen Früchte ihm verboten waren, keinen rechten Sinn. — Das Wort der Schlange erfüllt sich; der Menschen Wissen wächst durch die in der genossenen Frucht enthaltene Zauberkraft. Sie sehen, daß sie nackend sind. Kinder haben zunächst dafür, wie für die Geschlechtsunterschiede keinen Blick; ihre Augen sind gehalten. Das Nachdenken, die Vernunft erwacht, es erwacht das Bewußtsein vom Geschlechtsunterschied — beim Mädchen wohl eher wie beim Knaben —, damit erwacht zugleich die Scham, die übrigens mit irgendwelcher Schuld nicht in Zusammenhang steht. Auch hier ist wohl nicht gemeint, daß die Schuld der Menschen sich in der Scham äußert, diese „Gradmesser" der Schuld und ihre Begleiterin sei, wie man gesagt hat. — Die Schürzen aus Feigenblättern haben den Auslegern mancherlei Kopfzerbrechen verursacht. Es soll der Paradiesfeigenbaum gewesen sein (musa paradisiaca, Pisang), der seine Blätter hergab. Das Paradies aber hat nur Bäume mit eßbaren Früchten, keine Blattpflanzen. Außerdem ist die musa paradisiaca in Indien zu Hause. Sie war den vorderasiatischen Völkern zu jener Zeit unbekannt. Es soll gewiß nichts Besonderes sein, diese Bekleidung mit Feigenblättern; vielmehr legte sich auch dieser Zug durch die Beobachtung des Kindertreibens nahe. Wie bei uns die Kinder ihre Laubkränze und -blätter gern aus den dazu passenden, überall vorhandenen Buchenblättern fertigen, so werden sie es in Syrien gewiß mit den großen Blättern der dort so außerordentlich häufigen Feige gemacht haben. Natürlich war die Feige mit ihrer süßen, saftigen Frucht, die in Syrien so beliebt war, auch im Paradies zu finden. Wenn dieser Zug der ursprünglichen Erzählung angehört und nicht vielmehr, was wohl möglich, vom hebräischen Verfasser stammt, dann würde sich auch hieraus ergeben, daß Babylonien unseren Mythus nicht gebar. Dort ist die Feige, wenn überhaupt, dann recht spärlich zu finden. Es muß aber ein Baum sein, der den Kindern zu ihrem Treiben überall bequem zur Hand war. —

2. Die Untersuchung 8—14.

Sowie sie die Tritte des gegen Abend in der Kühle im Garten einherwandelnden Jahve hören, verbergen die Menschen sich im Gehölz. Der Orientale kommt erst gegen Abend, wenn die Luft geht, heraus in den Park. So Jahve; er schreitet wie ein Mensch daher, man hört seine Tritte. Er ist gewöhnt seine Lieblinge sich entgegenspringen zu sehn, wie ein heimkehrender Vater es an seinen Kindern kennt. Adam kommt nicht, das kann Zufall sein, läßt aber doch wohl Schlimmes befürchten. Denn sonst waren die Menschen stets um diese Zeit, da sie wissen „Gott wandelt einher," an seiner Seite. Jetzt aber fliehen sie eigens tief in den Park hinein, da sie ihn kommen hören. So wollen sie sich vor ihm verbergen. Gott vermißt sie. Er weiß auch wohl nicht, wo sie stecken. Denn die israelitische Sage schreibt der Gottheit tiefes, eindringendes, dem Menschen unbegreifliches Wissen, aber nicht Allwissenheit zu (vgl. 11,5; 18,21). Aber die laut in den Garten hineingerufene Frage: „wo bist Du?" die dem Menschen ja nur die Tatsache, daß Jahve da war und wo er war, anzugeben brauchte, ist für ihn jetzt eine Gewissensfrage. Er hört die Frage und kommt. Er wagt noch nicht, auch darin ganz ein Kind, sie zu überhören. Die väterliche Autorität ist für ihn noch zu mächtig. So kommt er herbei. Von dem Herankommen selbst und seiner zögernden Art redet der antike Schriftsteller nicht weiter. Derartige Kleinmalerei ist ihm fremd. Er malt durch das Wort, die Rede.

Der Mensch fühlt, er muß sein Fernbleiben entschuldigen. Schon daß er es fühlt, verrät ihn, zeigt aber zugleich, daß er noch kein verhärteter Sünder ist, der es versteht, das böse Gewissen hinter einer gleichgiltigen Miene zu verbergen. „Wer sich entschuldigt, beschuldigt sich". Meisterhaft ist hier die kindliche, sich selbst verratende Art des Menschen und die überlegene Kunst des göttlichen Richters vorgeführt. Der Mann als das Haupt wird zuerst zur Verantwortung gezogen. Er schämt sich seiner Nacktheit. Das ist Grund und Vorwand zugleich. Die Scham, die es bewirkte, daß das Paar vor einander die Blöße deckte, trieb sie auch in den Versteck vor dem Auge Gottes; anderseits ist es doch nicht bloß die Scham, die sie Versteck spielen ließ. Die Entschuldigung ist töricht. Denn gerade sie verrät ja, daß es anders mit dem Menschen geworden ist. Ihm ward bisher unbekanntes Wissen zu teil. Das kann nur auf e i n e Weise, nur durch den Genuß der verbotenen Frucht bewirkt worden sein. So die scharfe Frage: Woher dies Wissen? und die direkte Behauptung: Du hast Verbotenes getan. Adam, auch hierin dem unverdorbenen Kinde gleich, wagt es nicht, mit frecher Lüge sein Vergehen abzustreiten, hat aber auch nicht den Mut, den die Kinder noch nicht haben, Sünde und Strafe allein auf sich zu nehmen. Man schiebt es eben auf andere. Das Weib hat Schuld und, da Jahve ihm ja ungebeten das Weib zugesellt, Jahve selbst. Demgegenüber ist seine eigene Schuld kaum der Rede wert. Es ist ja natürlich, eigentlich selbstverständlich, war für ihn eine Art Notwendigkeit, daß er aß. So kommt in einem Wort „und ich aß" („va=ochel") das Geständnis der Übertretung nebenbei so hinten=

nach. Der Ton liegt auf dem Früheren. Das „und ich aß" ist gesenkten Tones gesprochen, als könnte er damit die Sünde selbst etwa verkleinern, unhörbar und unmerklich machen. Jahve antwortet ihm zunächst nicht; er folgt dem Wink; er wendet sich an das Weib. „Warum hast Du dies getan?" Das Weib, hierin dem Manne gleich, wälzt die Schuld auf einen anderen, auf die Schlange. Auch die Frau konnte eigentlich nichts dafür. Die Schlange hat sie getäuscht, belogen und da aß sie, mußte sie essen. Unerbittlich folgt der Richter dem Unrecht bis in die letzten Schlupfwinkel. Bei der Schlange ist eine Untersuchung nicht not, sie ist der Dämon des Bösen, Gottwidrigen. Jahve weiß, was sie getan und gewollt hat, darum trifft sie ohne Weiteres der göttliche Fluch in seiner ganzen Schwere.

3. Das strafende Wort 14—19

Fluch- wie Segenswort bedeuten dem antiken mehr wie dem modernen Menschen. Es liegt in dem Worte eine zauberische Kraft, die zum Unsegen oder Segen des Betroffenen in Erfüllung gehen muß. Die Kehrseite der Medaille ist, daß man Glück oder Unglück leicht aus Segen oder Unsegen erklärt und für diese dann eine besondere Gut- oder Übeltat als Ursache angibt. Das gilt insbesondere von ganzen Gattungen und Stämmen. Das Verhältnis der Völker, der Gattungen zu einander, in seiner Art oft rätselhaft, erhält seine Erklärung aus dem Verhalten und den Verhältnissen der Stammväter, erklärt sich aus Fluch oder Segen, der auf sie gelegt wurde und sich dann ihrer ganzen Nachkommenschaft mitteilte. Die Edomiter, den Israeliten nächstverwandt, traten *vor* diesen aus der Wüste in das Kulturland Kanaans über. Der jüngere Bruder Jakob-Israel wird aber, gegen alle Regel des Erbrechts, der Hauptbesitzer, dem die besten Teile des Landes zufielen. Wie kam das? Besondere Sünden und Freveltaten vermochte Altisrael bei den rauhen, aber ehrlichen Edomitern nicht zu entdecken. Der Israelit war ihm an Schlauheit überlegen. So wird es dem Erzvater Jakob-Israel durch Schlauheit gelungen sein, sich den Edom (Esau) zukommenden Erstgeburtssegen zuzuwenden (Gen. 25 ff.). Ebenso gab es zu denken, daß die Israel wie Philistäa (2 f. u. S. 125 ff.) nahestehenden Kanaanäer beiden Sklavendienste tun, sie als Herren anerkennen mußten. In Kanaan herrschte nach dem Empfinden der gesunderen, von der Kultur noch unberührteren Wüstensöhne, der Israeliten, die sich dies ihr Empfinden auch nach der Einwanderung noch lange gegenüber den die fruchtbarsten Landstriche behauptenden und verweichlichten Kanaanäern erhielten, eine wüste, in geschlechtlicher Beziehung verkommene Bevölkerung. Es lag nahe, die geknechtete Lage dieser mit der bei ihr herrschenden für Israel unerhörten schamlosen Unzucht und Ausschweifung (vgl. Gen. 19) in Beziehung zu setzen, diese als Grund für jene anzunehmen und also die alle Kanaanäer treffende Knechtung auf eine Schamlosigkeit des Stammvaters zurückzuführen, die den Fluch für alle Nachkommen zur Folge hatte. Das geschieht in den Sprüchen des Noach (Gen. 9,20.). Hiernach sind auch die Flüche an unserer Stelle zu deuten. Wie kommt es, daß ein listiges und kluges Tier wie die Schlange auf dem Bauch kriecht und, so meinte man, (Mich. 7,17) Staub frißt? Woher der dem Menschen geradezu eingeborene Widerwille gerade gegen dies Tier? Woher die Beschwerden und großen Schmerzen, die mit Schwangerschaft und Geburt verbunden sind? Warum kann das Weib sich ihnen denn nicht durch gänzliche Enthaltung vom Geschlechtsverkehr entziehen? Warum endlich ist die Arbeit dem Menschen ein Fluch und kein Segen? Woher der Tod? Der Grund zu alle dem kann nur in Verhältnissen gefunden werden, die sich zu Anfang gestalteten; da das ganze Schlangen- und Menschengeschlecht von ihnen betroffen wurde, muß etwas zwischen den Anfängen beider Geschlechter vorgekommen sein. Auf alle diese Fragen antwortet unsere Geschichte in der für das kindliche Gemüt passenden Form des Mythus, der Geschichte. Es ergibt sich aber daraus zugleich, daß es falsch ist, hier eine Darstellung der Sünde und ihrer Entwicklung, wie sie immer bei jedem Menschen vorkomme, zu sehen, so daß die Schlange etwa nur Bild der in jedem Menschen schlummernden und zu bestimmter Zeit erwachenden Macht des Bösen sei, wie man das vielfach behauptet hat. Wie soll daher der auf der Schlange liegende Fluch erklärt werden? Es ist aber ebenso irrig, wenn man bei dem Schlangenfluch auf Stellen wie Gen. 9,5; Ex. 21,28 verweist, in denen der Grundsatz festgelegt wird, daß ein Tier, durch dessen Schuld ein Menschenleben umkam, getötet werden soll. Denn an diesen Stellen handelt es sich ja immer nur um ein einzelnes, bestimmtes Exemplar, während hier das ganze Schlangengeschlecht bestraft wird, das übrigens ja auch in seinem ersten Vertreter weder Adam noch Eva getötet hat. Gewiß ist hier die Schlange als Tier getroffen. Wie sie V. 1 als klügstes aller von Jahve geschaffenen Tiere bezeichnet wird, so ist sie hier das Tier „aus der Zahl aller Tiere", auf dem ein göttlicher Fluch lastet. Sie kroch früher nicht auf dem Bauch, fraß nicht Staub, es ist also auch eine Veränderung mit ihrer Gestalt, mit ihrer Ernährungsweise vor sich gegangen. Die paradiesische Schlange hat wie der paradiesische Mensch eine Veränderung ihrer Natur erlebt. Aber der Schluß, daß hier nicht vom Dämon geredet sei, dieser darum auch hier nicht gemeint sei, ist falsch. Denn der Übergang des Dämons zum Tier ist für den antiken Menschen fließend. Gerade Schlangenleiber sind mit Vorliebe (s. o. S. 78 f.) Wohnung von Dämonen; der auf ihnen liegende Fluch liegt auch auf diesen. Weiter muß man, wie oben bemerkt, sich gegenwärtig halten, daß der Verfasser eine gewiß viel heidnischer gefärbte Vorlage israelitisch verarbeitet hat. Da mußte natürlich die Schlange, der gottfeindliche Dämon, zu einem Geschöpf Jahves werden. Da trat der Dämon, der natürlich nicht von Gott geschaffen sein konnte, hinter seinem Leibe, der Schlange, dem Geschöpf Jahves zurück. Die Unklarheit ergibt sich also aus dem inneren Widerspruch, in dem sich die höhere Religionsanschauung in Israel zu der niederen dämonistischen Stufe befand, der ja der Stoff von Gen. 2 f. entstammt. Der Fluch besagt demnach, daß die Schlange, die vordem sich in anderer Weise fortbewegte, jetzt auf dem Bauche kriechen soll, anstatt anderer Nahrung jetzt Staub fressen muß, und daß zwischen ihr und dem Weib, ihrer und des Weibes Nachkommenschaft für immer unversöhnlich tötliche Feindschaft bestehen wird.

Weiter meinen die Worte nichts. Es ist unerlaubt, in dem Schlangensamen etwa auch böse Menschen, Feinde des Guten zu sehen. Alle Menschen sind Weibes Samen, Schlangensamen sind nur Schlangen. Die Worte verkünden auch nicht, daß der Kampf einmal mit dem Siege des Menschen enden wird. Vielmehr solange Menschen, solange Schlangen vorhanden sind, wird der Kampf fortdauern. Er geht auf gegenseitige Vernichtung. Tritt der Mensch der Schlange auf den Kopf, um sie also zu töten, so fällt wieder die hinterlistige Schlange den Menschen unvermutet von hinten an, spritzt ihm so ihr todtbringendes Gift ins Blut. Wir müssen hier mit Ernst alle „geistreichen" Erklärungen von uns abweisen. Sie vergewaltigen den Text, bringen etwas hinzu, was der Verfasser nicht gesagt hat, auch nach seiner Zeitlage garnicht gesagt haben kann. — Man hat ja seit langem in diesen Worten das Protevangelium, die erste Verheißung des Sünde, Tod und Teufel durch den eigenen Tod besiegenden „Menschensohnes" gefunden (lutherische Theologie). Das ist ebenso haltlos wie die Auffassung der katholischen Theologie, die auf Grund der falschen lateinischen Übersetzung

(„sie wird Dir den Kopf zertreten), meinte, daß hier vom Siege der Maria die Rede sei.

Die Schlange, der der Kopf zertreten wird, ist nicht der Teufel, überhaupt nicht ein Einzelwesen, es ist das Schlangengeschlecht gemeint, wie auch bei dem Weibessamen nur an die gesamte Nachkommenschaft der Eva, nicht an ein bestimmtes Individuum zu denken ist.

Die Erzählung ist recht kunstvoll gebaut. Der Mann ist das Haupt in der Ehe, aus ihm entstand die Frau, unter beiden steht, wie er selbst ausgesprochen, die Tierwelt (2,19). Nun tritt ein Tier auf, verführt die Frau, durch sie den Mann. Die Naturordnung ist geradezu umgekehrt. Der Mann, der über beiden stehen sollte, hat sich dem Einfluß beider gebeugt. Gott wendet sich zuerst an das Haupt: den Mann; darnach an die Frau und wird von dieser an die Schlange verwiesen. Umgekehrt nun die Reihe der Flüche: zuerst die Schlange, dann das Weib, zuletzt der Mann. Das Weib brach zuerst von der Frucht. Zuerst werden ihre Augen geöffnet, zuerst sah sie die Geschlechtsunterschiede, so wird sie denn mit Leiden bestraft, die mit ihrem Geschlecht zusammenhängen. Viel will Jahve ihre Mühsal und Leiden machen. Sie kommen eben von ihrem Geschlecht. Sie wird jetzt schwanger werden. Und diese Schwangerschaft soll ihr bittere Schmerzen bereiten. Die Wehen der Schwangeren sind in der heiligen Schrift ein gern gebrauchtes Bild nicht bloß für plötzlich eintretende (das spielt hier ja nicht hinein), sondern auch für die denkbar schwersten Leiden und Schmerzen. Nicht die Schwangerschaft, nicht die häufige Schwangerschaft galt dem Israeliten als Fluch, vielmehr als Segen, was ihm aber naturwidrig, von der gütigen Gottheit ursprünglich nicht gewollt scheinen konnte, waren die unsagbaren Schmerzen, die dem gebärenden Weibe bestimmt sind. Das hat sie doch vor dem Manne voraus. So wird sie diesen Fluch noch vor ihm verdient haben. In der Tat, sie hat den Mann verführt. Sie muß neben dem über den Mann verhängten Fluch, der sie doch auch mittrifft, noch ihr eigenes „Päckchen tragen". Bemerkenswert ist hier nun noch zweierlei. Ihr „schmachtendes Verlangen" ist auf den Mann gerichtet. Auch für den Israeliten mag das Weib eine größere Sehnsucht nach der Beiwohnung gehabt haben als der Mann. Ihre Natur zwingt sie also dem Manne „nachzulaufen". Und das, trotzdem sie selbst die Folgen zu tragen hat, die eine neunmonatliche Schwangerschaft und die endliche Geburt mit sich bringt. Der

Mann hat es ihr nicht einmal dank: er wird ihr Herr und Besitzer sein. Die Lage der Frau, wie sie sich infolge der Vielehe ausgebildet hatte, war und ist im Orient ja eine schlimme. Der Mann ist der Herr, die Frau seine Dienerin, seine Arbeitskraft, seine Beischläferin. Das ist gewiß ein Fluch, und ein verschuldeter. Natürlich ist's in Israel nicht überall so gewesen, wir haben Beispiele für das Gegenteil (vgl. 1. Sam. 1; 2. Sam. 3,16; 12,3).

Aber der Verfasser kennt diesen Zustand doch als die Regel, es ist die Lage aller Evastöchter, die er schildern will. Doch ist dieser Zustand nach ihm nicht der gottgewollte. Vielmehr hat Gott Mann und Weib als ein Paar gemacht, also ist doch die Einehe das Richtige. In dieser Einehe aber soll, und wo das normal ist, ist es ja auch so, das Weib des Mannes passende Ergänzung, die ihm „entsprechende Gehilfin", nicht seine Sklavin sein (2, 22). Es gehört zu der Art der Mythen, daß sie eine Reihe von Fragen, die man unwillkürlich stellt, unberührt und unbeantwortet lassen. Sicher ist ja wohl, daß die Geburt ohne den Sündenfall als schmerzlos gedacht wird, daß also der Verfasser auch für den weiteren Aufenthalt im Paradies mit Begattung, Schwangerschaft, Geburt gerechnet hat. Aber wie es dazu kommen sollte, da die Menschen doch keine Ahnung von der geschlechtlichen Verschiedenheit und ihrer Bedeutung hatten, dieselbe ihnen vielmehr erst durch die Sünde aufging, hören wir nicht, dürfen wir auch nicht weiter fragen.

Der „Mensch" (d. i. der Mann) hat durch die Unterordnung unter das Weib den Aufenthalt im Paradies bei der von ihm beleidigten Gottheit verscherzt. Auffallend ist die Form des Fluches. Wir hören nicht „darum mußt Du das Paradies verlassen, zu dem Acker gehen, ihn bebauen, der aber soll verflucht sein" u. s. w. Die Vertreibung versteht sich von selbst, sie wird weiter garnicht besonders in Aussicht gestellt. Nebenbei aber zeigt doch diese Form, daß der Verfasser in erster Linie erklären will, wie es zur zerreibenden, mühseligen Arbeit des Bauern — als solcher gilt ihm also der erste Mensch — gekommen ist. Dieser Kampf ums tägliche Brot kann doch nicht von der gütigen Gottheit gewollt sein! Gewiß nicht. Im Paradies wuchs ihm die Nahrung in den Mund. Der Fluch, der auf dem Bauernleben zu liegen scheint, ist selbstverschuldet. — Der Mensch baut das Getreide. So wird es jetzt erst aus dem Boden zu gewinnen sein; vorher, da er es zur Nahrung nicht nötig hatte, war es nicht vorhanden. Gegen seinen

Willen wuchert nun auch das Gestrüpp empor (vgl. oben S. 70 f.), das die Erde ihm zur Qual hervorbringt; warum? weil ein Fluch auf ihr liegt.

Dieser Fluch trifft doch den Menschen, also wird die Erde um seinetwillen verflucht sein, wie wir ja auch sonst von Flüchen über Dinge vernehmen (vgl. Richt. 17,2). Er soll Getreide essen müssen bis zum Tode. Auch das ist ein Teil des Fluches. Das Zuckerbrot des Paradieses ist ihm für immer entzogen. Für immer tritt das Schwarzbrot des Bauern an seine Stelle. Und dies muß er sich selbst sein Leben lang mühsam erringen. Wann die Fleischnahrung dazu kam, hören wir nicht bei J. Es ist wahr, daß hier die Rede etwas überladen scheint, so sagt V. 18b dasselbe wie 19a und die beiden Hälften von 19b stehen sich als gleichbedeutend im Wege. Man hat das durch Streichungen beseitigen wollen. Nun darf man damit allerdings, namentlich bei einem orientalischen Erzähler, nicht zu schnell bei der Hand sein. Man muß bei diesen doch mit Wiederholungen und Längen rechnen, die uns auffallend und störend erscheinen, und könnte von diesem Gesichtspunkt aus auch V. 18 und 19 in ihrer Gestalt belassen. Immerhin legt die eigenartige Zusammensetzung von 20—24, wo wir sicher Teile verschiedener Berichte verbunden finden, die Vermutung nahe, daß auch die Wiederholungen von 18 f. auf Grund einer solchen Verbindung zu erklären sind. Es würden dann etwa die Worte: Im Schweiß Deines Angesichts sollst Du Dein Brot essen . . . denn Staub bist Du und zu Staub sollst Du wieder werden," dem Bericht angehören, der auch den Menschen aus „Staub", nicht einfach „von Erde" entstanden sein ließ (vgl. oben S. 73) —. Es ist eine traurig gedrückte Stimmung, die den Verfasser beherrscht. Das Leben ist ein Leben auf dem „Jammertal"; der zu der Götter Gemeinschaft berufene Mensch verfällt zu Staub, verfällt zu nichts. Damit ists mit der Existenz des einzelnen Menschen zu Ende. Der Gedanke einer Auferstehung des Leibes nach dem Tode, einer Beseligung der abgeschiedenen Frommen in der Gemeinschaft der Gottheit, wie wir ihn in dem unter Einfluß des griechischen Geistes stehenden Judentum (etwa von 300 an) vorfinden, lag den alten Israeliten vollkommen fern. Die „Totenseele" stieg hinab in die große Stadt der Schatten, um dort ein freud- und lichtloses Dasein zu führen, das im Vergleich zu dem Leben auf dieser Erde nicht als Leben bezeichnet werden kann. Sehr auffallend und störend erscheint nun aber V. 20: „Der Mensch nannte sein

Weib Chavva, weil sie die Mutter aller Lebendigen (d. h. Menschen) geworden war." Aber von Begattung und Geburt hören wir erst außerhalb des Paradieses (4,1 ff.). Es liegt hier wie so oft (vgl. oben S. 77) eine Volksetymologie vor. Der altüberkommene, vielleicht nicht einmal hebräische Name „Chavva" (Eva) findet seine Erklärung aus dem Hebräischen, in dem das nächstanklingende Wort „Chaj" (d. i. lebendig) ist, und diese etymologische Erklärung wird zwar hier nicht wie in 2,23 dem Adam direkt in den Mund gelegt, soll aber natürlich doch seine Gedanken bei der Benennung seiner Gattin wiedergeben. Wären die Worte von V. 20 hier an rechter Stelle, so würden sie, selbst wenn man die falsche Übersetzung: „sie wird die Mutter alles Lebendigen sein" zulassen möchte, doch nicht ein Glaubenswort Adams wiedergeben, der trotz des Todesurteils in Eva die Gewähr für das Fortleben des menschlichen Geschlechts zu haben glaubte; es wäre vielmehr der vollendete Trotz, der ihn diese Worte dem göttlichen Fluch gegenüberstellen ließ. Das aber paßt hier nicht her. Kain (K. 4.), aber nicht Adam wird als ein solch trotziger Geselle geschildert. Die Bemerkung, daß Jahve den Menschen mit Tierfell bekleidet, bedeutet in dem Zusammenhang wohl, daß er sein Schamgefühl billigt und ihm anstatt der ungenügenden Feigenschürze eine bessere Hülle zuwies und daß die Gottheit in ihrer Güte den Menschen nicht, wie doch die Drohung lautete, sofort vernichten will. Der Gedanke, daß die Gottheit die schwere Drohung nicht wahr macht (der Mensch soll doch am Tage des Essens den Tod schmecken), wie mancher Vater es nicht übers Herz bringt, das sündige Kind in der beabsichtigten und angedrohten Schwere zu bestrafen, klingt ja schon in den Fluchworten über Eva und Adam durch. Eva soll Kinder gebären, also nicht sofort sterben, ihr und mit ihr dem Menschengeschlecht soll nicht unmittelbar ein Ende gesetzt werden. Adam soll zwar die Paradiesfreuden nur noch in der Erinnerung kennen, die Erde soll ihm zwar Mühe machen, aber sie soll ihm doch das Brotkorn herausgeben, das ihn am Leben hält. Dieser Gedanke spielt dann auch in V. 21 hinein. Jahve sorgt doch auch väterlich für seine Kinder. Er gibt ihnen bessere, schützende Kleider. Denn nicht mehr in paradiesischer Schöne und Helle fließen die Tage ihnen „ewigklar und spiegelrein und eben" dahin. Wind und Wetter, Frost und Schnee werden kommen. Da tritt die göttliche Fürsorge helfend ein. — Doch ist wohl möglich, daß der Vers in anderem Zusammenhange nur über die Anfänge der Bekleidung unterrichten sollte und sich zu den Ausführungen stellt, die über die Anfänge des Städtebaues, des Nomadenlebens, der Musik, der Schmiedekunst, des Weinbaues und so fort erzählen (4,17 ff.; 5,29.; 9,20 ff.; 11,1 ff.). Auch V. 22 nimmt sich fremd aus. An den Fluch V. 17 ff., der ja den Vertreibungsbeschluß schon zur Voraussetzung hat, schließt sich sachgemäß die Vertreibung selbst V. 23, nicht aber eine Rede im Rat der Götter an, die eine solche Vertreibung erst als notwendig dartut. „Der Mensch ist geworden wie unser einer" d. h. eben der Göttlichen einer, so führt die Rede in der Göttersversammlung aus. Die Erkenntnis von gut und böse, die ihm jetzt geworden, hat das bewirkt. Bleibt ihm nun die Möglichkeit, durch Genuß der Lebensfrucht sein Leben ewig zu erhalten, so ist er ein Gott; alle Grenzen sind beseitigt. Um das zu verhüten, ist Vertreibung aus dem Paradies, damit Entziehung der Frucht des Lebensbaumes vonnöten. Der Beschluß selbst wird nicht gegeben, sondern sofort die auf Grund eines solchen Beschlusses ausgeführte Tat. Sehr kräftig klingt hier (V. 22) der Neid der Götter, von dem die Alten wußten und redeten, durch. Auch im alten Testament haben wir in der Volkszählung Davids (s. o. S. 27), in der Erzählung von der Ehe zwischen Göttern und Weibern (Gen. 6,1 ff.), in dem Turmbaubericht (11,1 ff.) Ähnliches Aber dann entspricht der Vers nicht unseren Erwartungen. Denn nach V. 22 hat die Schlange ja wirklich recht. Aus Furcht und Mißgunst floß das göttliche Verbot (3,5 vgl. 22). Unsere Erzählung zeigt aber doch in ihrem Verlauf, daß Gott es auch nach dem Fall gut mit den Menschen meinte, ihnen nicht etwa aus Neid etwas Gutes vorenthielt; er wollte ihnen den Stand kindlicher Unschuld, kindlichen Glückes bewahren; das Unheil, welches die Kenntnis von „gut und böse", die ja die Gottheit allein tragen kann, mit Notwendigkeit über sie bringen mußte, wollte er gerade von ihnen abwehren. Endlich hat doch V. 22 Erkenntnisbaum und Lebensbaum zusammen, während ja der eigentliche Stamm der Erzählung nur den Erkenntnisbaum bietet. Da V. 23 mit anderen Worten dasselbe gibt wie 24a, so haben wir hier Teile der Parallelberichte anzunehmen, deren erster (V. 23) zu unserer bekannten Erzählung (der Mensch = der „Irdische", aus „Erde" genommen 2,7) der andere zu dem 2. Bericht gehört. Zu diesem ist dann auch das zuckende Schwert zu rechnen, das den Weg zum Lebensbaum verwehren soll. Man denkt sich die Kerube mit flammendem Schwert in der Hand als Wächter des Lebensbaumes. Aber die Kerube, die wir zuerst bei dem von Phönikern geleiteten Tempelbau in Israel antreffen (1. Kön. 6,29 ff.), darum am wahrscheinlichsten von ihnen übernommen zu denken haben, erscheinen sonst nirgends im Alten Testament mit einem Schwert. Man stellt sie am besten mit den auch bei den Griechen bekannten Greifen zusammen und faßt sie als Träger der göttlichen Gegenwart (vgl. Ps. 18), als Wächter der gottgeweihten Stätten. So hier. So versteht sich auch ihre häufige Verwendung im Tempel. Erst im Tempel sind sie mit der daselbst unter Keruben niedergestellten Jahvelade zusammengewachsen. Mit den Engeln haben sie ursprünglich nichts zu tun. Ebenso ist es recht zweifelhaft, ob sie babylonischer Herkunft sind. Erst Ezechiel hat sie mit den zwar aus seiner Phantasie entsprungenen, aber stark mit babylonischen Farben gemalten wunderbaren „Lebewesen" zusammengeworfen (vgl. Ezechiel 1—3 mit Ez. 10,20). Das Schwert steht, darauf führt auch die Ausdrucksweise (die Kerube und das Schwert), hier ganz selbständig neben den Keruben, sodaß es anstatt dieser in dem 2. Bericht erscheint, in dem ja der Lebensbaum eine Rolle spielt, zu dem es den Zutritt verwehren soll. Wir finden auch sonst das göttliche Racheschwert im Alten Testament als selbständige Größe erwähnt (Sephanja 2,12; Jer. 46,10; Jes. 34,5). — Übrigens sei noch angemerkt, daß nach V. 24 der von Keruben bewachte Eingang, aus dem die Menschen vertrieben wurden, der Osteingang ist. Das Paradies wäre also hier westlich vom Wohnsitz der ersten Menschen zu suchen, vgl. dagegen, vielleicht aus der anderen Reihe, die östliche Lage (2,8; 4,16; 11,2). Die Verteilung der Verse am Schlusse würde also etwa so zu denken sein:

A. (Der eigentliche Stamm der Erzählung von V. 17 f. dann weiter) V. 19 . . . bis Du zu Erde wirst, aus der Du genommen. V. 23 Und „Elohim" vertrieb den „Irdischen" aus dem Garten Eden, daß er die Erde bebaue, aus der er genommen, und postierte die Kerube östlich vom Garten Eden auf.

B. V. 19. Im Schweiß Deines Angesichts sollst Du Dein Brot essen . . . denn Staub bist Du.

[V. 20 (?) Und der Mensch nannte sein Weib Chavva, weil sie die Mutter aller Lebendigen geworden war. ?]

V. 21. Und Jahve machte dem Menschen und seinem Weibe Kleider aus Fellen und bekleidete sie.

V. 22. „Da sprach Jahve: sieh, der Mensch ist geworden wie einer von uns, insofern er gut und böse unterscheiden kann; und nun, damit er nicht seine Hand ausstrecke und auch noch vom Baum des Lebens pflücke und esse und also ewig lebe" —

da jagte Jahve den Menschen fort . . . und das zuckende Schwert den Zugang zum Lebensbaum zu bewachen. —

Schlußbemerkungen

1) Die Zusammensetzung. Es bedarf keines großen stilistischen Feingefühls, um zu bemerken, daß die Darstellungsweise von Gen. 2—3 eine von der in Gen. 1 gegebenen ganz und gar verschiedene ist. Selbst wer die gegen Kap. 1 hervortretenden Widersprüche außer acht läßt, könnte doch kaum an einen Verfasser für beide Abschnitte denken. Dieser allgemeine Eindruck wird durch eine genauere Untersuchung durchaus bestätigt. Nicht nur die Auffassung von der Entstehung der Welt, des Menschen, der Tiere, des Weibes ist eine ganz verschiedene, auch die einzelnen sprachlichen Ausdrücke sind hier wie dort für dieselben Dinge durchweg andere. Also redet hier eine 2. Quelle. Man braucht auch nicht lange zu fragen, welche das ist. Der Name des Gottes Israels, „Jahve", belehrt uns von Anfang (2,4b), daß der Jahvist das Wort ergreift. Aber hier schon wie überhaupt in der Urgeschichte zeigt es sich, daß wir es bei J. nicht mit einer einheitlich geschlossenen Schrift zu tun haben. Vielmehr ist es wahrscheinlich, daß 2 Paradies- und Sündenfallserzählungen ineinanderflossen und zwar so, daß die eine den Hauptstrom bildet, in dem aber das Gewässer des Nebenstroms noch zu erkennen ist. Die Haupterzählung berichtet, daß „Elohim" den „Ackerbauer" (Adam) aus dem „Ackerland" (Adama), den „Irdischen" aus der „Erde", formte und ihn in einen Gottesgarten mit lauter köstlichen Bäumen versetzte. Mühelos reichten diese Bäume ihm seine Nahrung dar. Er durfte ihre Frucht nach Herzenslust brechen. Nur an einem Baum in der Mitte des Gartens haftete für ihn ein göttliches Verbot. Die Einsamkeit des Menschen jammert die gütige Gottheit, sie gibt ihm in den Tieren, und als diese ihm nicht genügen, in dem aus ihm selbst gebildeten Weibe Gesellschaft. Da ist des Menschen Glück ein vollkommenes. Doch das Unheil schläft nicht. Das zu seinem Entzücken erschaffene Weib läßt sich von der Schlange betören und reißt ihn selbst mit in ihren Fall. So erlangen die Menschen zwar durch den Genuß des Baumes vorher nicht vorhandene Erkenntnis, aber das müssen sie mit dem Verlust des Paradieses bezahlen. Die Schlange, das Weib, der Mann werden verflucht. Zwar von ihrer Drohung, den Menschen sofort zu töten, nimmt die Gottheit Abstand; sie läßt ihm das

Leben, sorgt auch dafür, daß die Erde ihm seine Nahrung darreicht. Aber mit Anspannung aller Kräfte muß er sie ihr abringen. Und der Schluß des so mühseligen Lebens ist der Tod. Der „Bauer" wird zum „Bauerland", aus dem er hervorging; er muß sterben. Der Zugang zu dem Gottesgarten, aus dem Gott die Ersterschaffenen fortschickte, wird durch Kerube bewacht und somit dem Menschen verwehrt. Diese Quelle (I) scheint den Namen Jahve erst von Enos an (4,26), dem Enkel des Adam, zu gebrauchen. Sie redet nur von dem Erkenntnisbaum, läßt Begattung und Geburt erst auf die Vertreibung folgen, hat auch das Motiv des Neides der Gottheit ganz zurückgedrängt.

Die andere Quelle (II) gebraucht von Anfang den Namen Jahve. Sie wird im ganzen inhaltlich dasselbe geboten haben wie die erste, sodaß man von ihr eben nur noch Brocken vorfindet; doch kann man wohl verstehen, daß sie, weil gröber und weniger abgeklärt, dem Konkurrenten hat weichen müssen. Sie läßt den Menschen aus „Staub" hervorgehn („Staub" 2,7; 3,19c), ihn dann in den Wonnegarten im Osten versetzt werden (2,8). Sie kennt neben dem Baum der Erkenntnis auch den Lebensbaum (vgl. zu 2,9.17; 3,22). Während dort die Vertreibung aus dem Paradies und der göttliche Fluch den Tod des Menschen wirken, ist es hier die Entziehung der Lebensfrucht, die Götter wie Menschen Unsterblichkeit verleiht. Hier ist Jahve ängstlich auf die Stellung der Gottheit bedacht. Der Neid klingt scharf heraus (3,22). Die Schlange scheint Recht zu haben. Jahve tötet zwar auch hier die Menschen nicht sofort, er bekleidet sogar ihre Blöße; doch *jagt* er sie im Zorn von dannen und stellt das zuckende Schwert vor den Eingang seines Gartens.

Die Zusammensetzung dieser 2 Erzählungsreihen, deren eine „Elohim", die andere „Jahve" sagte, hat denn vielleicht den Doppelnamen „Jahve Elohim", wie er in K. 2f. durchgeht, mit sich gebracht. Trotz dieser Zusammensetzung macht der Abschnitt K. 2f. einen durchaus straff geschlossenen Eindruck. Das kommt doch wohl daher, daß die eine Erzählungsreihe ganz erhalten und nur hier und da durch Zusätze der anderen vermehrt worden ist und überhaupt daß beide sich inhaltlich sehr nahe gestanden haben werden. — Sehen wir aber genauer zu, so läßt sich doch noch erkennen, daß es ganz abgesehen von der Verarbeitung zweier Quellen recht verschiedenartige Stoffe waren, die hier miteinander verbunden wurden, ohne daß man sagen kann, ob der Verfasser diese Verbindung selbst hergestellt oder sie schon vorgefunden hat. In dem einen Kapitel (2) hören wir, wie Jahve den Ackerbauer aus seinem Ackerland bildete, ihm Tier und Weib zugesellte, und wie Adam das Weib sofort als seine Genossin und Gehilfin erkennt. Die Ehe, der Beischlaf ist von vornherein als von Gott gewollt erkannt. Dazu paßt doch nicht gut, daß die Menschen im Paradiese nicht als Erwachsene, sondern als Kinder behandelt werden, die von Ehe, Beischlaf, Geburt keine Ahnung haben. Es ist eben die Erschaffungsgeschichte mit der Paradieserzählung zusammengeflossen und so wurden aus dem ersten Paar jene harmlosen Kinder im Paradies; so wurde aus dem Göttergarten ein für die Menschen und nach ihnen hergerichteter Park, in dem sie ewig wohnen, mühelos leben konnten. Denn das Paradies ist ursprünglich Aufenthaltsort der Götter. Der Erkenntnis-, der Lebensbaum liefert Götterspeise, wie ja auch die Sagen anderer Völker von solchen Unsterblichkeitsspeisen zu erzählen wissen (vgl. z. B. „Nektar und Ambrosia", bei den Griechen, „Lebenswasser", „Lebensbrot" bei den Babyloniern).

2) Der Stoff. Die in unserem Abschnitte zusammengearbeiteten Stoffe lassen sich noch anderswo nachweisen, einiges können wir darüber sogar aus dem Alten Testament selbst entnehmen. Wir hören da nicht selten von dem „Gottesgarten". Sodom und Gomorrha gleicht in seiner Fruchtbarkeit dem „Garten Jahves" (Gen. 13,10). Jahve wird das verwüstete Land Sions wie Eden, wie den Garten Jahves aufblühen lassen (Jes. 51, 3. Ezechiel 36, 35). Sion, das Jerusalem der Zukunft, soll zum Paradiese werden und wird darum in der Weissagung mit paradiesischen Farben ausgemalt Ez. 47, 9 f. Offenb. Joh. 22, 1 f. Der Garten Gottes ist das Ideal von Üppigkeit und Fruchtbarkeit (Joel. 2, 3). In Eden, im „Gottesgarten", weilen die Kerube (Ez. 28, 13 ff.); dort hat Jahve die herrlichsten und prächtigsten Bäume selbst gepflanzt (Ez. 31, 8 f. 16. 18). Wir ersehen daraus, daß der Gottesgarten eine bekannte Größe ist, von der man vielleicht noch etwas mehr wußte, als man aus Gen. 2 schließen kann. Wenigstens scheint Ezechiel in den allerdings textlich recht schwierigen Stellen 28, 13 ff.; 31, 8 f. auf mancherlei Bekanntes anzuspielen, was uns bezüglich des Gottesgartens nicht geläufig ist, und was wir ebenso wenig wie vor uns Ezechiel aus Gen. 2 herauslesen können. Schon der Ausdruck „Gottesgarten" (Ez. 28, 13; 31, 8—9), „Jahvegarten" (Jes. 51,3; Gen. 13, 10), den Gen. 2 f. wohl nicht ohne Absicht vermeidet, läßt erkennen, daß diese Anspielungen nicht

einfach aus Gen. 2 f. geflossen sind. Denn er sagt ja deutlich aus, was Gen. 2 nur noch ahnen läßt, daß es sich um Besitz und Aufenthalt der Gottheit, um einen Göttersitz handelt. — Allerdings ist mit alledem ja noch nicht gesagt, daß diese Vorstellung altisraelitisch ist. Selbst wenn wir von der wohl erst aus dem Babylonischen durch Ezechiel (28, 13 ff.) hinzugebrachten, vielleicht auch der Glosse über die Lage des Paradieses (2, 10—14) zu Grunde liegenden Anschauung, daß der Göttersitz im äußersten Norden zu suchen sei, wo ja nach babylonischer Meinung die Götter hausten (vgl. auch Jes. 14, 13), ganz absehen wollen, so scheint doch auch die Schilderung des in einem oasenartigen Garten wohnenden Gottes nicht israelitisch zu sein. Der Berg Sinai ist für Altisrael die eigentliche, ursprüngliche Wohnung seines Gottes. Dort hat Moses Jahve gesehen, dorthin führte er sein Volk, und als es weiter zog, Kanaan eroberte, führte Jahve, auf seinem Throne als Sieger vorausschreitend, sein Volk in die neuen Sitze, in das neue Land, das auf diese Weise auch Jahves Wohnland ward. Dies Land, in dem Erzähler wie Hörer der Geschichte lebten, kann aber nicht als Paradies gemeint sein; das bedarf kaum der Erwähnung. Es ist also auch hier wohl eine heidnische Erzählung von einem Garten, in dem die Götter wohnten und köstliche Früchte brachen, von Israel übernommen und auf Jahve übertragen worden. Wenn nun weiter gern im Alten Testament, sei es auch nur in bildlicher Rede vom Lebensbaum (Sprüche Salomos 3,18; 11,30; 13,12; 15,4), vom „Wasser" und der „Quelle des Lebens" (Ez. 47; Sach. 14,8) geredet wird, so mag auch hier der mit den alten Sagen vertraute jüdische Leser eine Anspielung auf den paradiesischen Lebensbaum, das paradiesische Lebenswasser durchgehört haben. Auch solche Stellen mögen erweisen, daß diese ursprünglich fremden Stoffe in Israel ganz heimisch geworden sind. Ob nun mit der Schilderung des Gottesgartens zugleich die Erzählung von dem in das Paradies entrückten, zu den Göttern gezogenen, dann aber verjagten Menschen verbunden gewesen ist, kann mit Sicherheit nicht behauptet werden. Wenn man an den Adapamythus (s. u. S. 106 ff.), an den Prometheus denkt, der den Menschen die Wohltat des Feuers von der neidischen Gottheit stahl und dafür aus der Göttergemeinschaft verbannt und mit schwerer Strafe gestraft wurde, so legt sich die Vermutung ja sehr nahe, daß auch dies Weilen im Parke der Gottheit mit der heidnischen Erzählung vom Göttergarten übernommen wurde, zumal an einer Stelle wenigstens der heidnische Gedanke des

Neides, der Eifersucht der Gottheit, die über der Einzigartigkeit ihrer Stellung wacht und darum die Menschen aus dem Paradiese fortjagt, sehr klar hervortritt (3,22). Aber von einem solchen Neide wissen auch die alten Israeliten zu reden. Das braucht ihnen also nicht aus der Fremde zugeflossen zu sein. Ihnen ist der Gedanke nicht fernliegend, daß die Gottheit als allmächtig tun und lassen kann, was sie will, ohne daß der Mensch Grund hat, sich zu beklagen; daß sie weiter auch den Königen gegenüber die Grenzen der Menschheit sehr nachdrücklich zur Anerkennung bringt (vgl. 2. Sam. 24). Die Erschaffung des Menschen ist doch ursprünglich ebenso selbständig und für sich geschildert worden wie der Garten der Götter. Dazu hören wir in den heidnischen Sagen nicht von dem Aufenthalt des ersten Menschen bei Gott. Man hat zwar aus dem Alten Testament selbst Stellen angeführt, die ganz abgesehen von Gen. 2—3 zeigen sollten, daß man sich von dem Weilen des ersten Menschen im Rat der Gottheit im Paradies, von seinem wunderbaren, götterähnlichen Wesen mancherlei erzählt hat, sodaß auch ohne den Verfasser Gen. 2—3 die Verbindung des Paradieses mit den ersten Menschen im Munde der Israeliten gesichert wäre, und da namentlich in dem hierfür angeführten Abschnitt Ez. 28,9 ff. das Mythologische und Heidnische sehr stark hervorträte, sei eben der heidnische Charakter dieser ganzen Paradiesgeschichte erwiesen.

Aber die beiden Stellen des Alten Testaments, die man hier im Auge hat, beweisen das nicht, was sie beweisen sollen. Hiob 15, 7 wirft der Gegner des Hiob dem Dulder vor, daß er sich ganz ohne Grund mit seinem Wissen blähe, so tue, als ob er als erster Mensch geboren, vor den Bergen zur Welt gebracht sei. Hat er etwa im Rate Gottes gesessen und sich Weisheit gestohlen? Er weiß doch nicht mehr als seine Gegner, die auch schon Greise, d. h. erfahrene und weise Männer sind." Darnach, meint man, gab es eine Sage, nach der der erste Mensch, vor aller Welt geboren, im Rate Gottes weilte, Gottes Weisheit stahl, ein Übermaß von Wissen hatte. Alles dies finden wir ja Gen. 2—3 nicht. Also liegt hier eine selbständige Überlieferung vor, die uns unabhängig von Gen. 2—3 über israelitische Sagen bezüglich des Urmenschen unterrichtet. Aber da hat man zuviel aus dem Zusammenhang erschlossen. Der will dort nur sagen: hast Du etwa mehr Erfahrung wie alle anderen Leute, die ganze Menschheit, die doch unseren Lehrsatz: „Die Strafe entspricht stets der Sünde" allgemein anerkennt? Bist

Du der älteste aller Menschen, als erster geboren? Es gab doch vor Dir auch schon kluge Leute, auch unter uns gibt es ältere und darum erfahrnere Männer wie Du bist." Von keinem Menschen, auch dem Urmenschen nicht, hat man ja ausgesagt, daß er vor den „Bergen zur Welt kam". Gerade die „ewigen", die „uralten" Berge reichen weit über die Zeit des Menschen hinaus. Hiob tut geradeso, als ob er schon existiert habe, da selbst diese noch nicht waren. Die Weisheit, vermöge deren Gott die Welt bildete, sie war da vor Entstehung aller seiner anderen Werke, sie „kam vor den Bergen zur Welt" (Spr. 8,22 ff.). Glaubt Hiob etwa die personifizierte Weisheit zu sein?

Die Ezechielstelle gar (28, 11 ff.) redet überhaupt nicht von einem ursprünglich im Paradies lebenden Menschen. Es handelt sich dort um ein Klagelied über die Königin des Meeres, das phönikische Inseltyrus. Wie so oft ist es der König d. h. das Königtum, nicht eine bestimmte Persönlichkeit, dem als Vertreter des Staates das Lied gilt. Der Sturz von Tyrus ist von Jahve festgesetzt, damit ergibt sich, daß der Schutzgott der Stadt, der bei den Hebräern zu einem Schutzengel gemacht wurde, aus der Gemeinschaft Jahves, aus dem von Keruben bewachten Gottesgarten gewiesen wird. Diese Schutzengel, die ursprünglichen Götter der Völker, hießen ja auch geradezu „Fürsten" der Völker (vgl. Daniel 10,13.20), sie sind ebenso wie die irdischen Könige der personifizierte Staat; so gehen diese himmlischen und die irdischen Fürsten ineinander über; leicht auch tritt für „König" „Fürst" einfach der „Staat" ein, so hier V. 18. Die Sünde von Tyrus, seine Überhebung, sein Wuchergeist ist eben Sünde nicht des einzelnen Tyrers, sondern der Seele von Tyrus, die in dem „Fürsten" verkörpert ist. Er hat sich eben in dieser Weise vor Jahve überhoben. Darum muß er herabgestürzt, ihm damit die Herrschaft, die Macht genommen werden. So wird er wie die anderen mächtigen „Fürsten der Völker", die ebenfalls in Eden weilten und bildlich als hervorragende Bäume (Ez. 31,16 „Bäume Edens") vorgeführt werden, zur Unterwelt hinabfahren. „Ich meinte, ihr wäret Götter, göttlicher Abkunft allzumal. Fürwahr wie Menschen sollt ihr sterben, wie einer der Fürsten zu Fall kommen" sagt Jahve Ps. 82,7 zu den im himmlischen Rat versammelten Schutzgöttern der heidnischen Völker. — Nichts führt darauf, daß der Fürst von Tyrus mit den Farben des Urmenschen gemalt wäre. Wie sollte Ezechiel überhaupt dazu kommen? Daß Tyrus nicht den Anspruch machen konnte, uralt zu sein, in den Farben des Urmenschen zu prangen, wußte Ezechiel gewiß ebensogut wie seine Volksgenossen. Und es handelt sich hier ja nicht um die uralte Vergangenheit, vielmehr um die Gegenwart und Zukunft. Tyrus wird und muß seiner Überhebung und Üppigkeit wegen fallen. Das, was dem Menschen zukünftig ist, steht bei Gott schon fest, ist so gut wie geschehen. Also ist die Seele von Tyrus, sein Schutzgott, wegen seiner Überhebung und Üppigkeit aus dem Rat der Himmlischen gewiesen, mit anderen Worten Tyrus als Macht mit seinem engelischen Schutzgeist soll ein Ende haben. Also sagt diese, überhaupt textlich sehr verderbte, Stelle für uns nichts aus. — Es muß sogar für möglich gelten, daß nicht bloß die Zusammenarbeitung der Paradies- und Schöpfungserzählung erst auf israelitischem Boden vollzogen sei, vielleicht ist auch die Erzählung von der Bildung Adams, des Weibes, der Tiere eine echthebräische. Denn gerade die hebräische Sprache legt es nahe, den „Adam" aus der „Adama", die „Issa" (Weib) aus dem Manne „is" hervorgegangen zu wähnen. Sie führte ja geradezu auf die K. 2 erzählte Entstehungsweise von Mann und Frau. Allerdings erscheint sonst dem Hebräer das Nomadentum, wenigstens in der Geschichte seines Volks, als das ältere, er weiß sehr wohl, daß seine Vorfahren von Beduinen Bauern geworden sind, während hier ja der Mensch überhaupt Bauer ist, der Bauernberuf als der älteste aller Berufe, sein Leben als das ursprünglich allen bestimmte Leben gilt. Durchschlagend sind diese Bedenken wohl nicht. Israel war ja der Hauptsache nach ein Bauernvolk, seufzte unter der Last der Bauernarbeit, unter dem Ringen, das Unkraut, Mißernte, Regenlosigkeit mit sich brachte. Es liegt doch augenscheinlich ein Fluch auf dem Leben des Bauern. Er muß gegen Gott gesündigt haben. So kann man doch wohl ohne Rücksicht auf das Nomadentum diese Gedanken gedacht und ausgesprochen haben. Zeigt doch Gen. 4 (s. u. S. 130 ff.), daß der Israelit sich so sehr als Bauer fühlen konnte, daß ihm das Leben des Nomaden, wie es doch seine Väter geübt und wie es seiner Zeit als Leben des Herrn gegenüber dem Leben des an den Boden gefesselten Landmannes empfunden ward, als Folge schwerer Sünde und einer dadurch verursachten grausigen Verfluchung vorkommen konnte. — Nimmt man aber auch außerisraelitischen Ursprung für die Menschenschöpfung an, so ist diese Sage, wie eben die aus hebraischer Volksetymologie erwachsenen Züge zeigen, aufs Stärkste hebräisiert worden. Es läge immerhin am nächsten zu meinen, daß der Gegensatz zwischen dem paradiesischen Gebiet um Damaskus zu dem zum Teil recht ärmlichen Boden von Kanaan dieser Schilderung von dem sorglosen Leben im Wonnegarten gegenüber dem ärmlichen und kümmerlichen Dasein des kanaanäischen Bauern nicht bloß Farbe, sondern auch Inhalt verliehen habe. Die Vorstellung von der paradiesischen Oase stammt schwerlich aus Babylonien, wo man sich die Götter wohl hoch im Norden auf den Bergen oder im Süden auf einer Insel unter der Mündung der Ströme denkt, nicht aber in einer parkartig angepflanzten Oase. Auch weist die Feige anderswohin als nach Babylonien; der Stoff mag also von den Kanaanäern gebildet und von diesen dann übernommen sein.

3) Israelitischer Geist der Erzählung. Wie man sich zu dieser im Ganzen ziemlich gleichgiltigen Frage auch stellen mag, sicher ist, daß der religiöse Genius des israelitischen Volks sich gerade bei Verarbeitung dieses Materials aufs glänzendste bewährt hat. Man kann ohne Übertreibung behaupten, daß nirgends in der alten Welt eine ähnliche Erzählung hätte entstehen können, wie ja denn auch die Versuche, sie anderswo aufzufinden, kläglich gescheitert sind. Der Israelit empfand sich und was ihn umgab durchaus als von Jahve kommend, in seiner Hand stehend. Alle Fragen des Daseins, die ihn bewegten, mußte er also mit Jahve in Verbindung setzen. Die Antworten auf diese Fragen mußten durch die Jahveauffassung bestimmt, die Stoffe, die er zur Beantwortung etwa vorfand, in israelitischem Sinne behauen werden, ob sie nun einer niederen Religionsstufe in Israel selbst oder einem anderen Volke entstammen. Je höher und feiner die Jahveauffassung stand, um so eingreifender werden auch die Stoffe behandelt worden sein. Es mag auch da nicht auf einmal gelungen sein, das Heidnische zu beseitigen. So hören wir in der einen Reihe noch sehr deutlich vom Neid der Gottheit. Da ist's der Lebensbaum, dessen Früchte Leben spenden, deren Entziehung Tod zur Folge haben müssen, während in der anderen ein Fluchwort Jahves genügt. Es klingt ja auch wohl noch etwas von Vielgötterei hindurch (3,22) — aber über Anklänge dieser Art kommts doch auch hier nicht hinaus. Viel abgeklärter erscheint nun schon der Hauptstrom der Erklärung. Verschwunden ist der Gedanke des Neides der Gottheit; wohl setzt ihn die bitterböse Schlange bei Jahve voraus, die Folge gibt ihr aber nicht recht. Die Menschen haben sich auf unerlaubte Weise errungen, was ihnen nicht zukam, was nur der Gottheit gebührt; warum? darf man nicht fragen. Wenn sie jetzt das Paradies verlassen müssen, so ists

eben ihre eigene, nicht der Gottheit Schuld; ja diese hat dem Menschen doch nur eitel Güte erwiesen. Gott hat ihn ins Dasein gerufen, ins Paradies gesetzt und ihm ein herrliches, von Mühe und Sorge befreites Leben bereitet. Es jammert ihn die Einsamkeit des Mannes. Er erschafft ihm die Tiere, das Weib zur Gesellschaft. Und auch nachdem der Mensch sich dieses Dankes nicht würdig erwiesen, tötet er ihn nicht sofort, wie er wohl gedroht, sondern straft ihn zwar mit einem schweren Fluch, doch hat auch dieser Fluch zur Voraussetzung, daß Jahve für die weitere Ernährung seines Geschöpfes sorgt. Die Erde soll, wenn auch widerwillig, Brotkorn und Nahrung darreichen. Die Menschheit wird weiter leben, Adam und Eva werden Kinder haben, die einst an ihre Stelle treten, wenn sie das selbstverschuldete Ende erleben und zu dem Acker werden, der einst das Material für ihre Bildung hergab. Mit anderen Worten: Die Mühen und Plagen des Lebens, die Wehen der Geburt, die Gefahren, die den Bauer von wilden Tieren und Dämonen her, deren Inbegriff die Schlange ist, allerseits umlauern, vermag der gereifte Israelit nicht auf Neid und Unfreundlichkeit der Gottheit zurückzuführen (vgl. dagegen noch David, 1. Sam. 26, 19); sie sind da, können aber nur aus einer Sünde der Menschen, und zwar, da sie alle Menschen treffen, aus einer Sünde der Stammeltern, nicht aber aus einer unberechtigten Willkür, einem Neide der Gottheit erklärt werden.

Worin bestand denn nun die Sünde? Hier kommen wir zur Frage nach der „Erkenntnis von gut und böse". Schon bei der Erklärung von K. 2 f. ergab sich, daß damit schwerlich die sittliche Unterscheidungskraft gemeint, schwerlich daran zu denken sei, daß Jahve dem Menschen es habe verwehren wollen zu fühlen und zu wissen, daß etwas in sittlichem Sinne „gut" oder „böse" sei. Denn daß der Mensch das Wissen, von dem hier die Rede ist, nach Gottes Willen durchaus nicht haben sollte, ist aus der Erzählung selbst deutlich zu entnehmen. Man kann nicht sagen (s. o. S. 81), Gott habe die Menschen auf jeden Fall zu diesem Wissen führen wollen. Nirgends erscheint das sittliche Unterscheidungsvermögen als besonders charakteristische Begabung göttlicher Wesen. Der Ausdruck kann nichts anders besagen, als was er sonst im Alten Testament bedeutet. Er begegnet uns noch in der bekannten Stelle Jes. 7, 16. Bevor der Sohn, dessen Geburt Jesaja erwartet und den er Immanuel nennen will, das „Gute erwählen", das „Böse verachten" wird, soll die vom judäischen König gefürchtete Gefahr einer syrisch-nordisraelitischen Überschwemmung Judas vorüber sein. Es handelt sich um eine kurze Frist. Schon darum paßt nicht das sittliche Unterscheidungsvermögen. Vielmehr soll dasselbe gemeint sein, wie Jes. 8, 4, wo es gelegentlich der verheißenen Geburt eines anderen Jesajasohnes heißt, „bevor der Sohn „„Vater"" und „„Mutter"" rufen kann", also noch nicht in Jahresfrist, soll Syrien und das Nordreich verwüstet sein. Es ist demnach unter dem Ausdruck „Wissen von gut und böse" etwas in die früheste Kindheit Fallendes zu verstehen. Es ist das Erwachen der Vernunft, der Unterscheidungskraft. Das gebrannte Kind scheut das Feuer, das ins Wasser gefallene kennt die unangenehme Seite des feuchten Elements; so lernt es unterscheiden, was ihm gut und angenehm, was ihm schädlich und unangenehm ist, lernt es die Einzelbeobachtungen zu sammeln und nutzbar zu machen, lernt es denken. Daß diese Auffassung richtig ist, ergibt nun auch die Stelle Deuter. 1,39, wo gerade das Nichtkennen von „gut und böse" als Kennzeichen der Kleinsten unter den Kleinen erwähnt wird. Wenn des Menschen geistige Kraft sich vor der körperlichen verzehrt, dann verliert er das Wissen wieder, er wird „kindisch". So sagt der 80 jährige Barzillai, als ihn der dankbare David nach der Niederwerfung des Absalonischen Aufstandes an seinen Hof ziehen will (2. Sam. 19,32 ff.), daß ihm die Fähigkeit erstorben sei, zwischen „gut und bös zu unterscheiden", was er derart erläutert, er vermöge nicht mehr mit Genuß des Königs Leckerbissen zu kosten, seinen Sängern und Sängerinnen zu lauschen; also die Abgestumpftheit der Sinne ist dem Mangel an jener Erkenntnis gleichzusetzen. Es handelt sich mithin um die Wahrnehmung durch die Sinne und das damit ermöglichte Nachdenken, um die Vernunft, die einmal erwacht keine Schranke kennt, in alle Tiefen dringen will, alles mit ihrem Licht zu durchleuchten. So bedarf der menschliche Richter zu seinem Urteil besonders dieser Fähigkeit; im höchsten Maße besitzt sie die Gottheit, so daß ein erleuchteter Richter mit „göttlichem Scharfsinn" geradezu göttlichen Wesen gleicht, wie wir 2. Sam. 14, 17.20 vernehmen, wo von David gerühmt wird, daß er das „Gute und Böse zu verstehen", „alles was auf Erden ist, zu erkennen vermag" wie „ein Engel Jahves".

Und was hier als eine außerordentliche Gabe Davids, die ihm doch nur von der Gottheit kommen konnte, rühmend hervorgehoben wird, sollte Gen. 2 ff. als etwas nur auf dem Wege der Gebotsübertretung Erworbenes dargestellt sein, als etwas

was von Rechtswegen nur der Gottheit zukommt? Das erscheint doch auf den ersten Blick unglaublich. Aber man vergegenwärtige sich doch nur, daß in Israel ebenso wie bei uns nicht bloß zu verschiedenen Zeiten die verschiedensten Ansichten nebeneinander hergingen. Das gilt vornehmlich bei der Wertung der Vernunft. Sollte es nur bei uns möglich sein, daß der eine die Vernunft als das köstlichste, höchste Gut preist, das Gott der Menschheit verliehen, während ein anderer sich den Anschein gibt, etwas besonders Religiöses und Frommes zu denken und zu sagen, wenn er den Gebrauch dieser Vernunft als etwas Gottwidriges ansieht und verlangt, daß man die Vernunft „gefangen nehme unter Gottes Wort"? Diesem erscheint die Vernunft und ihr Gebrauch als ein Raub an der Gottheit, der man sich blindlings ohne zu fragen, unterwerfen müsse, die also allein Vernunft haben und anwenden solle. Auch unser Verfasser steht auf diesem Standpunkt. Und es ist auch gut zu verstehen, wie er zu seinem Glauben kam. Ein Blick auf die Kinder und ihr ungetrübtes Glück belehrte ihn. Das unschuldige Kind allein ist glücklich, es kennt keine Sorgen. Ach, daß es nur immer im Paradiese der Kindheit verweilte und die Erwachsenen für sich sorgen ließe! Aber da erwacht das Selbstständigkeitsstreben. Man will eben nicht immer Kind sein, man will nicht immer unter dem Verbot des Vaters stehen. Und so kommts zum Bruch des Verbots, zum Erwachen der Vernunft, der Beobachtung. Der Geschlechtstrieb kommt mit seiner Wollust. Mit einer gewissen Naturnotwendigkeit geht's so, aber das, was das Kind gewinnt, wiegt den Verlust nicht auf. Die gereiftere Erkenntnis vernichtet das ungetrübte Glück. Die Gedanken bringen Not und Sorge, der neue Besitz ist teuer erkauft. Man verstehe recht, es handelt sich nicht um die Darstellung, wie es bei jedem durch Fallen zum Aufstehen, durch Irrtum zur Wahrheit geht. Vielmehr die Kindheit, ihr Glück, ihr Verlust haben die Farben für die Geschichte der ersten Stammeltern geliefert.

Wir haben unseren Schriftsteller oben als feinen Beobachter und Seelenschilderer gewürdigt. Hier gilt es zu bemerken, daß auch die Wissenschaft nichts Besseres und Schlagenderes kennt, um die Gedanken, die Weise der primitiven Völker zu illustrieren als den Hinweis auf die Kinder, die nicht „gut und böse" kennen, keine Vernunft haben. Wie Kinder laufen sie nackend umher ohne Scham, haften mit ihrem Interesse am Einzelnen, ohne die Einzelbeobachtungen zu einem Gesamtbild zu vereinigen, leben von der Hand in den Mund, sorglos in den Tag schauend u. s. w. Man braucht nur die modernen Werke (vgl. z. B. Schurz, Urgeschichte der Kultur u. a.) über Ethnographie einzusehen, um dieser passenden Parallele auf Schritt und Tritt zu begegnen. Und es ist richtig, daß das Erwachen des Nachdenkens, der Vernunft und damit der Beginn der Kultur das Schwinden jener Stufe sorglosen Dahinlebens, glücklichen Kinderdaseins mit sich bringt. Man könnte von dieser Parallele her nicht nur die Bekleidung mit Feigenschürzen (s. o. S. 81 f.), sondern auch das Stehlen und Essen des verbotenen Apfels, wie es Kinder ja mit Vorliebe tun, erklären und danach meinen, daß auch der Erkenntnisbaum mit seinen Wunderfrüchten nicht auf eine Vorlage, sondern auf den Verfasser selbst zurückgeht. Das würde dann erklären, wie alle Versuche, ihn anderswo nachzuweisen, bisher fehlgeschlagen sind, wie denn im Alten Testament zwar der Lebensbaum, das Lebenswasser als mythische Größe häufig genug, der Erkenntnisbaum aber niemals entgegentritt. Aber auch die andere Quelle weiß neben dem Lebensbaum auch vom Erkenntnisbaum, dessen Frucht Adam göttliche Erkenntnis vermittelte (3,22). Dazu klingt die Erzählung von einem Wunderbaum, dessen Zauberfrüchte dem Genießenden Wissen gaben, stark heidnisch, kann kaum von einem Schriftsteller der gereiften Periode Israels gebildet, doch wohl nur übernommen worden sein.

Es ist eine schwermütige Betrachtung des Lebens in Gen. 2 f., die seltsam von der die Patriarchengeschichte tragenden und durchziehenden Lebensfreude absticht; wir haben eine religiöse Wertung der Dinge, wie sie wohl aus dem gedrückten Herzen des Landmanns erwachsen konnte, wie sie aber vor einer kräftigen, mannhaften religiösen Art nicht stand hält. Denn die Voraussetzung, daß Gott die Menschen nur geschaffen, um glücklich zu sein, ist unzutreffend. Wenn das so wäre, so müßte tatsächlich jeder Kulturfortschritt gottwidrig sein; die Kultur bedeutet doch Fortschritt über den bisherigen Zustand. Nur durch Beseitigung dieses Zustandes, durch Aufgabe dieses Kinderglücks gehts vorwärts. Weder der einzelne, noch das Volk, noch die Menschheit sollte Kind, sollte auf dem Kindheitsstandpunkt bleiben. Das kindliche, sorglose, zugleich faule Sichberuhigen mit dem noch so geringen Glück führt zur Versumpfung, zum Absterben der von Gott im Keime der Menschheit mitgeteilten Gaben. Wir sehen auch im Alten Testament, daß die so gesunden religiösen Kräfte Israels diesen schwermütigen Geist nicht die Herrschaft gewinnen ließen. Was hilfts über der unschuldigen Kindheit verlorenes Paradies zu jammern? Es gilt etwas Höheres, nämlich das Vertrauen, den Glauben des Kindes zu haben und doch mitten in dem Kampf des Lebens zu stehen, das Himmelreich aufzunehmen wie ein Kind und dabei doch kein Kind zu sein. Allerdings ist dies Glück nur von dem zu erreichen, der da nach eigenem Willen vor der Gottheit und ihrem Walten still hält, der da weiß, daß er alle Kräfte Leibes und Geistes im Dienste Gottes entfalten soll, daß er aber bei alledem nicht ins Innerste der Natur, geschweige ins Innerste der Gottheit zu dringen vermag. Das hebräische Volk ist auch zu dieser Erkenntnis hindurchgedrungen. Das ist doch die eigentliche Lösung im Buche Hiob, daß der Dulder erkennt, es ist ebenso frevelhaft, wenn man wie so mancher im Namen der Frömmigkeit auftritt und urteilt, als hätte er in Gottes Rat gesessen, und genauer wie Gott selbst Sünde und Strafe des Einzelnen gegeneinander abwägen will, als wenn man an der göttlichen und gerechten Weltregierung aus Anlaß eigenen Unglücks Zweifel erhebt. Da allerdings begeht der Mensch Raub an der Gottheit und dünkt sich ein Gott, setzt sich an Gottes Stelle und über Gott mit seiner „Vernunft". Und wenn er jetzt so gern in Anbetung des besonders auf dem Gebiet der Naturwissenschaft und Technik Erreichten den menschlichen Verstand anbetet und der Gottheit, aus der dieser doch floß, Ehre und Dasein nehmen will, so würde das in den Augen des frommen Israeliten mit Recht nicht bloß als dumm, sondern auch als gottlos empfunden werden. Aber diesen Weg, den der Verfasser wohl auch kennt, braucht der Lauf der Dinge nicht zu nehmen. Die menschliche Vernunft selbst führt dazu, daß man das Unbegreifliche verehrt oder um mit Hiob zu sprechen: „Gott kennt die Weisheit und besitzt sie, aber zum Menschen sprach er: sieh, die Furcht des Herrn ist Weisheit (für Dich) und das Weichen vom Bösen ist Vernunft (28,23 ff.)." — Bei alledem hat man keinen Grund, auf den Verfasser mit seiner ungünstigen Beurteilung der Vernunft herabzusehen. Denn immer wird es sich wiederholen, daß Eltern das aus dem Erwachen der Vernunft hervorgehende eigne Urteil der Kinder, ihr Streben nach Selbständigkeit als Impietät, als Unrecht empfinden und die mancherlei trüben Erfahrungen, die der selbständig gewordene Sohn machen muß, der das Glück der mit Bevormundung verbundenen Sorglosigkeit von sich stieß, mit einem gewissen Gefühl der Befriedigung ansehen. Hat man nicht auch den Willen der zur Mündigkeit, zur Vernunft erwachten Völker, die da beanspruchten, bei Leitung und Regelung ihrer eigenen Angelegenheiten selbst mittätig zu sein, als Empörung, als Höllenwerk, als schwärzesten Undank gegen die landesväterliche Regierung der absoluten Fürsten aufgefaßt? Eine Zeit, die vielfach das Selbständigkeitsbestreben des mündig werdenden vierten Standes nur als Empörung empfindet, die von der auf politischem Gebiet überholten Meinung, daß es zwar des Herrn Pflicht sei, nach allen Kräften für die Untergebenen zu sorgen, diese aber dafür zu gehorchen und in politischen Dingen sich des Urteils zu enthalten hätten, auf sozialem Gebiet noch meist nicht loskommen kann, eine Zeit, in der nicht nur in der katholischen, viefach doch auch in der evangelischen Kirche ein Verzichten auf das eigene Denken als von Gott gewollt verkündet wird, sollte ja die Gen. 2—3 gebotene Anschauung verstehen und auch würdigen können. Es wird doch hier feinste Beobachtung in feinster Form mustergiltig vorgeführt. Hier hat doch der Geist eines tiefsinnigen, feingebildeten Mannes über dem Stoffe gewaltet und zum ersten Male das Selbständigkeitsstreben im Gegensatz zum reinen Kinderglück, zu patriarchaler Bevormundung vorbildlich gezeichnet. Darum ists natürlich, daß man diese hier erzählte Geschichte anderswo nicht nachweisen kann. Man hat ja neuerdings wieder die längst widerlegte Meinung vorgebracht, daß ein assyrisches Bild auf unsere Versuchungsgeschichte anspiele. Der Baum in der Mitte zweier Figuren, die zwei Früchte des Baumes, die nach ihnen ausgestreckte Hand jeder Figur, die geringelte Schlange hinter der einen — hat man da nicht unsere ganze Geschichte? Nur schade, daß die eine mit Hörnern versehene Figur damit als Gott gekennzeichnet wird; nur schade, daß beide Figuren ihre Hände augenscheinlich nicht nach den Früchten ausstrecken, daß beide unter dem Baume s i t z e n, was auch befremdlich erscheint. Wenn die gekrümmte Linie hinter der hornlosen, weiblichen Figur wirklich eine Schlange ist, so könnte diese als Hüterin des Lebensbaumes, unter dem eine männliche und weibliche Gottheit sitzen, verstanden werden (vgl. Christliche Welt 1902. S. 488.). Aber nicht bloß im Bild, auch in der babylonischen Literatur hat man mit mehr oder weniger Sicherheit die ursprüngliche Paradiesgeschichte gefunden. Hier kommt der schon um 1400 in Kanaan bekannte Adapamythus inbetracht. Ich teile denselben nach der neuesten Wiedergabe bei Zimmern (die Keilinschriften und das Alte Testament[3] 1903 S. 520 f.) mit: Adapa, der Sohn des Gottes Ea, hat von diesem Weisheit verliehen erhalten, aber ewiges Leben gab dieser ihm nicht. So waltet Adapa, den wir uns wohl als halbgöttliches Wesen vorzustellen haben, am Heiligtum des Ea in Eridu als „Weiser", ein „Übergescheiter", zugleich auch als ein Priester, der für den Bedarf des Heiligtums an Brot und Wasser sorgt. Wohl aus dem gleichen Grunde, nämlich um das Heiligtum mit Fischen zu versorgen, liegt Adapa dem Fischfang auf dem Meere bei Eridu ob. Wie er so eines Tages auf dem Meere fährt, erhebt sich bei spiegelglatter See plötzlich der Südwind und bringt sein Schiff zum Kentern, sodaß er ins Wasser versinkt. Aus Rache zerbricht Adapa dem Südwind die Flügel, sodaß dieser 7 Tage lang nicht mehr über das Land wehen kann. Als Anu, der Himmelsgott, davon hört, schickt er seinen Boten zur Erde hinab, um Adapa zur Rechenschaft vor sich zu fordern. Ea, der weiß, was dem Adapa bevorsteht, gibt diesem zuvor entsprechende Verhaltungsmaßregeln. Er weist ihn an, durch Anlegung eines Trauergewandes das Mitleid zweier Götter, des Tamûz und Gisziba, die er im Himmel beim Eintritt in den Palast Anus antreffen werde, zu erregen, um diese als Fürsprecher für sich bei Anu zu gewinnen. „Wenn Du dann vor Anu hintrittst, wird man Dir Speise des Todes hinhalten — iß sie nicht! Wasser des Todes wird man Dir hinhalten — trink es nicht! Ein Gewand wird man Dir hinhalten — zieh es an! Öl wird man Dir hinhalten — salbe Dich damit!" Der Bote Anu's langt an, richtet den Befehl Anu's aus und läßt Adapa mit sich zum Himmel hinaufsteigen. Dort erfüllt sich Alles genau so, wie es Ea vorausgesagt, nur mit einem wesentlichen Unterschied. Adapa findet die beiden Götter Tamûz und Gisziba beim Eintritt in den Palast Anu's am Tore vor, erregt durch das Trauergewand, das er trägt, deren Mitleid. Vor Anu angelangt und von diesem zur Rechenschaft gezogen, schleudert Anu ihm zuerst die Worte entgegen: „Kein Erbarmen". Da aber legen Tamûz und Gisziba ein gutes Wort für ihn bei Anu ein, sodaß dieser in seinem Zorn besänftigt wird. Anu reflektiert zunächst: Warum hat Ea einem unschönen (unguten) Menschen des Himmels und der Erde Inneres offenbart, ihn ansehnlich gemacht, ihm einen Namen gemacht? „Dann — wohl aus der Erwägung heraus, daß es das Beste sei, das Werk Ea's als vollendete Tatsache anzuerkennen und nun seinerseits diese Tat Ea's noch zu übertrumpfen — spricht er: Wir, was wollen wir ihm antun? Speise des Lebens holt ihm, daß er sie esse!" Speise des Lebens — so fährt der Text unmittelbar fort, holte man ihm, aber er aß sie nicht. Wasser des Lebens holte man ihm, aber er trank es nicht. Ein Gewand holte man ihm, das zog er an. Öl holte man ihm, damit salbte er sich. Da blickte ihn Anu an und staunte über ihn: Wohlan, Adapa! Warum hast Du nicht gegessen, nicht getrunken, sodaß Du auch nicht leben wirst (ewig?)? „„Ea, mein Herr, befahl: Iß nicht, trink nicht““! „Nehmt ihn und bringt ihn zu seiner Erde zurück!“ — Wenn man diese Geschichte ohne Voreingenommenheit liest, so wird man kaum mit Zimmern behaupten, daß Gen. 2—3 wenigstens teilweise vom Adapamythus beeinflußt ist. Es ist ja eigentlich alles anders. Daß Adapa der erste Mensch gewesen, wird nirgends ausgesagt. Brot und Wasser mag ja an dem Lebensbaum, an die Paradiesquelle erinnern — aber das ist auch alles. Gen. 2—3 hat der Mensch die im Babylonischen vom Gotte Ea verliehene Erkenntnis gegen der Gottheit Willen erraffen wollen und muß zur Strafe das Paradies, den Lebensbaum verlassen, hier aber bietet die Gottheit selbst Lebensspeise an, die der übelberatene Mensch ablehnt, wonach er zur Erde zurückkehrt. Daß, was Adapa gilt, alle Menschen betrifft, daß allen nicht bloß große Weisheit, sondern auch ewiges Leben zugedacht war, von alledem kein Wort. — Viel näher schon liegt es in der griechischen Prometheussage verwandte Stoffe von Gen. 2—3 zu finden. Der Titane Prometheus, der Vater wenn nicht der Gesamtmenschheit so doch sicher des Hellenenvolkes, ursprünglich der Gott des Feuers, stellt sich im Kampf der Titanen auf die Seite des Zeus, dem er durch seinen klugen Rat zum Siege verhilft. Doch beschließt Zeus ihn zu bestrafen, weil er sich überhebt, es der Gottheit im Rate gleich tun will. Prometheus erfährt, daß Zeus das rohe und wilde Menschengeschlecht vollkommen zu verderben beschlossen hat. So will er seinen Menschen helfen. Er entwendet das Feuer und übermittelt es ihnen. Das muß er schwer büßen. Aus dem Himmel geschleudert, wird er an eine Säule gefesselt, sodaß er sich gegen einen Adler, der seine in der Nacht stets nachwachsende Leber am Tage wegfrißt, nicht zu wehren vermag. Das Menschengeschlecht aber ist ihm zu ewigem Danke verpflichtet. Mit dem Feuer erhielt es das vornehmste Mittel für den Fortschritt in der Kultur. Von Prometheus stammt ihm die Erfindsamkeit, der unermüdliche Durst nach Wahrheit, dieser dämonische Trieb, der leicht zum Trotze gegen die Götter führt. Zeus vernichtet nun allerdings die Menschen nicht, aber er beschließt, sie schwer heimzusuchen. Zu dem Zwecke läßt er seinen kunstfertigen Sohn Hephästus das Weib bilden, das die Götter dann mit den Gaben der Anmut und Schönheit, der weiblichen Kunstfertigkeit, sowie schmeichlerischer Betörung und Verschlagenheit beschenken. Als Mitgift erhält sie die geschlossene Pandorabüchse, in der Übel, Krankheit, Mühsal beschlossen waren. Der kurzsichtige und vergeßliche Bruder des Prometheus nimmt dies Geschenk von Zeus an, ungeachtet er durch Prometheus gewarnt war. Pandora aber kann der Neugierde nicht widerstehen, sie öffnet die Büchse und öffnet dann damit dem Heer der Übel den Eingang in das ganze Menschengeschlecht.

Prometheus wie Adam wohnen und leben bei der Gottheit. Beide rauben etwas nur für die Gottheit Bestimmtes. Mit dem Fall beider wird der unaufhaltsame, auch den Himmel nicht schonende Erkenntnisdrang der Menschheit in Verbindung gesetzt. Beide gelten als Anfänger des Menschengeschlechtes. In beiden Erzählungen ändert die Gottheit den ursprünglichen Beschluß gänzlicher Vernichtung. Not, Krankheit, Schmerzen und Mühsal sind die von Zeus wie von Jahve über die Sterblichen verhängten Strafen. Und hier wie dort ist es das Weib, durch das diese Plagen in die Menschheit eingeführt werden. — Und doch wie groß ist der Unterschied zwischen beiden Erzählungen! Gerade solche Vergleiche dienen nur dazu, die hebräische Darstellung in ihrer schlichten Einfachheit und Abgeklärtheit als unerreicht zu zeigen. Es bleibt bestehen, was Wellhausen in seiner vortrefflichen Zeichnung unseres Abschnittes mit folgenden Worten ausführt (Prolegomena zur Geschichte Israels[2] S. 320 f.): Wir befinden uns hier in dem Zaubergarten der Vorstellungen des Altertums, der frische, antike Erdgeruch weht uns entgegen. Die Hebräer atmeten in der Luft, die sie umgab; was sie sich am Jordan erzählten vom Lande Eden und vom Sündenfall, erzählte man sich ganz ähnlich am Euphrat und Tigris, am Oxus und Arius. . . . Ein wenig von seiner ursprünglichen Farbe scheint allerdings der Stoff unserer Erzählung unter dem Einfluß des Monotheismus eingebüßt zu haben. . . . Doch ist durch die Abstreifung des Fremdartigen an Gehalt nichts verloren, an edler Einfalt nur gewonnen. Der mythische Hintergrund gibt der Erzählung ihren leuchtenden Schimmer, wir fühlen uns in der goldenen Zeit, wo noch der Himmel auf Erden war: dabei ist doch der unverständliche Zauber gemieden und nirgends die Grenze eines keuschen Helldunkels überschritten".

Es gibt auf dem Gebiet der israelitischen Literatur kaum größere Gegensätze nach Sprache, Inhalt, Darstellung und

Tendenz, als wie wir sie in Gen. 1—2,4a auf der einen, Gen. 2, 4b—3 auf der anderen Seite vorfinden. Dieser Gegensatz, sehr lehrreich für den verschiedenen Geist des Judentums (Gen. 1) und Altisraels (Gen. 2—3), möge dem Leser zum Schluß gleichfalls in der vortrefflichen Ausführung von Wellhausen (a. a. O. 322) vorgeführt werden. „In Kap. 1 wird dem Menschen von Anfang an der Boden zugewiesen, auf dem er sich noch gegenwärtig bewegt: „füllet die Erde und machet sie euch untertan" — die Aufgabe ist eine völlig natürliche. In Kap. 2f. wird er ins Paradies gesetzt und hat darin, vom Mutterschoß der Gottheit gleichsam noch umfangen, einen sehr beschränkten Wirkungskreis — seine gegenwärtigen Lebensverhältnisse, die Feldarbeit des Mannes, das Kindergebären des Weibes, entsprechen nicht seiner ursprünglichen Bestimmung, sind kein Segen, sondern ein Fluch. In der jahvistischen Erzählung ist der Mensch sich selbst so wunderbar wie die Außenwelt, in der anderen ist er sich so alltäglich wie jene. Dort sieht er staunenswerte Geheimnisse in der Geschlechtsverschiedenheit, in der Ehe, in der Geburt (4,1); hier sind das physiologische Tatsachen, die nichts zu fragen und zu denken geben: „er schuf sie männlich und weiblich und sprach: seid fruchtbar und mehret euch". Dort steht er den Tieren vertraut und doch befangen gegenüber, er weiß nicht recht, was er aus ihnen machen soll, sie sind ihm verwandt und passen doch nicht recht in seine Gesellschaft — hier sind sie neutrale Wesen, über die er herrscht. Der Hauptpunkt, worin der Gegensatz zusammenläuft und sich zuspitzt, ist folgender: in Gen. 2—3 ist es dem Menschen eigentlich verboten, den Schleier von den Dingen abzuheben und die Welt, repräsentiert im Baume des Wissens, zu erkennen; in Gen. 1 ist dies die ihm von Anfang gestellte Aufgabe, zu herrschen über die ganze Erde: Herrschaft und Wissen bedeutet gleichviel, bedeutet Zivilisation. Dort ist ihm die Natur ein geweihtes Mysterium, hier ist sie ihm Sache, Objekt: er steht ihr nicht mehr befangen, sondern frei und überlegen gegenüber. Dort gilt es für einen Raub des Menschen, Gott gleich sein zu wollen, hier hat ihn Gott von vornherein in seinem Bilde und nach seiner Ähnlichkeit geschaffen, und ihn zum Stellvertreter im Weltreiche bestimmt."

2. Götterehen Gen. 6, 1—4

Die Sünde ist durch den Fall der Ersterschaffenen in das ganze Menschengeschlecht eingeführt. Aber die Menschen waren nur betrogen, darum erlösungsfähig und zur Erlösung von der Gottheit erhalten. Doch „viele sind berufen und wenige auserwählt"! Von der Schwelle des Paradieses an beginnt die Scheidung der Guten und Bösen, und zwar so, daß sich die Bösen von Anfang an als stärker ausweisen denn die Guten. Kain tötet den „gerechten" Abel (Matth. 23,35), die kainitische Linie weiß sich durch Erbauung von Städten, durch mancherlei Erfindung in der Welt einzurichten und mit blutigem Ernst (man denke an Lemechs Lied) zu behaupten. Eins aber haben diese vor jenen voraus: die Gemeinschaft mit Gott und den daraus fließenden Lohn. Sie werden mit einer unerhörten Lebensdauer begnadet, ja einer (Chanoch) geht ohne Tod in den Himmel ein, und ein anderer (Noach) trägt in dem allgemeinen Verderben die Rettung des eigenen Lebens und des Lebens der Seinigen davon. Aber daß er der einzige war, zeigt es schon: jene Sonderung von Guten und Bösen war nicht von Dauer. Die Gesamtflut ist nur als Strafe einer Gesamtverderbnis der Gesamtmenschheit zu verstehen; Sethiten und Kainiten müssen sich im Sündigen zusammengefunden haben. — Dies sind die Gedanken, wie sie sich aus der Reihe Gen. 1—5 dem einfachen Erzähler von selbst ergeben und wie sie denn schon lange und oft ausgesprochen sind; Gedanken, die man denn wohl gern als der „göttlichen Heilsgeschichte" zugrundeliegend erachtet hat (siehe auch oben S. 60). Aber diese in der sogenannten orthodoxen Theologie auch bis auf heute noch vertretenen, von da in den Schulunterricht hinein geleiteten Ideen einer göttlichen Heilsgeschichte lassen sich, wenigstens in dieser Form, nicht festhalten. Gerade unser Abschnitt zeigt, daß sie zur Vergewaltigung des einfachen Textes führen und auf Voraussetzungen beruhen, die durch die Pentateuchkritik ein für alle Male beseitigt sind.

Denn erst die Zusammenarbeit der verschiedenen Quellen hat zur Annahme einer Kainiten- und Sethitenreihe geführt. Ursprünglich sind es ja die gleichen Reihen; also kann Gen. 6,1 ff. gar nicht von einer Vermischung der Frommen (Sethiten) und der Bösen (Kainiten) die Rede sein. Das ergibt sich auch aus einer ruhigen Betrachtung des Wortlautes. Das hier Berichtete setzt uns doch in die Zeit, da die Menschheit sich zu mehren b e g a n n, mithin doch wohl an den Anfang der Menschheitsgeschichte; als ein solcher kann aber die Zeit des Noach kaum noch bezeichnet werden. Ist weiter V. 1 die Menschheit als die ganze zu verstehen, dann doch auch V. 2 („Töchter der

Menschheit"). Und sind die „Göttersöhne" Sethiten die „Menschheitstöchter" Kainitinnen: was ward dann aus den Sethitinnen, wenn man auch die Kainiten als böse von vornherein dem Verderben preisgegeben und nicht weiter erwähnt sein läßt? Wie will man endlich das Entstehen von gewaltigen Riesen aus dieser Verbindung erklären, wovon doch V. 4 in seiner ursprünglichen Form geredet haben wird. Es kann sich hier gar nicht um 2 Klassen von Menschen handeln, mag man nun, wie oben erwähnt, an Sethiten und Kainitinnen, oder an vornehme Herren (Göttersöhne) und Töchter geringer Leute („Töchter gewöhnlicher Menschen") denken. Denn die „Söhne der Gottheit" sind an dieser Stelle nicht anders zu verstehn wie sonst stets im Alten Testament (Hiob 1,6; 2,1; 38,7 vgl. Psalm 29,1; 89,7; Dan. 3,25). Es sind Engel, eigentlich „göttliche Wesen", das nämlich will der Ausdruck „Söhne der Gottheit" besagen. Dieser Rat der Engel mag ursprünglich eine Götterversammlung gewesen sein, aus der dann für Israel, das nur einen Gott kannte, ein Rat von Jahve unterstellten, ihm dienenden göttlichen Wesen d. h. von Engeln werden mußte. Man nimmt wohl mit Recht an, daß unsere Geschichte, um überhaupt von Israel aufgenommen zu werden, stark verändert werden mußte. Daher kommen denn vielleicht manche sprachlichen und sachlichen Rätsel (so besonders in V. 3), daher auch wohl die Abänderung in V. 4, der jetzt — man weiß nicht warum — aussagt, daß es damals ebenso wie auch weiterhin Riesen, gewaltige, berühmte Recken gegeben habe. V. 4 wird sich doch wohl etwa in der Form „und weil Götter menschliche Weiber beschliefen, gebaren diese in jenen Tagen Riesen, jene berühmten Recken der Urzeit" unmittelbar an V. 2 angeschlossen, und V. 3 dann den göttlichen Strafbeschluß geboten haben. —

Es liegt hier also ein uns aus der griechischen Göttersage bekannter Stoff vor. Götter, die in fleischliche Gemeinschaft mit Menschen treten, zeugen Übermenschen (Herkules, Achilleus u. s. f.), bringen Titanen und Giganten, d. h. Kinder der Erde (‚Gaea') und des Himmelsgottes („Ouranos") hervor, welche durch ihre maßlose Kraft den Göttern selbst gefährlich werden können. Wie also Zeus seinen Himmel gegen die Himmelsstürmer zu verteidigen hat, so auch hier die Gottheit. Sie läßt es nicht zum äußersten kommen, sondern greift vorher ein. Das will und soll der sehr dunkle und umdeutete dritte Vers aussagen. Es liegt ja nahe, ihn also zu fassen: Mein Geist soll nicht für immer im Menschen wohnen (?), sintemalen (?) er auch Fleisch ist, so soll sich seine Lebensdauer auf 120 Jahre belaufen. Dann hätten wir hier eine genaue Parallele zum Sündenfall, insofern hier wie dort der Tod als neue Schranke aufgerichtet wird. Denn das ist mit den 120 Jahren gemeint, nicht etwa die Frist bis zur Flut; von solcher Gnadenfrist und ihrem unbenutzten Verstreichen redet ja auch das Folgende mit keinem Wort. Aber bedenklich gegen obige Deutung macht es, daß hier ja eigentlich nicht die Menschen, sondern die Götter sündigen, die ja doch die menschlichen Weiber zu ihrem Willen zwingen können. Und: Gen. 2—3 hatten wir ja schon zwei Berichte über den Sündenfall. Sollte hier ein dritter aus einer dritten Quelle stehen? Jedenfalls wenn der Abschnitt einer der in Gen. 2—3 gebotenen Quellen angehörte, so müßte deren Verfasser ihn selbst schon nicht mehr als Sündenfall aufgefaßt und mitgeteilt haben. — Besonders aber ist es in V. 3 unverständlich, warum Gott seinen Beschluß mit den Worten „weil sie Fleisch" sind, begründet; das waren die Menschen doch vom Anfang, somit kann die jetzt erst beliebte Lebenskürzung doch nicht mit einer von Gott ja selbst von Beginn an gesetzten Beschaffenheit des Menschen gestützt werden. Und auch, wenn man das recht zweifelhafte „sintemalen auch", „weil auch", bei dem namentlich das „auch" sinnwidrig ist (denn die „Söhne Gottes" sind doch eben nicht Fleisch), mit dem gleichfalls zweifelhaften „durch ihr Vergehen" (d. h. „durch ihr [der Engel? oder der Menschen?] Vergehen ist er der [Mensch] Feisch) vertauscht, gewinnt man noch gar nichts. Am nächsten liegt es ‚ruach' d. h. Geist hier als Götterstoff zu fassen. Gott will nicht, daß die in Menschen von Fleisch unpassender Weise eingeführte göttliche Substanz den Menschen für immer verbleibt (3a). Die Folge müßte der Beschluß sein, die Gesamtmenschheit, oder wenigstens die mit Götterstoff begabten Menschen, die Giganten zu vernichten. Im ersten Fall könnte der Abschnitt ja wohl als Einleitung der Flutgeschichte verstanden werden. — Aber die zweite Hälfte von V. 3 paßt dann wieder nicht zu jener Fassung des „Geistes" als der Göttersubstanz, da sie nur von Herabsetzung der Lebensdauer redet. Dadurch aber wird doch der dann in der Menschheit forterbende göttliche „ruach" ihr nicht entzogen. Man müßte dann annehmen, daß in V. 3b schon eine alte mißverstandene Auffassung des „ruach" vorliegt, die dieses Wort nicht mehr als Götterstoff, sondern als den von Gott den Menschen eingehauchten Lebensgeist verstanden hätte, den Gott den einzelnen Menschen nicht, wie es vielleicht beabsichtigt war, für immer, sondern nur für 120 Jahre belassen wolle. — Zum Schlusse sei noch ein Doppeltes angemerkt. 1) Man hat gemeint, daß diese Erzählung nur eine Erklärung für die sagenhaften Riesen bieten will, die Israel bei der Eroberung von Kanaan noch antraf, von denen ja auch die Daviderzählungen noch reden (Num. 13,33; Deut. 3,11; 1. Sam. 17; 2. Sam. 21,15 ff.). Wenn dem so wäre, dann hätten die Erzähler dieses Abschnittes eine Flut, die von allen Menschen nur Noach und die Seinen übrig ließ, nicht gekannt. Aber die Bemerkung, daß nicht bloß damals, sondern auch weiterhin noch solche Riesen vorkamen, ist doch wohl als Zutat zum Texte aufzufassen. 2) Die Meinung, daß es sich hier um Ehen zwischen himmlischen und menschlichen Wesen handle, ist soweit man weiß, auch die älteste. Wir finden sie schon im Henochbuch (K. 12—16), also schon in vorchristlicher Zeit. Auch der Brief Judä im Neuen Testament (V. 6) gibt die gleiche Auffassung wieder.

3. Turmbau und Sprachverwirrung 11 1—9.

Auch diese Geschichte gehört anerkanntermaßen zu dem jahvistischen Geschichtswerk und auch sie handelt, wieder in charakteristisch verschiedener Weise, von den durch das Einschreiten der Gottheit am Erfolg behinderten himmelstürmenden Taten des Menschengeschlechtes. Im einzelnen ist hier manches interessant. Unsere Erzählung denkt sich die ungeteilte Menschheit doch wohl im fernsten Osten. Vielleicht liegt Gen. 2—3 (s. o. S. 74) in der einen Paradieserzählung dieselbe Anschauung vor. Diese Meinung vom östlichen Hausen des ältesten Menschengeschlechts könnte dem israelitischen Schriftsteller durch die von Osten einströmenden Stoffe nahe gelegt worden sein. Weiter gilt aber die Niederung Sinear, wo man denn die große Stadt Babel zu bauen unternimmt, nicht als erster ursprünglicher Sitz der Gesamtmenschheit. Sie kommt auf ihren Wanderungen ja erst dahin. Der Erzähler berichtet mit Verwunderung, daß man anstatt der ihm vertrauten Hausteine dort Backsteine benutzt und Erdpech für Kalk verwendet; er wird also einem Lande angehören, in dem die Berge das passende Material (Hausteine) lieferten, sodaß man nicht auf ungebrannte und gebrannte Lehmziegel angewiesen war.

Dadurch werden wir in den Kreis von 4,17 ff.; 9,18 ff. versetzt, wo ja von allerlei Erfindungen berichtet wird. Anderseits erscheint der Plan, eine Stadt zu bauen, hier doch wohl als etwas Neues, Unerhörtes! Wenn auch Babel nicht fertig wird (V. 8), so ist doch hier der Anfang der Städtegründung nicht mit Chanoch (so 4,17 ff.), sondern mit Babel verknüpft. Dies Babel ist nun aber 10,10 schon eine fertige Stadt, von der der Held Nimrod auszog, um sein Reich zu erweitern. Man sieht gerade bei diesem Stück, aus wie verschiedenen Teilen die biblische Urgeschichte in der jahvistischen Quelle zusammengesetzt ist. — Die Menschen bereden sich, eine Stadt mit einem bis zum Himmel reichenden Turm zu bauen und sich also ein Denkmal ihrer vereinten Kraft zu setzen, das zugleich dazu dienen soll, einer etwaigen Zersplitterung zu wehren. Das bemerkt Jahve im Himmel. Er fühlt sich bedroht. Es gilt erst genau zu untersuchen und dann zu handeln. Auch hier wird der Gottheit zwar ein scharfes Beobachten und Aufmerken, ein tiefes Wissen, aber keine Allwissenheit zugeschrieben (vgl. oben S. 82 und Gen. 18,20 f.). Jahve überlegt, daß dies Werk möglich, weil die Menschheit einig ist. Gelingt es, so wird sie vor nichts mehr zurückschrecken; mit anderen Worten, die Gottheit muß um ihre Macht und Stellung besorgt sein. Als einfachstes Mittel dagegen ergibt sich die Sprachverwirrung und die damit verbundene Zersprengung. So wird es angewendet. Die Absicht der Gottheit gelingt, und der Name der ersten Stadt Babel d. h. „Verwirrung" zeugt noch späteren Geschlechtern von den himmelstürmenden Plänen der Menschen und von ihrem Zuschandenwerden. Hierbei fällt auf, daß Jahve sagt: „Auf, laßt uns hinabgehen" V. 7. Er war doch hinabgestiegen V. 5. Es muß also inzwischen wieder von dem Hinaufsteigen geredet worden sein, was jetzt fortfiel. Das „W i r" (w i r wollen hinabsteigen, w i r wollen verwirren) weist auf den Götterrat. Ursprünglich verlief es wohl also: Ein Götterbote mußte hinab, um Erkundigung einzuziehen. Er kommt wieder, erstattet Bericht (V. 8). Und darauf erfolgt der Vorschlag des obersten Gottes in dem Götterrate, dem Folge gegeben wird, wobei dann wieder zu bemerken ist, daß der Bericht über die wirklich erfolgte Sprachverwirrung fehlt oder wohl gestrichen ist. — Alles dies konnte bei Übernahme der Erzählung in den Schatz der israelitischen Urgeschichte nur auf Jahve bezogen werden. So ist er der zuerst Herabsteigende, dann der den Plan Gebende, endlich auch der diesem Plane entsprechend Handelnde. Die heidnische Grundlage unserer Erzählung blickt also noch ziemlich deutlich durch. Man würde ja vom israelitischen Standpunkt aus gar nicht verstehen können, warum Jahve, nachdem er herabgestiegen (V. 5) und von der durch den Plan der Menschen heraufbeschworenen großen Gefahr durch den Augenschein überzeugt ist, nicht sofort dazwischen fährt, sondern erst in den Himmel zurückkehrt und da den Plan faßt, das Werk durch die Sprachverwirrung zu verhindern. Das erklärt sich doch nur von einer heidnischen Vorlage aus. Wenn man nun auch der vielleicht das Rechte treffenden Zerlegung unserer Erzählung in zwei Parallelerzählungen beipflichtet, so bleibt die Behauptung der heidnischen Herkunft des Abschnitts doch bestehen. Die Gründe für eine solche Zerlegung sind folgende: Die eine Geschichte, sagt man, redet von dem Bau einer Stadt, den die Menschheit begann, „um sich einen Namen zu machen." Es ist darnach bisher noch keine Stadt gebaut worden. Diese Ruhmbegierde der Menschen tritt der Gottheit zu nahe. Sie bestraft die Vermessenen durch Sprachverwirrung und vereitelt durch die hiermit bewirkte Zerstreuung der Menschheit die Vollendung der Stadt. — Die andere Erzählung redet vom Bau eines mächtigen zum Himmel strebenden Turmes, den die Menschheit errichtete, um sich vor der Zerstreuung zu bewahren. Das war ein gigantisches, der Gottheit verhaßtes, ja gefährliches Werk; da konnten die Menschen am Ende in den Himmel hineinsteigen. So gilt es die Vollendung des Turmes zu verhindern. Das geschieht durch die Zerstreuung der Erbauer über die ganze Erde hin. — Der Zweck wie die Mittel, sagt man, sind beiderseits ganz verschieden: einmal handelt es sich darum, einen Namen d. h. Ruhm zu erlangen, was man durch den Bau einer Stadt zu erreichen denkt, das andere Mal um Erhaltung der für große Werke nötigen Einheit des Menschengeschlechts; zu dem Ende plant man einen zum Himmel reichenden, also von allen Teilen der Erde sichtbaren Riesenturm. Ebenso ist die Strafe eine andere. Bei I haben wir die Schaffung der Sprachverschiedenheit als Grund der Zerstreuung, bei II die Zerstreuung, ohne daß damit die Sprachverschiedenheit gegeben wäre. So würde sich auch die fast wörtliche Wiederholung von 8a in 9b am einfachsten erklären. Wir hätten da Teile der sich inhaltlich und stilistisch recht nahestehenden Berichte vor uns. Darnach würde sich der Text also verteilen:

I. 1. Es war also: Die ganze Menschheit war eins in ihrer Sprache und in ihrem Handeln. 3a Da sagten sie zu einander: Auf, laßt uns Backsteine backen und sie zu Ziegelsteinen brennen. 4a Und sie sagten: Auf, laßt uns eine Stadt bauen, c. daß wir uns einen Namen machen. 6a Und Jahve sagte: Sieh, ein Volk sind sie, eine Sprache haben sie alle. 7. Auf, wir wollen hinabsteigen und ihre Sprache verwirren, sodaß sie einander nicht verstehen. . . . 8b So hörten sie auf, die Stadt weiter zu bauen. 9. Darum nennt man sie Babel, weil Jahve dort die von allen Menschen gesprochene Sprache verwirrt hat und von dort hat Jahve sie über die ganze Erde hin zerstreut. II 2. Sie fanden beim Aufbruch aus dem Osten eine Niederung im Sinearland. Daselbst siedelten sie sich an, 3b und es diente ihnen der Backstein als Haustein und der Asphalt als Mörtel . . . 4b einen bis zum Himmel reichenden Turm, daß wir uns nicht über die ganze Erde hin zerstreuen. 5. Aber Jahve stieg hinab, um [die Stadt und] den Turm zu besehen, den die Menschen gebaut hatten. . . . 6bc Dies ist erst der Anfang ihrer Unternehmungen, und nun wird ihnen keine von all ihren geplanten Unternehmungen zu schwer dünken. 8a So zerstreute sie Jahve über die ganze Erde hin.

Die beiden Erzählungen wären also noch ziemlich vollständig erhalten. Die Zusammenarbeit hat allerdings einige Kürzungen verursacht. So fehlt bei I nach V. 7 die Angabe, daß Jahve seinem Beschluß gemäß die Sprache verwirrte, bei II in 4 die Einleitung zum Beschluß des Turmbaues und in V. 6 die Einführung der Rede Jahves. Der Anstoß, daß Jahve V. 5 schon herabgefahren ist und V. 7 erst herabfahren will, fiele dann fort. Denn in I sieht er das Vorgehen vom Himmel aus, dort beschließt er, um dann zu handeln, während er in II (V. 5) herabsteigt und dann sofort, ohne zum Himmel zurückzukehren, mit der Zerstreuung dazwischen fährt. Die Turmerzählung würde sich zu der Quelle von 4,17 ff. stellen. Denn bei ihr ist die erste Stadt längst gebaut, sie hieß Chanoch. Die Stadtrezension gehört dann der anderen Quelle Gen. 4,25 u. s. w. an, die ja auch mit besonderer Vorliebe, wie auch hier V. 9., etymologische Erklärungen gibt (so bei Adam, bei dem Weibe, bei Seth und Noach). — Es fragt sich nun, woher hat der oder haben die Erzähler ihre Geschichte bekommen. Gewiß nicht aus Babel. Ein Mann, der sich über das jedem Babylonier vertraute und zunächst liegende Baumaterial wundert, der ferner die zu Ehren der Gottheit errichteten hohen Türme als ihr zu Trotz erbaut, als ihren Zorn herausfordernd auffaßt, kann nur als Fremder einmal nach Babel gekommen sein. Darauf führt auch die Erklärung des Namens „Babel". „Babel" konnte wohl von den Hebräern und den nahverwandten Aramäern, aber niemals von den Babyloniern als „Ort der Verwirrung" gedeutet werden, da in ihrer Sprache „balal" nicht „verwirren" heißt, ganz abgesehen davon, daß die Babylonier dem Namen ihrer Hauptstadt gewiß nicht einen so unfreundlichen Sinn unter-gelegt hätten. Bei ihnen wurde ‚Bâb-ili', wenigstens vom Volk, als „Pforte Gottes" verstanden, in den Dialekten jener Völker dagegen hat „balal" die Bedeutung „verwirren", wovon dann Babel als ursprünglich „Balbel" d. h. Verwirrung abgeleitet ist. Das ist natürlich falsch. Denn man darf doch den Namen einer babylonischen Stadt nicht aus dem Hebräischen und Aramäischen erklären. Dies zeigt aber, daß die Erzählung selbst entweder von einem aramäisch oder hebräisch sprechenden Volke (also etwa von Aramäern oder Phönikern oder Kanaanäern) zu den Israeliten gekommen ist. Denn diese Namenserklärung ist in ihr nicht etwas Nebensächliches oder Bedeutungsloses. Vielmehr haben wir hier ein vortreffliches Beispiel von der Mythen bildenden Kraft der Sprache. Wie aus dem falsch verstandenen Beinamen der griechischen Göttin Artemis ‚Dictynna', den man mit ›Diktyon‹-Netz anstatt mit ‚dik'=hellsein zusammenbrachte, die Sage entstand, daß die von der Liebe des Minos verfolgte Diktynna sich ins Meer rettete und dabei in Netze geriet, wie der falsch verstandene Mäuseturm d. h. der Mus=Beobachtungsturm zu Bingen Anlaß bot zu der bekannten Sage von dem bis zu diesem Turm durch Mäuse verfolgten Bischof Hatto von Mainz, so hat auch hier die falsche Erklärung wesentlich zur Entstehung unserer Sage beigetragen.

Den, sei es aramäisch, sei es hebräisch sprechenden Besuchern von Babylonien mußte vieles auffallen. Da bauten die Bewohner Gebäude aus gepreßtem oder gebranntem Ton! Da nahmen sie Erdpech als Mörtel! Und mit diesen Mitteln haben sie unerhörte Werke begonnen; eine mächtige Stadt fing an sich zu entwickeln. Doch blieb sie in ihren Anfängen stecken. Wenigstens mußte sie auf den Besucher einen unfertigen Eindruck machen. Erst später hat Nebukadnesar (604—561) darin Wandel geschafft. Er hat Babel zu der „Stadt ohnegleichen" gemacht, sie mit den hochberühmten gewaltigen Mauern ausgestattet, wie er sich dessen selbst oft genug rühmt. Das wenig dauerhafte Material brachte es ja mit sich, daß die noch so großartigen Bauten gar bald verfielen, wie denn die assyrischen und babylonischen Texte überall von Restauration großer noch garnicht lange stehender Gebäude zu berichten wissen. In Babel stand ein gewaltiger Marduk=Beltempel, den Nebukadnesar restauriert hat. Von ihm wird wiederholt bei erneutem Ausbau gesagt, „seine Spitze soll bis an den Himmel reichen;" in der Schwesterstadt Babels, Borsippa, befand sich der durch Herodots Beschreibung bekannte Tempel der 7 Sphären, ein Turm von 7 Etagen, auf dessen Spitze der Gottheit eine Wohnung bereitet ward. Auch dieser Turm, so hören wir von Nebukadnesar, „war seit fernen Tagen verfallen," durch Wetter und Regen schwer mitgenommen. Nebukadnesar baute auch ihn aus. Wir wissen nicht, es tut ja auch nichts zur Sache, welcher von diesen beiden Türmen gemeint ist. Sollte (s. o.) der Turm ursprünglich mit der Stadt nichts zu tun haben, so braucht keiner von diesen beiden, es kann noch ein anderer gemeint sein. Solch eine unfertige Stadt, solch ein zerfallener Turm deutet doch auf den Zorn der Gottheit, die hier einst hat eingreifen müssen. Man hatte hier doch Werke unternommen, wie sie die Menschheit garnicht wagen durfte! Damit trat sie der Ehre Gottes zu nahe. Nun ist Babel von jeher Weltstadt gewesen, man hat hier von jeher ein Gemisch der verschiedensten Sprachen vernommen (Jes. 13,14; Jer. 50,37; 51,44). Ursprünglich hat aber doch die Menschheit gewiß nur eine Sprache gehabt! Hier also hat denn doch die Gottheit eingegriffen. Der Name „Verwirrungsort" zeigt, wo die Sprachsonderung begann, der Ort, das unvollendete Babel, die unvollendeten Türme zeigten den Grund der Sonderung. Dort, wo man ganze Nationen zu Maurern machte, sodaß Nebukadnesar das im Altertum berühmte Riesenwerk der hängenden Gärten in 15 Tagen aufbaute, konnte die ganze Menschheit einen Turm fertig kriegen, der den Weg zum Himmel der Götter eröffnete. Nichts trennt aber nach antikem Gefühl die Menschen mehr als Sprachverschiedenheit. So hat Gott eben zu seinem Schutz die Sprachverschiedenheit hervorgerufen und damit die Menschheit über die ganze Welt hin auseinandergesprengt. Aus all diesen Beobachtungen und Erwägungen ist unsere Sage entstanden. Sie denkt sich die Entstehung der Menschheitsklassen und Sprachverschiedenheit ganz anders als die K. 10,1 sprechenden Quellen. Dort entwickelt sich alles von selbst durch Zeugung und Vermehrung der Menschen aus der Familie des Noach. Die Gruppen der Chamiten, Japhetiten, Semiten trennen sich auf die natürlichste Weise der Welt. Sie unterscheiden sich, auch in den Unterabteilungen, durch verschiedene Sprachen und Dialekte. Es ist das ein von Gott selbst so gewollter und gesetzter Vorgang. Hier aber (Gen. 11,1 ff.) ist ein göttliches Gericht schuld an der Völker- und Sprachentrennung. —

Die Trennung geht hier von Babel aus. Bis sie dahin

kamen, sprachen alle Menschen eine Sprache, bildeten sie ein Volk. Gen. 10,8 ff. wird Babel von einem Teil der schon längst in Scheidung begriffenen Menschheit bewohnt. Kurzum, unsere Geschichte läßt sich mit der Völkertafel Gen. 10,1 ff. und ihren Grundgedanken nicht in Einklang versetzen. Sie verträgt sich auch nicht mit der Fluterzählung. Denn unmittelbar an diese schließt sich ja die Teilung der Welt in die nach Noachs Söhnen benannten drei Familien, da kann man diese Erzählung, die von der ungeteilt hin und her ziehenden Menschheit redet, nicht dazwischen schieben. — Religiös hat dieser Abschnitt uns nichts zu sagen, religionsgeschichtlich ist er dagegen recht interessant. Die Sage haftet an Babel. Sie ist gebildet von Aramäern oder Kanaanäern, die Berührung mit Babel hatten. Israel übernahm die Erzählung, konnte dabei wohl notdürftig die polytheistischen Züge beseitigen, das Lokal aber nicht ändern. Als handelnden Gott kennt Israel aber nur Jahve. So ist's Jahve, der hier in Babel der Menschheit Geschicke leitet, ihre Zungen scheidet. Hier ist so recht klar, wie die Aufnahme dieser Erzählungen über die Stufe des Henotheismus, in der man Jahves Macht und Wirksamkeit nur auf Volk und Land von Israel beschränkt glaubte, mit Notwendigkeit hinausführen mußte. —

4. Die Geschlechtslinien in J. 4,17—24; 4,25 f., 5,29.

Das vierte Kapitel der Genesis zeigt ganz besonders deutlich, eine wie stark zusammengesetzte Größe die Quelle J. ist. Es enthält nämlich drei Teile, die sich gegenseitig ausschließen. Die Kainitenlinie (17—24) hat die Sethitenlinie in J, von der wenigstens der Anfang (25—26, dazu 5,29) noch erhalten ist, neben sich; da die Kainiten- wie Sethitentafel die ganze Menschheit von Adam an verfolgen wollen und im Grunde dieselben Namen bieten, können sie nur als Teile verschiedener Schriften, die dann zusammengearbeitet wurden, verstanden werden. Es ist natürlich naheliegend, die beiden Tafeln mit den zwei Schichten der Paradieserzählung in Beziehung zu bringen. Und tatsächlich ist wohl die Kainitenlinie für die den Namen Jahve von Anfang gebrauchende Schrift in Anspruch zu nehmen, während die Sethitenlinie der anderen zufällt. Mit beiden verträgt sich in keiner Weise die Kain- und Abel-Geschichte, wie unten bei dieser erhellen wird.

a. Die Kainiten 17—24

Vorab sei hervorgehoben, daß hinter den verschiedenen Namen, die hier aneinandergereiht sind, eine ganze Geschichte stecken wird. Erst war die einzelne Sage da, die für sich stand. Dann hat man sie mit anderen zu einem Sagenkranze verbunden und auch die einzelnen Persönlichkeiten in verwandtschaftliche Beziehungen gesetzt. Das Gerüst eines solchen Sagenkranzes liegt uns hier vor und nur einzelne Andeutungen lassen uns vermuten, was ihm einst zugrunde gelegen haben wird. Der Leser in Altisrael wußte mehr davon. Ihm war z. B. die Naama, als deren Bruder Tubal(=kain) näher bestimmt wird, gewiß eine bekannte Persönlichkeit. Auch die nicht genauer gekennzeichneten Männer Irad, Mechujael usw. bedurften wohl als bekannte Figuren keiner näheren Angaben. Standen aber die einzelnen Figuren ursprünglich für sich, so mögen sie auch ganz verschiedener Herkunft und Bedeutung sein. Man kann z. B. auch an Stämme denken; so ist Kain vielleicht der Repräsentant des Alten Kenitерstammes (Richt. 1,16; 4,17; Num. 10,29 ff.), der uns als alter nomadischer Araberstamm im Alten Testament bekannt ist, wie etwa Esau=Edom der Bruder Jakobs als Personifikation der Edomiter in der Patriarchengeschichte erscheint. Henoch (Chanoch) könnte ›heros eponymus‹, Schutzgott einer uns unbekannten, für sehr alt geltenden Stadt sein; möglich, daß hier an die Stadtgründung eines alten midianitischen, arabischen Stammes (Gen. 25,4; 1. Chron. 1,33) zu denken wäre, dem sich die Hebräer verwandt fühlten, wie denn ein Chanoch einmal als Nachkomme Abrams (Gen. 25,4), anderswo als Sohn Rubens (Gen. 46,9; Ex. 6,14) erscheint; Teile jenes Stammes mögen ja in den an die Wüste grenzenden Stamm Ruben Aufnahme gefunden haben. Auch Lemech führt uns wohl in die arabische Wüste. Ob zwar der Name selbst arabisch ist, muß unentschieden bleiben. Bei so alten Namen wird man naturgemäß in dieser Hinsicht sehr zurückhaltend sein müssen. Aber daß er als Vater des Jabal, des ersten Zeltbewohners und Wanderhirten, des Jubal und Tubal(kain), der Erfinder von Musik= und Schmiedekunst, erwähnt wird, erweist ihn als eigentlichen Vater des Nomadenlebens. Wir haben hier in seinen drei Söhnen die drei Stände der Wüste vor uns. Denn mit den Wanderhirten sind die Musiker und Schmiede eng verbunden, und diese Berufe erben sich in einfachen Verhältnissen familien= und sippenweise fort. Zwar liegt es nahe Tubal, dessen zweiter Name (Kain) wohl mit Recht als späterer Zusatz angesehen wird, als Vater des durch Eisen- und Erzarbeiten berühmten Volkes der Tibarener, im Alten Testament ‚Tubal' (Ez. 27,13; 32,26; 38,2 f.; 39,1; Jes. 66,19; Gen. 10,2), zu nehmen. Die aber wohnten südöstlich vom schwarzen Meere. Doch wissen wir aus den Keilschriften, daß sie früher viel weiter südwärts gesessen haben; so dürfen wir uns nicht wundern, wenn sie hier mit den Wanderhirten der syrisch-arabischen Wüste zusammengebracht werden. Auch das Lied des Lemech, das er vor seinen Weibern singt, atmet den Geist der Beduinenart. Die Araber rühmen sich gern ihren Weibern gegenüber als große „Eisenfresser" (Wellhausen). Es ist nicht einmal nötig, hier an eine bestimmte Tat, an einen eben vollzogenen Rachezug des Stammes Lemech zu denken, es kann auch leere Prahlerei sein, die aus diesem uralten Liedchen spricht. Ob die gern gebrauchte Bezeichnung „Schwertlied" zutrifft, ist doch recht zweifelhaft. Man meint eben, daß Lemech die Erfindung seines Sohnes Tubal erprobt habe; der machte ihm ein Schwert, mit dem er ganz anders Rache zu nehmen verstand wie einst Kain. Aber von Schwerterfindung hören wir, wenigstens ausdrücklich, nicht bei Tubal. Und es ist doch gleichfalls nicht erwiesen, daß Tubal und Lemech schon von Anfang Beziehung zu einander hatten, ob nicht also Lemech und sein Liedchen und Tubal der Schmied ursprünglich ganz für sich standen. Und wenn in dem Lied Kain erwähnt wird, so haben wir hier geradezu den Beweis für unsere Behauptung, daß die einzelnen Erzählungen für sich standen. Denn eine solche Überhebung über einen berühmten Vorfahren wäre im Munde eines antiken Menschen doch sehr befremdlich. Vielmehr spiegelt sich hierin doch wohl der Gedanke, daß der Stamm Kain, vielleicht in einem alten Recken personifiziert gedacht, den Tod eines Stammesgliedes durch Tötung von sieben Stammesgenossen des Mörders rächt, der Stamm Lemech aber, zusammengefaßt in dem alten Helden Lemech, geht noch weit über dies Maß hinaus. Im übrigen siehe zu dem Liede weiter unten S. 134.

Die ganze Linie ist für uns aber nach verschiedenen Seiten höchst interessant. Denn wir haben es hier mit ganz alten israelitischen Sagen zu tun, die noch bis in die Nomadenzeit hineinreichen. Israel ist sich selbst noch seines sehr jungen Alters bewußt; keiner dieser Genannten kann als ‚Israel', als Ahn des heiligen Volkes gedeutet werden. Die Menschheit umfaßt eben den engen Kreis, wie er in der syrisch-arabischen Wüste entgegentrat. Mit dem Hineinströmen babylonischer Erzählungen mußte darin eine große Veränderung vor sich gehen. Da mußte sich der Horizont erweitern; da sucht man weit im Osten die Anfänge des Menschengeschlechts. Wir dürfen wohl annehmen, daß unserem Schriftsteller die alte Bedeutung und Herkunft von Gen. 4,17—24 nicht mehr klar war, denn gerade er hat ja Gen. 3 das Paradies im Osten gesucht, ihm erscheint auch wohl die bis dahin ungeteilte Menschheit (Gen. 11,1 ff.) von Osten nach Sinear kommend, was sich mit Gen. 4,17—24 im Grunde nicht verträgt (s. o. S. 114 f.). In Gen. 4,17 ff. geht doch die Menschheit schon in Stämme und Berufsarten auseinander. Das wird als selbstverständlich gar nicht weiter betont. Der Gedanke der geschlossenen Einheit, der ja Gen. 11,1 ff. sehr stark herausgehoben wird, fehlt hier nicht nur, er paßt auch nicht zu der stillschweigenden Voraussetzung von Gen. 4,17—24. — Es ist der ausgesprochene Zweck unserer Geschlechtstafel, die Stände und Berufsarten, die verschiedenen Kulturerrungenschaften auf ihre ersten Anfänge hin zu verfolgen. Trat die Flut dazwischen, dann mußte ja alles wiederum von neuem beginnen; mit anderen Worten, diese Schrift hat nicht mit der Flut gerechnet, hat keine Fluterzählung gehabt. — Weiter: der Gedanke, daß diese Kulturfortschritte den Menschen immer mehr auf sich selbst stellen, immer mehr von Gott entfernen, daß Kultur und Religion im umgekehrten Verhältnis zu einander stehen, liegt ebenfalls nicht vor. Der Verfasser will gar kein Werturteil abgeben. Man hat diese Meinung nur aus der Umgebung unseres Abschnittes, so aus Gen. 2—3, wo man unter „Wissen von gut und böse" die Kultur schlechthin verstand, und aus Gen. 4,1—16 entnommen. Aber man muß ihn für sich betrachten. Da ergibt sich auch, daß das Lemechlied an sich nicht den Zweck hat, die reißend um sich greifende Verwilderung (Vielweiberei) und Blutgier (Blutrache) der Menschheit zu schildern. Die Vielweiberei gilt dem Israeliten nicht als Verwilderung trotz der Darstellung in Gen. 2 ff. (s. o. S. 87 f.). Jahve selbst werden im Bilde zwei Frauen beigelegt (Ez. 23), und er sagt durch den Propheten Nathan zu David, der sich durch den Ehebruch mit Batscheba am Eigentum eines anderen vergriffen hatte, daß er ihm mit der Herrschaft über Israel den ganzen Harem Sauls gegeben habe und ihm auf seinen Wunsch auch noch mehr Frauen zu geben bereit gewesen wäre (2. Sam. 12, 8). Ebenso ist im Alten Testament die Blutrache, die in Israel wie bei anderen Nomadenstämmen von alten Zeiten her herrschend war, zwar gesetzlich geordnet, aber doch nicht verworfen. Hier aber handelt es sich um Urzeiten, wo von gesetzlicher Regelung nicht zu reden war. Da entzückt sich der kindliche Hörer an den mächtigen Heldentaten der alten Recken, ohne sich viel von Gedanken an Grausamkeit und Blutgier anfechten zu lassen. Man denke nur an die homerischen und an die alten deutschen Helden und an das Entzücken, mit dem unsere Kinder und kindlich empfindenden Leute dies alles hören und lesen.

b. Die Sethitenlinie in J. 4,25 f.; 5,29.

Man hat wohl gemeint, daß die Verse 25 f. ursprünglich den Kopf der Kainlinie gebildet und dann nur bei späterer Redaktion hierhergestellt seien, um den Übergang zur Sethlinie Kap. 5 zu geben. Die Bedenken, daß ja hier von einer zweiten Geburt nach Kain, von einem Ersatz für Abel die Rede ist, kann man gegen diese Meinung nicht geltend machen, da diese Bemerkungen mit Recht als Zusatz beseitigt werden. Aber andere Gründe sind dagegen. Der Verfasser merkt es hier ausdrücklich an, daß erst von Enosch der Jahvename in Gebrauch kam, so läßt er die Mutter Seths noch „Elohim" danken. Er wird auch vorher diesen Ausdruck gebraucht haben. Bieten Kap. 2—3 eine Zusammensetzung zweier Schriften, so wird man auch weiter zwei Stammbäume erwarten, deren einer, also der unsrige, sich zur Elohimquelle in Gen. 2—3 stellt, womit dann der andere von vornherein der Jahveschrift zufällt. Dazu stimmt auch die Bemerkung zu dem Namen des Noach. Denn einmal liebt es gerade diese Schrift, nach Weise der Volksetymologie Namen und Dinge zu erklären. Auch hier liegt es ja so. Der Name N o a ch (Beruhigung) hat mit dem hebräischen Worte trösten (n a c hem) die beiden ersten Buchstaben gemein. Das genügt dem Verfasser, um ihn aus dieser Wurzel zu erklären. Deutlich weist ja ferner der Vers wörtlich auf den 3, 17 mitgeteilten Fluch über den Acker hin, der ja jener feineren Paradieserzählung angehört. Was der Verfasser sagen will, ist klar, Noach hat den Wein, den „Sorgenbrecher" erfunden, der „Götter und Menschen erfreut" (Richt. 9,13), und dadurch aus der verfluchten Erde selbst das Mittel zur Minderung der Mühsal und Sorge gewonnen, die dem Ackerbauer sein Beruf auflegt. Es ist klar, daß zu diesem Noach auch die Erzählung von Noachs Trunkenheit und von dem Benehmen seiner Söhne gehört. Diese drei Söhne, die noch im Zelte des Vaters weilen, noch als unverheiratet unter seiner Autorität stehen, sind erst zu Häuptern der drei

Menschheitsfamilien gemacht worden. Was soll das Wort von der großen, alle Menschen beglückenden Erfindung, wenn alle Menschen zu Noachs Zeit sterben sollten! Mit anderen Worten auch diese Quelle hat nicht einen Flutbericht gehabt. Ihr Stammbaum ist durch den aus PC. (K. 5.) verdrängt worden. Dabei sind besonders wichtige Notizen erhalten. So begreift sich, daß der Kopf (4,25 f.) verblieb und daß bei Noach in K. 5 jene Namenserklärung Eingang fand. Es ist übrigens anzunehmen, daß auch in dem sonst verlorenen Stammbaum dieser Quelle Noach als Lemechs Sohn an zehnter Stelle stand. Mit dem Stammbaum 4,17 ff. hat Noach nichts zu tun. Ob überhaupt seiner in dieser Schrift Erwähnung getan wurde, ist zweifelhaft.

5. Segen und Fluch des Noach 9,20—27.

Die Geschichte des Noach im Zelte bildet ein Ganzes für sich und ist nur durch die Verse 9,18—19 mit der Fluterzählung zusammengeklammert. Die drei Söhne Noachs, welche hier noch im Zelte ihres Vaters wohnen, also noch unverheiratet sind, heißen hier Sem, Japhet, Kanaan, und zwar ist Kanaan deutlich als der jüngste bezeichnet. Durch Aufnahme der Flutgeschichte sind sie dann zu Vätern der Volksfamilien geworden, dabei ward Kanaan zu Cham verwandelt, weil man das bekannte Kanaan unmöglich als Ausgangspunkt einer großen Volksfamilie, vielmehr nur als kleinen Volkssplitter anzusehen vermochte. Es bot sich als umfassenderer Name das von den Ägyptern für Ägypten gebrauchte „Chemi", dem dann, ethnologisch allerdings irrig, Kanaan unter- und zugeordnet wurde (10,6). Es ist wohl möglich, daß der Hebräer bei „Chemi" auf Grund seiner Sprache die Bedeutung „das heiße Land" anstatt des „schwarzen" (d. h. des Nil-)Landes, was es nach dem Ägyptischen bedeutet, hindurchhörte, wie ja in ähnlicher Weise Exod. 2. ein ägyptischer Name (Moses) von einer Ägypterin aus dem Hebräischen erklärt wird. Dann eignete sich Cham umsomehr zum Vater der Südländer, die doch zumeist unter seinem Namen umfaßt werden. Auch daß nun die Reihenfolge geändert wird (Sem, Cham, Japhet), ist zu verstehen. Denn die Semiten, zu denen ja als junger Trieb auch Israel zu rechnen ist, erscheinen als die ältesten, eine Annahme, die sich im Hinblick auf das Zweistromland und seine alte Kultur leicht aufdrängte. In nächster und ältester Beziehung zu diesen Semiten standen die Südvölker, vor allem die Ägypter (Cham), während die Nordländer (Japhet) erst nach diesem in nähere Berührung zu den Semiten getreten scheinen. Nach diesen Bemerkungen wird man verstehen, warum Kanaan verflucht wird, während doch sein Vater Cham gesündigt haben soll. Auf Grund von Gen. 10,6 ist Kanaan auch 9,22 zum Sohn des Cham gemacht worden. Tatsächlich ist Kanaan der Sünder, der den Fluch für seine eigene Sünde bekommt, ist er der jüngste Sohn des Noach. Die in V. 18 ja sehr auffallenden Worte „und Cham war Kanaans Vater", und V. 22 „Cham, der Vater des" [Kanaan] sind demnach auf den Zusammenarbeiter und Harmonisator zurückzuführen.

Im einzelnen nun noch einige Bemerkungen. V. 20 „Noach, der Landmann fing an, einen Weinberg zu bepflanzen." Hiermit ist er deutlich als Erfinder der Weinkultur genannt. Der Fortschritt vom einfachen Bauern zum Weinbauer wird hier mit Interesse verzeichnet. Die Worte besagen nicht, daß Noach der erste Ackerbauer gewesen war und nun dann auch der erste Weinbauer wurde. Es ist auch nicht wahrscheinlich, daß ein Mann als Anfänger von zwei Berufen geschildert wird. Es soll nur gesagt werden, daß mit ihm eine höhere Stufe der Agrikultur erreicht wurde. Ein Widerspruch zwischen unserem Abschnitt und Gen. 2—3 (Adam der erste Bauer) liegt also kaum vor. Die Tatsache seiner Trunkenheit wird erzählt, ohne daß damit eine besondere Rüge verbunden sein soll. Die Entblößung in seinem Zelt gibt Kanaan Gelegenheit, seine gemeine Gesinnung, wie sie sich bei rohen, halbwüchsigen Burschen schamlos herauswagt, deutlich zu zeigen. Er muß etwas getan haben, was in dem Text als zu derb und unanständig gestrichen ist. Sein Vater erfuhr, was ihm sein jüngster Sohn getan hatte. Vielleicht, daß er „das" Gewand, wie es heißt, das die älteren über ihren Vater decken, dem Halbentblößten ganz weggenommen. Es ist gut beobachtet, wenn hier dem Burschen nicht bloß gemeine Gesinnung in geschlechtlicher Hinsicht beigelegt, sondern auch dargestellt wird, daß er offen und mit Behagen mitteilt, was er gesehen. Er setzt bei anderen die gleiche unreine Gesinnung als selbstverständlich voraus. Das kann man ja noch jeden Tag bei Zotenreißern erleben. Für das Gefühl des in dieser Beziehung schamhaft denkenden israelitischen Mannes ist das Benehmen Kanaans eine unerhörte Freveltat (vgl. Gen. 19,1 ff.; Richt. 19 ff.; 2. Sam. 13,12; Lev. 18,22 ff.). Er steht ganz auf Seiten der älteren Brüder. Mit breiter Absichtlichkeit wird erwähnt, wie sie es vermeiden, die Blöße des Vaters zu schauen und es doch erreichen, daß sie bedeckt wird. Die ganze bisherige Erzählung ist nur Einleitung und Voraussetzung zu dem Fluch- und Segenswort, und dies wieder muß aus bestimmten Verhältnissen herausgewachsen sein. Kanaan erscheint als Sklave von Völkern, die unter dem Namen Sem und Japhet zu verstehen sind. Das muß seinen Grund haben. Ein Fluch liegt auf ihm und dieser muß in einer Sünde des Ahnen der Kanaanäer seinen Grund haben, da ja alle Kanaanäer unter diesem Fluch stehen. Es war dem Israeliten, der ja mit Abscheu von der geschlechtlichen Ausschweifung der entarteten Kanaanäer zu reden wußte, klar, auf welchem Gebiet die Sünde zu suchen war. — Es ist weiter nicht schwer zu erkennen, daß Sem hier, wohl im Gegensatz zu Gen. 10, wo er als Stammvater aller „semitischen" Völker erscheint, der Stammvater Israels ist, darum gebraucht der Verfasser auch bei seinem Spruch den Jahvenamen: „Segne Jahve die Zelte usw.", während wir bei dem Japhetwort von „Elohim" hören. Strittig dagegen ist es, woran wir bei Japhet zu denken haben. Er „soll in den Zelten Sems wohnen", d. h. nicht als Gastfreund, sondern als Eroberer (Ps. 78, 55; 1. Chr. 5,10) in den Besitz einiger von Sem früher bewohnter Gebiete kommen. Das trifft von den Philistern zu, die etwa um 1150 an der Küste Palästinas landen und sich nicht nur dort mit Gewalt behaupten, sondern auch bald israelitisches Land an sich reißen. Hebräern wie Philistern dienten die Kanaanäer, die frühere Bevölkerung, als Sklaven. Man meint zwar, daß die Hebräer die unbeschnittenen (vgl. 1. Sam. 31,4), ihnen fremdartigen Philister nie als Brüder auch nur in der Sage hätten bezeichnen können; aber als Kanaan nächstverwandt erscheinen sie wenigstens Gen. 10, 6; und wenn das verabscheute und mißhandelte Kanaan hier als Bruder Sems (=Israels) auftritt, dann ist das bei Philistäa gewiß nicht undenkbar. Die beiden Herrenvölker, die sich nach der Zeit der ersten Bekriegung ja näher getreten sein mögen, waren schon durch ihre gleiche Stellung gegenüber Kanaan gewissermaßen zusammengeschlossen. Andere verstehen unter „Japhet" die Phöniker, aber von diesen wußte man zu gut (vgl. Gen. 10,15), daß sie eigentlich zu Kanaan gehörten, außerdem wohnten sie auch nicht „in den Hütten Sems." Denn an die Schenkung Salomos an seinen „Bruder", an den König von Tyrus, Chiram (1. K. 9,11 ff) zu denken, verbietet der Ausdruck. Man könnte sogar eher von einem Wohnen Sems in den Hütten Japhets reden, wenn Japhet=Phönikien sein sollte (vgl. Richt. 18,7 ff.). — In beiden Fällen (Japhet=

Philistäa oder Japhet=Phönikien) ist die Schwierigkeit nicht gelöst, wie der Verfasser zu dem Namen „Schem" (gewöhnlich gespr. „Sem") und „Japhet" für Israel und Philistäa oder Phönikien gekommen ist. Man hat wohl gemeint, es sei eine absichtlich verhüllende, wenn auch durchsichtige Bezeichnung von Israel und etwa Philistäa, da man diese Völker mit ihren Namen ja kaum auf den Stammvater der altpalästinensischen Bevölkerung zurückführen konnte. Dann wäre aber die Verhüllung so stark gewesen, daß man durch sie nicht mehr recht hindurchsehen kann. Schem als „Namen", die Hebräer als das „Volk von Namen", von „Ruhm" zu fassen, ist zwar vorgeschlagen, hat aber mit Recht nicht viel Beifall gefunden. Und bei Japhet versagt diese Auskunft vollkommen. Man hat in dem Namen eine Hindeutung auf den Schönheitssinn (jafa=schön) gefunden, der wenigstens in den Griechen, die ja Gen. 10,2 auch unter Japhets Nachkommen erscheinen, zu einer so herrlichen Kultur geführt hat. Aber der Japhet in Gen. 10,2 ff. ist ein anderer als der 9,20 ff. Außerdem hat der Erzähler hier nicht den Stamm ‚jafa' schön sein, sondern ‚pata', weit machen, hindurchgehört. Wir würden, um dies etymologisch nicht haltbare Wortspiel wiederzugeben, etwa sagen können „weit mache Elohim Weidmann sein Gebiet." Diese aus dem Namen geschöpfte Form des Segens zeigt uns nicht nur, daß hier wieder der Schriftsteller von Gen. 2,6.23; 5,29; 11,9 redet, sondern auch daß er eben die Namen vorfand und sie in seiner Weise deutete. Noach der Weinbauer, Sem, Japhet und Kanaan sind gegebene Elemente, ebenso die Tatsache, daß Kanaan beider Knecht, daß Japhet im Besitz einiger früher von Sem bewohnter Strecken ist. Das Land Kanaan in weiterem Sinne, Syrien, galt dem alten Orient als die eigentliche Weinkammer. Hier also ist auch die Figur des Noach wurzelhaft. Nun hatte Kanaan von semitischen Nomaden um 1400 schwere Angriffe zu erleiden, die uns unter dem allgemeinen Namen Chabire bekannt sind. Spätere Einfälle dieser Stämme fanden um 1250 statt. Das waren die Eroberungszüge der Hebräer, die man doch wohl mit Recht zu jener großen Familie der Chabire rechnet. Diese wären dann die übrig gebliebenen Nachkommen jener Chabire und im Besitze des über jene ausgesprochenen Segens. Vielleicht erinnern die Keilforscher mit Recht daran, daß das babylonische ‚schumu'=‚schem'=Name „ältester Sohn" d. h. Fortpflanzer des väterlichen Namens bedeutet. Möglich ich ja auch, daß jene Chabirestämme irgend ein an das hebräische „schem" anklingender gemeinsamer Name verband. Haben wir es in den Sprüchen Noachs wirklich mit Verhältnissen so alter Zeit zu tun, dann liegt es nahe, bei Japhet nicht wie oben an Philistäa oder Phönikien, sondern an das nördlich von Palästina liegende Chetareich zu denken, das einst in der Geschichte des vorderen Orients eine bedeutsame Rolle gespielt haben wird. Man nimmt an, daß Teile dieser Chetabevölkerung um 1250 südwärts nach Kanaan vordrangen und sich in Palästina ansiedelten, „in den Hütten Sems wohnten." Sie hätten also Gebiete, die vorher von Teilen der Chabirestämme erobert waren, in Besitz genommen. Vielleicht wird mit der noch immer zu erwartenden Lösung der chetitischen Schrift sich auch das Rätsel des „Japhet"namens einmal lösen.

Sem, als der Haupterbe, ist der Älteste, hat den Erstgeburtssegen, ihm gehört fast das ganze „gelobte Land", Japhet ist im Besitz ausgedehnten Gebietes nach Norden, hat auch Anteil an dem gelobten Land. Kanaan aber ist ihr Knecht, wie der jüngere Bruder Knecht seines älteren Bruders ist, der den Hof ererbt. Auf ihm also lag ein Fluch, der sich aus der der kanaanäischen Bevölkerung gemeinsamen, also vom Stammvater ererbten Sinnlichkeit erklärt. —

Es ergab sich im Verlaufe der Darstellung, daß die jahvistische Schrift aus zwei Quellen zusammengesetzt ist. Beide kennen keine Fluterzählung. Im übrigen sind sie trotz inhaltlicher Verwandtschaft recht verschieden. Die eine, deren Verfasser weniger feinfühlig gewesen zu sein scheint wie der der andern, bietet uns die übernommenen Stoffe noch in stark heidnischer Färbung. Sie wußte zu berichten, daß der aus Staub geschaffene Mensch im fernen Osten im Garten Jahves weilte, wo der Erkenntnisbaum und der Lebensbaum den Göttern ihre Früchte boten. Weil der Mensch auch von der Erkenntnisfrucht brach und somit die Schranke zwischen Göttern und Menschen beseitigte, sah sich Jahve um seiner selbst willen genötigt, ihn aus dem Paradies zu „jagen". Denn sonst hätte er durch den Genuß von der Lebensfrucht außer dem göttlichen Wissen noch dazu ewiges Leben erreichen können, und dann war überhaupt zwischen Gott und Mensch kein Unterschied mehr. Die Vertreibung, die Bewachung des Paradieses durch das zuckende Schwert ist die Folge. Der Stammbaum (4,17 ff.) zeigt, wie die Menschen sich auf Erden einrichten. Allerdings kommt es noch zu wiederholten Zusammenstößen zwischen Gott und Menschen, so infolge der Götterehen (6,1 ff.) und des zum Himmel strebenden Turmbaues (11,1 ff.). — Feiner in Form und Inhalt ist die andere Erzählungsreihe, die uns vorführt, wie der aus dem Ackerlande gebildete Ackerbauer, der erste Mensch, aus dem Garten der Gottheit „vertrieben“ wird, weil er die göttliche Vernunft gegen das Glück der unschuldigen Kindheit eintauschte. Kerube bewachen den Zugang zu dem wohl mehr westlich gedachten Garten. Nach der Vertreibung kommt es zu Begattung und Geburt. Bald wird die Gottheit unter dem Jahvenamen verehrt. Es gelingt dem zehnten nach Adam mit dem Wein den Sorgenbrecher zu entdecken. Doch macht er selbst mit ihm seine eigene Erfahrung. Seine Trunkenheit gibt seinen noch bei ihm weilenden drei Söhnen Anlaß ihre Gesinnung zu zeigen, ihm selbst, sie der Gesinnung entsprechend sei es zu segnen, sei es zu verfluchen. (Gen. 2—3 zum Teil; 4,25 f.; 5,29; 9,20 ff.). —

Die beiden Schriften wurden zusammen gearbeitet und vermehrt. Hinzu kam vor allem die Flutgeschichte. Diese aber machte noch Weiteres nötig. Jahve richtet die Flut an, weil alle Menschen außer Noach vollkommen innerlich verderbt sind. Was hatten sie denn getan? Es mußte gezeigt werden, wie die doch nur durch Lüge und Täuschung zum Ungehorsam verleitete Menschheit soweit sinken konnte, daß von ihr das Urteil galt, alle ihre Herzensgedanken seien nur, seien stets böse (Gen. 6,5; 8,21). Das geschah durch die ursprünglich wohl ganz für sich stehende Kaingeschichte.

Sie führt den Brudermörder an der Pforte des Paradieses vor und zeigt das lawinenartige Wachsen der Sünde. Die Aufnahme dieser Geschichte hat nun auch die Annahme eines doppelten Stammbaumes zur Folge. Der eine hat Kain zum Vater, in ihm erbt sich Sünde und Unrecht fort. Dem steht der andere gegenüber, der durch Seth, den Ersatz des Jahve angenehmen Hebel, auf Adam zurückgeleitet wird und die Namen der Frommen enthält. Aber die Flut setzt doch Sünde aller Menschen voraus. Also muß diese Scheidung mit der Zeit geschwunden sein.

Wir dürfen wohl annehmen, daß die Erzählung von der Vermischung der Gottessöhne und der Menschheitstöchter von diesem Redaktor schon als das Zusammenfließen der beiden Linien, als besonders schlagendes Beispiel für die Verderbtheit der Gesamtmenschheit aufgefaßt und darum an die Spitze der Flutgeschichte gesetzt wurde. —

Es müssen also die Kain- und Hebel- und die Flutgeschichte jetzt noch genauer ins Auge gefaßt werden.

6. Kain und Abel 4,1—16.

Die Erzählung bietet auf den ersten Blick mancherlei Befremdendes. Der Erstgeborene der Eva wird Kain genannt und von einem Stamme kana (erwerben) erklärt. Bei Abel, eigentlich „Hebel", fehlt eine solche Namenserklärung. Man denkt gern an die Bedeutung „Hauch", „Nichtigkeit" und meint, in dem Namen sei schon des Hebel Schicksal angedeutet. Aber der Erzähler sagt nichts davon. Es ist auch nicht wahrscheinlich, daß er die Geschichte und die Namen erdacht hat. Vielmehr hat er die Stoffe und mit diesen natürlich die Namen vorgefunden. In alten Volkserzählungen und Sagen sind die Namen undurchsichtig. Man sucht sie denn wohl zu deuten, wie das hier bei Kain der Fall ist. Warum nun aber nicht auch bei Hebel? Weiter, die Erklärung des Kainnamens selbst bietet erhebliche Schwierigkeiten. Die alte Auffassung, daß Eva mit den Worten „ich habe den Mann, den Herrn" ihre Gewißheit ausspreche, der ihr verheißene Messias, der Weibessame, der die Schlange, d. h. den Teufel und die Sünde besiegen würde, sei ihr jetzt geschenkt, fällt ja mit der richtigen Erklärung von Gen. 3,14 ff. von selbst hin. Sie ist auch deshalb abzulehnen, weil der Messias im Alten Testament niemals als Jahve, als Gott bezeichnet wird, vielmehr immer als irdischer, wenn auch besonders gottbegnadeter König aus Davids Stamm erscheint: Dazu wird ein neugeborener Knabe sonst nie „isch" d. h. „Mann" genannt. Das spricht gegen diese, spricht aber auch gegen die meisten nichtmessianischen Erklärungen, die hier allerdings meist mit leichter Textänderung auszukommen versuchen; so soll es etwa vom K n a b e n heißen: „ich habe einen Mann (d. h. männliches Kind) von Jahve bekommen" oder „ich habe den ersehnten Mann (d. h. Knaben) bekommen." — Ob die zwei Knaben Zwillinge waren wie Romulus und Remus, sagt der Text nicht; er läßt aber diese Annahme zu. Der Brudermord wäre dann noch um so erschütternder. Das Opfern erscheint hier als selbstverständlich, nicht als etwas Neues; natürlich wird Opferstätte und Altar vorausgesetzt. Jeder opfert von den Früchten seines Berufserwerbes, Hebel bringt die Fetteile dar, die am meisten von den Hebräern geschätzt und darum vornehmlich zum Opfer bestimmt wurden. Jahve selbst wird nicht eingeführt, er redet und handelt, ohne daß wir von seinem Kommen hören. Warum er Kain nicht annimmt im Gegensatz zu Hebel, hören wir nicht, dürfen wir darum auch nicht fragen. Es ist das nach antiker Anschauung Sache der Gottheit, die eben handeln kann, wie sie will. Auch das erfahren wir nicht, woran Kain erkennen konnte, daß seine Opfer nicht angenehm waren. Die Alten hatten ja Mittel genug, sich über die Stimmung der Gottheit zu unterrichten, sei es Schau der Eingeweide, Vogelflug usw. Neid, Zorn und Trauer packen ihn, seine „Niedergeschlagenheit" zeigt sich schon im äußeren Gebahren. Was der V. 7 im Zusammenhang will, läßt sich ja wohl sagen. Er will die Warnung des Gewissens, die zurückhaltende Stimme Jahves vorführen, aber was die Worte im Einzelnen bedeuten, ist unklar. Man meint etwa: „Ob du gute oder nicht gute Gaben bringst — die Sünde lauert vor der Tür deines Herzens." Also: Deine Gaben haben vor mir keinen Wert, wenn deine Gesinnung schlecht ist; oder „wenn es recht mit dir bestellt ist, kannst du ihn (den Kopf) erheben, und wenn es nicht recht mit dir bestellt ist, so lauert die Sünde vor der Tür." Andere anders. Schon die Vielheit der Erklärungen zeigt, daß die Sache dunkel ist. Der Text scheint heillos verderbt zu sein. Dazu wird wohl der Schluß: „nach dir soll sie schmachten und du sollst doch ihr Herr sein" mit Recht als ein sich an 3,16 wörtlich anlehnender, wenn auch den Sinn der einzelnen Worte dort umbiegender Erklärungsversuch von den Worten: „Sie lauert vor der Tür," aufzufassen sein. Die Warnung nützt nicht. Kain sprach zu Hebel, seinem Bruder: laßt uns aufs Feld gehen, und da sie auf dem Felde waren, griff Kain seinen Bruder Abel an und mordete ihn," so hat nach Ausweis der griechischen Übersetzung der Text ursprünglich gelautet. Sofort nach der Tat tritt Jahve auf den Plan wie Gen. 3,7. Aber der Verlauf ist anders. Frech und verstockt weist Kain die Frage nach Abel, seinem Bruder, ab. Der war ja mündig, bedurfte keines Führers. So weiß er nichts um sein Verbleiben. Psychologisch sehr fein ist es, daß der Verfasser dem Sünder die Sünde auf den Kopf gesagt und die schwere Folge für ihn selbst vor Augen geführt werden läßt. Nach hebräischer Ansicht schreit das gewaltsam vergossene, offen als Blutlache dastehende Blut zum Himmel, wo sein Schrei erhört wird. Im Blut ist ja das Leben, die Seele des Erschlagenen. Da ist es natürlich ein besonderer Frevel, wenn man das Blut auf einen Stein schüttet, daß es nicht vom Staub allmählich bedeckt werde (Ez. 24,7 ff).

Aber trinkt die Erde auch endlich das Blut, so ist damit der Frevel nicht gesühnt. Die Erde selbst ist entweiht und rächt sich an ihren Bewohnern, sie „speit sie aus" (Lev. 18,25; Num. 35,33); sie wird am Tage des Gerichts das Blut unschuldig Ermordeter bloßlegen, die Leichen Erschlagener nicht mehr decken Jes. 26,21). Den verhärteten Sünder schmerzt nicht sowohl die Tat als die aus ihr fließende Folge. So auch hier. Der Acker, von dessen Bebauung er sich ernährt, weigert ihm seine Frucht; er wird von ihm hinweggeflucht, muß „unstät und flüchtig" sein wie das Hebräische in dem schönem Stabreim „na' vanad" ausführt. Es ist übrigens, wie aus dem Zusammenhang klar ersichtlich, nicht zu übersetzen: Meine Sünde ist zu groß, als daß sie vergeben werden könnte, vielmehr: Meine Strafe ist zu schwer, als daß ich sie tragen könnte; wenn ich jetzt vom Ackerlande und damit von deinem (mir Schutz verleihenden) Angesicht verjagt werde, so wird mich töten, wer immer mich auf Erden als Flüchtling antrifft." Verwunderlich, daß Jahve, der den Menschen doch aus seiner Gegenwart im Paradies auf den Acker verbannt hat, hier auf dem Acker wohnt, von dem er Kain verjagt. Verwunderlicher noch, daß Kain bei seinem Umherirren mit Menschen auf der ganzen Erde rechnet, die ihn, den Mörder, niederschlagen könnten. Am verwunderlichsten aber, daß Jahve ihm nun Schutz verleiht. „Wenn einer Kain ermordet, so soll das siebenfach gerochen werden", lautet die Verordnung. Dazu wird an ihm, doch wohl an der Stirn, ein Zeichen gemacht, das den Fremden warnen soll, Hand an ihn zu legen.

Vieles, was uns auffällt, verliert sein Befremdendes, wenn man bedenkt, daß unsere Geschichte den beiden Erzählungsreihen in J. ursprünglich fremd war. Sie kann nicht zu der Elohimreihe in J. gehören: sie erzählt ja, als wäre es ganz selbstverständlich, vom Jahvekult schon bei Kain, während jene doch ausdrücklich erst von Enosch an davon wissen will (4,25). In ihr ist das „Ackerland" in ganz anderem Sinn gebraucht wie hier, wo es das Wohnland Jahves, nämlich Kanaan ist (s. u. S. 134 ff.). Ebensowenig kann aber 4,1—16 mit V. 17—24 einer Quelle angehören. Denn hier ist Kain flüchtiger Nomade, dort seßhafter Mann, der eine Stadt baut, oder ein fest siedelnder Landmann, der durch seinen Sohn zum Städtebauen überleitet. Dort ist Jabal der erste Hirt, während ja doch Hebel hier schon als ein solcher erscheint. Dort ist Kain Anfänger der Menschenreihe, hier ist das Land weithin schon bewohnt.

Diese Gegensätze sind doch so groß und so deutlich, daß man kaum wird annehmen können, ein Schriftsteller habe diese Erzählung auf Grund der in 4,17 ff. vorliegenden Stoffe erst gebildet. Die einzige Stütze könnte hierfür die Beziehung auf Kain im Lemechlied bieten; man meint nämlich, daß das Wort: „Kain soll siebenmal gerochen werden" aus jenem Lied entnommen sei, wie auch aus „Jabal, dem ersten Hirten" in der Kainitenreihe „Hebel der Hirt" gemacht worden sei. Aber längst ist erkannt, daß das Lemechlied nur äußerlich in die Geschlechtstafel eingefügt ist, also wohl nichts für das enge Verhältnis von 4,1—16 zu 17 ff. beweisen kann; die Zusammenstellung „Jabals" und „Hebels" stützt sich nur auf den Wortanklang, was wenig genug besagen will.

Nimmt man die Erzählung einmal ganz für sich, ohne an ihre jetzige Stelle in der Urgeschichte zu denken, so ergibt sich aus dem Alten Testament eine Erklärung, die die meisten uns aufsteigenden Fragen löst. Die Worte: „Jeder der mich findet, wird mich erschlagen," zeigen ebenso deutlich, wie die Voraussetzung, daß Opfer und Opferwesen ganz bekannt sind: die Geschichte hat garnicht von Ereignissen bei Beginn der Menschheitsgeschichte reden wollen, die Erde ist ja schon längst bewohnt. Die Verordnung: „wer immer Kain tötet — das soll siebenfach gerochen werden," versteht sich aus nomadischen Verhältnissen. Es ist das Gesetz der Blutrache, welches hier von Jahve selbst festgesetzt wird. Für einen Erschlagenen fordern dessen Stammesmitglieder das Blut des Mörders oder seines Stammbruders; es ist durchaus nicht nötig, daß der Mörder selbst getötet wird. „Siebenfach gerochen werden" bedeutet demnach, daß für einen Toten des Stammes Kain sieben Tote aus dem Stamme des Mörders gefordert werden, es ist schimpflich, sich die Pflicht der Blutrache abkaufen zu lassen, ehrenvoll, sie so ernst zu nehmen. Zugleich liegt darin, daß man weiß, ein Stamm fordert für einen Mann sieben zur Sühne, ein starker Schutz für die Stammglieder, vorausgesetzt, daß eben die einzelnen Stammglieder als solche deutlich erkennbar waren. Das wurde durch Tätowierung an Arm oder Stirn, besonderen Haarschnitt oder dergleichen erreicht, also durch Zeichen, die Stammeszeichen oder, was dasselbe, Zeichen des Stammgottes sind. Von solchen Zeichen, die den einzelnen als Eigentum seines Nationalgottes aufzeigen, hören wir auch in Israel noch bis in späte Zeit hinein. So lesen wir Jes. 44,25: „Der spricht, Jahve gehöre ich, jener läßt sich mit dem Namen Jakob rufen, der beschreibt seine Hand

„„Jahves Eigentum““ und empfängt den Zunamen Israel.“ Wir haben es also mit Stämmen und ihrem Verhältnis zu einander zu tun. Wo der Stamm, von dem dies alles gilt, zu suchen ist und an welchen wir zu denken haben, geht aus dem Text mit möglichster Deutlichkeit hervor. Er wird aus dem Ackerlande, damit von Jahve und seinem Schutz bietenden Angesicht verbannt. Das Land, in dem Jahve wohnt, ist Kanaan. Wer mit der Last eines Mordes beschwert zu den Kultstätten flieht, die Hörner des Altars umfaßt, rettet sein Leben. Wenn Kain klagt, daß er das Land, damit Jahve verlassen und vogelfrei werden müsse, so handelt es sich um die Klage eines Mannes oder Stammes, der eigentlich Anrecht an das Wohnen im Lande Kanaan hat, da auch wohl wohnte, nun aber flüchtig geworden ist. Dieser Stamm wird uns ja dadurch, daß sein Stammzeichen als Jahvezeichen gedeutet wird, wie auch durch den Namen Kain genau angegeben. Kain ist Name des im Alten Testament oft genannten Stammes der Keniter. Dieser erscheint hier personifiziert, wie es so häufig ist, (vgl. Joseph, Juda, Edom usw.), das heißt, das was dem ganzen Stamm gilt, wird aus der Geschichte des persönlich gefaßten Stammes, der als Ahnherr auftritt, erklärt. Kain (Num. 24,22. Richt. 4,11; 1. Sam. 15,6b), die Keniter (Gen. 15,19; Num. 24,21; Richt. 4,11. 17; 5,24; 1. Sam. 15,6a.; 1. Sam. 27,10; 30,29) erscheinen schon vor der Einwanderung der Hebräer in naher Beziehung zu Israel. Des Moses Schwiegervater ist ein Keniter (Richt. 1,16). Ex. 18 zeigt deutlich genug, daß er wie Moses ein Verehrer Jahves war. Wenn er nun anderseits als midianitischer Priester (Ex. 2,16 ff.) vorgeführt wird, so ist das kein Widerspruch. Kain kann als Nomadenstamm zweiter Ordnung, der wohl nur Kleinvieh hatte (vgl. Ex. 3,1 wo Moses im Dienste seines Schwiegervaters Schafe hütet), bald bei diesem, bald bei jenem Stamm Rückhalt und Stütze gefunden haben. So ist das Priesterhaus am Sinai, dem sich Moses verschwägert, kenitisch (Richt. 1,16); anderseits heißt Jethro doch Priester von „Midian“ (Ex. 2,15 ff; 18,1 ff.) d. h. also entweder Kain hat sich an Midian angeschlossen, oder aber hier wie so oft hat bei Stammverschiebung das Priesterhaus des früher ansessigen Stammes seine Sitze behalten, seine Funktionen dem neuen Stamme gegenüber verrichtet. Die kenitischen Verwandten des Moses haben mit ihm die Jahveverehrung gemein. Jahve ist also der Gott, den die Keniter am Sinai verehrten und dessen Dienst das Priesterhaus etwa auch nach Fortzug des kenitischen

Stammes festhält. Demnach ist das Zeichen des Kainstammes zugleich Zeichen seines Gottes Jahve. Die Verwandten des Moses schließen sich Israel an (Num. 10,29 ff). Sie erhalten auch Sitze im Süden von Judäa (Richt. 1,16); einzelne Teile scheinen allerdings nach dem Norden verschlagen zu sein (Richt. 4,11. 17; 5,24), doch wird ausdrücklich bemerkt, daß sie sich von der Hauptmasse Kain abgetrennt haben. Der Hauptsache nach finden wir diese im tiefsten Süden, in Gebieten von Amalek, sodaß Kain sich an Amalek anlehnte, in Amalek hauste 1. Sam. 15,6. Auf Sauls Aufforderung geben sie diese Wohnsitze und ihr Verhältnis zu Amalek auf. Auch 1. Sam. 27,10; 30,29 erscheinen sie im Süden, als Beisassen der Judäer. Es ist wohl möglich, daß die Keniter ein Unterstamm der im Süden von Judäa nomadisierenden Amalekiter sind, daß sie aber Israel beim Auszug aus Ägypten nicht wie Amalek feindlich entgegentraten (1. Sam. 15,6) und dafür von Saul geschont wurden. Teile des Stammes, vielleicht nur das Priestergeschlecht, mögen beim Hin- undherziehen des Stammes am Sinai verblieben und dann in Anlehnung an Israel den Zusammenschluß mit den übrigen Stammesgenossen in Amalek wieder gesucht haben. Amalek wie Kain siedelte früher wohl etwas nördlicher in Kanaan, wurde dann südwärts gedrängt und so, falls sie hier und da schon den Übergang zum Bauerleben gemacht haben, wieder zum Nomadisieren genötigt. Kain scheint dann, konservativer als Israel, am Nomadenleben festgehalten zu haben, wie denn die Jael den fliehenden König Sissera in Nordisrael in ihrem Zelte niederschlägt (Richt. 5,24). Die Rekabiter, als israelitische Zigeuner bekannt (2. Kön. 10,15; Jer. 35), sind nach 1. Chr. 2,55 Keniter gewesen. — Die Beduinen können ohne Getreide nicht auskommen. Das entnehmen sie, meist auf Raubzügen (vgl. Richt. 6—8), den benachbarten Bauern. Diese lassen sich dann auch, um sich vor solchen Zügen zu sichern, zu einer jährlichen Abgabe bereit finden, die sie vor ungeregelter und maßloser Ausraubung schützen soll. Ein solches Verhältnis heißt „Brüderschaft", das zinspflichtige Dorf gilt als „Schwester" des Beduinenstammes d. h. da hier die Stammesheroen, also Männer, handeln: Kain und Hebel waren Brüder. Nun könnte man einwenden: aber Kain war doch Landmann, Hebel, der Hirt, der Nomade! Aber so liegt die Sache tatsächlich nicht. Im Süden Judäas waren viele Kleinherden, die doch den Landleuten gehörten. Die beste Illustrierung der Verhältnisse dort bietet uns das prächtige Kapitel 1. Sam. 25. Einem der Hirten des geizigen Besitzers Nabal dort gleicht hier Hebel, während uns David und seine flüchtige Schar ein Bild von dem ruhelosen Hausen der Kainiten geben kann. Unsere Geschichte ist doch durchaus vom Standpunkt des israelitischen Bauern geschrieben. Vergessen ist, daß auch Israel früher nomadisierte, ja dies Leben vielfach als das freiere, edlere angesehen hatte. Sicher und ruhig wohnte der Bauer im Lande; das Land gibt ihm, was er zu Kleidung und Nahrung nötig hat; sein Gott sorgt für Schutz und Schirm. Warum haben es die Keniter nicht so gut? Sie gehören doch auch Jahve zu eigen ebensogut wie Israel, sie haben denn doch auch ebensogut Anrecht am Besitz des Landes? Wie erklärt sich das? Das ruhelose Umherirren entspricht der inneren Unruhe, den Gewissensqualen, wie sie den Mörder heimsuchen und herumjagen. So muß, da ja alle Keniter so umherschweifen, ihr Ahnherr gesündigt und seine Sünde und Strafe auf den ganzen von ihm sich herleitenden Stamm vererbt haben. Erschien nicht auch der Christenheit das Los der Zigeuner als ein Straflos? Ihr erster König sollte den Heiland in Ägypten verhöhnt und also für sich und sein ganzes Volk den Fluch des Umhergejagtwerdens herabgezogen haben. Wird nicht die Zerstreuung der Juden über die ganze Welt gern als Strafe für die Kreuzigung Jesu aufgefaßt, mit der sie doch ebensowenig im Zusammenhang steht wie das Versinken der athenischen Herrlichkeit mit dem Tode des Sokrates? —

Die Erklärung geht also fast ohne Rest auf. Nur mit dem Namen Hebel weiß man nicht recht etwas anzufangen, man kann ihn nicht als Namen eines Stammes oder Dorfes im Süden Judäas nachweisen. Aber hieran haben sich die Forscher doch wohl mit Unrecht gestoßen. Kain tötet doch seinen Bruder Abel — so handelt es sich also um einen aufgeriebenen Stamm, eine durch beduinische Streifscharen gänzlich vernichtete Sippe; also kann man ihren Namen garnicht in den Verzeichnissen der Stämme, Sippen, und Familien in Juda erwarten. Ob nun diese Hebel-Sippe wirklich gerade von Kenitern getötet wurde, tut nicht viel zur Sache. Die Tatsache der Vernichtung eines solchen Geschlechtes, das in Bruderverhältnis zu benachbarten Beduinen stand, das ruhelose Umherirren Kains, der sich damit als von Gewissensqualen Gepeinigter kund tat, genügte zum Zusammenschluß beider Reihen. Fragte man nun, warum ging Kain nicht zugrunde, da er doch nicht das Asylrecht am Tempel Jahves in Anspruch nehmen durfte, so lag die Antwort auch nicht weit. Die Keniter schützen sich durch ein siebenfaches Rächen eines einzelnen Mordes. Darum hütet sich jeder, einen kenitischen Mann niederzumachen. Er ist kenntlich an dem Zeichen des Stammes, das zugleich Zeichen des Stammgottes d. h. Jahves ist. Also hat Jahve es also geordnet, hat dem Ahnherrn selbst das Zeichen auf die Stirn geprägt und das Recht siebenfältiger Rache in Kain festgesetzt. —

Es ergibt sich aus dem allen, daß diese Geschichte mit den Anfängen des Menschengeschlechts garnicht im Zusammenhang steht. Dieser Zusammenhang ist erst künstlich hergestellt worden. Die Verse 1 und 2 bilden nicht den Anfang der Kainerzählung. Dieselbe muß etwa gelautet haben: „Es war einmal eine Mutter, die hatte zwei Söhne," oder, da die Mutter hier garnicht handelnd auftritt, einfach: „Es waren einmal zwei Brüder, der eine hieß Hebel und war Hirt, und der andere Kain und der war Landmann" usw. Daß der Name Hebel nicht erklärt wird, ist ebenso natürlich wie die Deutung des Namens Kain nun unpassend und befremdend wirkt. Aber Grund und Sinn der Deutung wird sofort klar, wenn wir V. 2—16 herausnehmen und V. 17 ff., das Kaingeschlecht, mit V. 1 zusammenschließen. V. 17 mit seiner Einführung: „Kain erkannte sein Weib" . . . zeigt (vgl. V. 24), daß Kain der erste der Reihe war, daß also Adam nicht vor ihm stand. Hier ist vielmehr Kain der Urvater der Menschheit. Bisher war nur von dem „Menschen"(=Manne) und der „Frau" die Rede (K. 2—3). Jetzt, wo die Geschichte beginnt, wo durch Zeugung und Geburt andere Menschen entstehen, genügt solche Bezeichnung nicht mehr; da muß es zu Eigennamen kommen. Das ist auch geschehen, wie wir noch erschließen können. Die Erzählung mag ursprünglich also begonnen haben: „Und der Mensch erkannte sein Weib und sie gebar ihm einen Sohn. (4,1). Da nannte das Weib den Menschen (Mann) „Kain" und sagte: ich habe einen Mann d. h. Gatten von Jahve bekommen. Der Mensch aber nannte sein Weib „Chavva", denn sie ist die Mutter alles Lebendigen geworden (3,20)." Durch die Zeugung eines Sohnes hat der Mensch sich als ihr Gatte erwiesen, daher diese für einen Mann ebenso passende wie für ein neugeborenes Knäblein befremdende Bemerkung. Die nachfolgende Erzählung führt uns Kain ja als Ackersmann vor. Das hat man bei einem doch nomadischen Stamm (Keniter) als auffällig bezeichnet. Nun versteht ja der Verfasser das für ihn nicht so unglaubliche Zurücksinken des Bauern auf die Nomadenstufe vortrefflich zu motivieren. Es ist aber doch immerhin möglich, daß er durch die Schrift, in welche er die zwar schon irgendwo vorgefundene, aber von ihm doch gestaltete Erzählung hinarbeitete, angeregt ward, Kain gerade als Ackersmann hinzustellen. Der erste Mensch wird aus dem Paradies verjagt, um den Acker zu bebauen, so erzählten beide Paradiesberichte. Wo hören wir denn nun, daß das wirklich geschehen ist? In 4,2 „und Kain ward ein Ackersmann"; so wird vom ersten Menschen erzählt. Als sein Sohn erscheint Chanoch. Sollte nicht der Hebräer bei diesem Namen den Sinn „Einweihung", „Beginn" hindurchgehört und ihn darum zum ersten aller erzeugten Menschen gemacht haben? Auch das würde auf Kain als den Urvater der Menschen führen. Chanoch wird denn wohl, wie man scharfsinnig vermutet hat, wie sein Vater der erste Landmann, so er der erste Städtebauer gewesen sein, so daß es gelautet haben wird: und er, Chanoch, baute eine Stadt und nannte sie nach seinem Namen. Also Bauer und Städter reihen sich unmittelbar aneinander. Der Bauer aber ist der ältere. —

Auch die weiteren Änderungen kann man verstehen. Die Flut findet ein ganz verderbtes Geschlecht vor. Als Flutheros war Noach gegeben (s. o. S. 128). So heißt es dann: Nur Noach war gerecht in Gottes Augen. Er findet sich in der sethitischen Reihe. So wird das Verderben in der kainitischen angesetzt haben. Da wir zwei verschiedene Stammbäume haben, so muß die Scheidung erst von den Söhnen des ersten Menschen, der in der zweiten Linie den Eigennamen „Adam" erhalten hatte (wie auch in PC. 5,1), ausgegangen sein. So wird Kain also zum Sohn des Adam. Die Sünde des Kain zeigte die alte Erzählung von Kain dem Brudermörder, die nun an Kain, den Sohn Adams, angeheftet ward. Wie der Gesichtspunkt, daß in der Kainlinie die Sünde, das Verderben, riesengroß anwächst, geradezu durchschlagend ist, ergibt ja nun auch der Lemechspruch, der wohl der Geschlechtstafel von Anfang an fremd war, von dem Verfasser vielleicht einem ähnlichen Sagenkreis wie die Kaingeschichte entnommen und hier eingefügt wurde. Der Verfasser wird diesem alten Spruch des Stammes Lemech denn wohl einen Sinn untergelegt haben, den er ursprünglich nicht hatte. Ist die bis zur Forderung einer siebenfachen Sühne gehende Rachsucht des Stammes Kain noch als eine von Jahve bestimmte Ordnung anzusehen, so ist das Tun der Sippe Lemech, die in beabsichtigter Prahlerei gegenüber den Kenitern nur für eine Verletzung schon 77 Leichen fordert, unerhört frevelhaft.

— Der Einsatz dieses Liedes soll also nach dem Willen des Zusammenarbeiters das schnelle Anwachsen der Sünde in der Kainlinie charakterisieren. Während die von Kain geübte Blutrache von Jahve selbst geordnet ist, soll doch das blutdürstige Wesen des Stammes Lemech, der sich gegenüber Kain noch als strenger aufspielt, als dem wilden Sinn des mordlustigen Urvaters entsprungen, als sündlich und ruchlos gekennzeichnet werden.

IV. Die Flutgeschichte

Die bisherige Erörterung hat gezeigt, und das ist nicht ohne Bedeutung, daß die Sündflut zu gewissen Zeiten manchen Kreisen in Israel unbekannt gewesen ist. Jedenfalls haben die beiden Erzählungsreihen, die man wohl noch jetzt innerhalb der jahvistischen Quelle unterscheiden kann, nicht mit ihr gerechnet. Man darf daraus mit Sicherheit schließen, daß ihre Verfasser nichts von ihr wußten, ja doch auch wohl, daß die Israeliten zu ihrer Zeit überhaupt mit diesem Stoffe nicht vertraut waren. Er wird ihnen wohl erst ziemlich spät von außen zugeflossen sein. Weiter ist bemerkenswert, daß wir erst hier mit voller Bestimmtheit das Hineinfließen babylonischen Gutes in die israelitische Urgeschichte, wie sie bei dem Jahvisten vertreten ist, feststellen können, an allen anderen Stellen ist es ungewiß, vielfach unwahrscheinlich.

Wir haben die Fluterzählung nun aber nicht bloß in der jahvistischen Schrift; auch der Priesterkodex hat sie enthalten. Beide Erzählungen sind Gen. 6—8 ganz geschickt zusammengearbeitet worden, und zwar so, daß teils längere Abschnitte der einen Quelle auf die der anderen folgen, teils die einzelnen Verse aus Worten beider Berichte zusammengesetzt wurden. Die Verschiedenheit der Gottesnamen nicht nur, auch die Verschiedenheit der Darstellung, lästige Wiederholungen, nur mühsam verdeckte Widersprüche in den Einzelangaben nötigen zu dieser Annahme. Es ist denn auch gelungen, die Teile der einzelnen Erzählungen von einander und von den Worten des Zusammenarbeiters zu sondern. Die Resultate dieser Quellenscheidung dürfen als allgemein angenommen bezeichnet werden. Der letzte Redaktor stand an Gesinnung und Stil dem Priesterkodex nahe. So versteht man, daß er wie anderswo so auch hier bei notwendigen Kürzungen den Priesterkodex geschont, bei eigenem Hervortreten in seinem Stil geschrieben hat. Der Bericht von PC. ist ganz erhalten, der des Jahvisten nur stückweise. Doch kann man die fehlenden Lücken bei J. dem Sinne nach leicht ergänzen. Der Anhang führt die Erzählung in J. sowie in PC. vor. Dazu kommt, da wir auf die Übersetzung der babylonischen Sintfluterzählung in den Lietzmannschen Heften noch nicht verweisen können, die Wiedergabe dieses Abschnittes in der neuesten Übersetzung, die man bei Alfred Jeremias (Das Alte Testament im Lichte des Alten Orients. 1904, S. 125 ff.) findet. So ist der Leser in den Stand gesetzt, sich sein Urteil selbst zu bilden. Doch mögen hier noch einzelne Bemerkungen gegeben werden.

1. Die Fluterzählung in J

Die Notiz, daß Götter und Menschen sich mischten, ward wohl als Beweis der gänzlichen Verderbnis aller Menschen aufgefaßt, die eben alle gottwidrig gesinnt waren. So schließt sich denn die Bemerkung an, daß Jahve zur Erkenntnis kam, die Menschheit sei ganz ins Sündigen verstrickt, alle ihre Gedanken seien immerfort nur sündig, d. h. gottwidrig. Man hat in diesen Worten, die in etwas anderer, aber inhaltlich ganz dasselbe besagenden Form 8, 21 wiederkehren, die Lehre von der Erbsünde gefunden. Aber das besagen sie nicht, wie denn jene Lehre im Alten Testament überhaupt nicht enthalten ist. Unsere Worte bieten dasselbe, was der Prophet Jeremia ausführt, wenn er sagt (13, 23): „Wandelt ein Mohr seine Haut und ein Panther sein buntes Fell? Gerade so gut könnt ihr Gutes tun, die ihr des Bösen gewohnt seid." Die Erkenntnis, daß fortdauernde Gewohnheit zum Zwange wird, ist Israel nicht so bald aufgegangen. Noch einem Jesaja ist es selbstverständliche Voraussetzung, daß einer das Gute kann, wenn er nur will. Unser Verfasser urteilt anders. Das Menschenherz, das auch durch das Flutgericht nicht gewandelt wurde (8, 21), liegt im Bann der Sünde. Die große prophetische Erkenntnis, daß die Sünde ihre eigentliche Wurzel im Innern hat, ja geradezu die gottwidrige Gesinnung ist, hat hier eine klassische Form gefunden. Wenn demnach Noach, auf den doch die nachflutliche verderbte Menschheit zurückgeht, nicht vom Flutgericht betroffen wurde, so kann das nur durch einen Gnadenakt der Gottheit erklärt, kann das nur so erklärt werden, daß Noach diesem Gnadenakt nicht widerstrebte. Es ist bezeichnend für die jahvistische Schrift, daß Tiefstes neben Kindlichem so unmittelbar nebenhergeht. Gewiß ist es, wenn wir von „Liebe, Erbarmen", vom „Vaterherzen Gottes" reden, bewegen wir uns auch in Worten und Ausdrücken, die von menschlichen Dingen und Verhältnissen auf Gott übertragen werden, ohne solche Anthropomorphismen kommt man nicht aus. Es ist weiter richtig, daß das ja besonders in PC. hervortretende Bestreben des Judentums dergleichen zu vermeiden, dem Gottesbegriff etwas Unlebendiges, Steifes gibt. Immerhin sind doch die Worte „es reute Jahve", „sein Herz war sehr betrübt", stark, für unser modernes Gefühl wohl zu stark anthropomorphisch. Aber gerade diese stark vermenschlichende Darstellungsweise zeigt, von einer wie mächtigen Lebendigkeit der Gottesbegriff in Israel war. Aus unserer wie aus so mancher anderen Stelle ist zu ersehen, daß eine solche lebendige, für uns ja wohl zuweilen kindliche Auffassung von Gott mit der geläutertsten religiösen Erkenntnis gut zusammengehen kann. Man ist versucht, auch dies auf Rechnung jenes Nebeneinanderhergehens der zwei Reihen zu setzen, daß die Erkenntnis von der allgemeinen, vollkommenen, stetigen inneren Verderbtheit einmal als Grund der Flut, danach aber in gleicher Weise, aus der pessimistischen Erwägung heraus, daß die Menschheit doch nicht, selbst nicht durch ein Flutgericht zu bessern sei, als Ursache für das göttliche Heilsversprechen angeführt wird (8,21). Aber hier liegt es doch wohl anders. Gott richtet sich ja sonst wohl nach der Menschen Benehmen, kann sein Verderbenswort bei Umkehr der Menschen aufheben (vgl. Jonas), hält an seinem Verheißungs- und Unheilswort fest, wenn die Menschen im Guten oder Bösen beharren (vgl. Num. 23,19). Hier bleibt die Menschheit unverändert. Gottes Tun aber wandelt sich. Ganz dasselbe, was zuerst die Flut begründet, begründet danach den Beschluß, keine Flut wieder anzurichten. Es schmeckt das doch stark nach Übereiltheit, Unbesonnenheit. Das konnte Gott doch vorher wissen und sich dann die Flut sparen! Man sieht hier den Gedanken von der „Unbesonnenheit" des göttlichen Handelns, wie er ausdrücklich im babylonischen Flutbericht hervorgehoben wird, noch ziemlich deutlich hindurchschimmern.

Man erwartet nun in der weiteren Erzählung bei J. die Anweisung an Noach, nach bestimmten Maßen eine „Arche" zu bauen. Der Verfasser gebraucht nämlich ebenso wie der des PC. keinen Ausdruck für „Schiff", sondern stets das Wort „teba" d. h. Kasten, das im Alten Testament nur noch von dem Kästchen des Moseskindes gebraucht wird und ein Fremdwort ist. Auch das weist auf fremden Ursprung dieser Sage. Denn mit den Waren aller (auch geistiger) Art wandern auch die Namen von Volk zu Volk. Der Bau dieser „Arche" aus J. hat nun dem parallelen Bericht aus PC. (6,9—22) weichen müssen. Wir ersehen nur aus dem Verlauf, daß die Arche in J. ein „Dach" (8,13) und ein „Fenster" (8,6) hatte. Dies Fenster dürfen wir uns wohl nur oben im Dach denken. Jedenfalls konnte Noach die Erde und den Stand der Gewässer auf ihr von ihm aus nicht übersehen, sonst hätte die Vogelentsendung ja keinen Sinn gehabt.

Wenn es nun weiter in bezeichnendem Unterschied von dem Wort, daß Noach vor Gott Gnade fand, heißt, Jahve habe ihn gerecht erfunden inmitten seiner Zeitgenossen (7,1), so hat das gewiß seinen Grund. Augenscheinlich hat Jahve Noach auf die Probe gestellt. Er hat ihm den Bau eines auffallenden, wunderlichen Kastens befohlen, ohne den Grund anzugeben. Noach gehorchte (wie danach Abram 12,1 ff.), und nun wird er belobt; nun wird ihm und seiner Familie Rettung in Aussicht gestellt bei der allgemeinen Flut, von deren Eintritt nun erst die Rede ist. Bezeichnend ist, daß hier ein Unterschied von „rein" und „unrein" gemacht wird. Wie der Jahvekult, wie das Opfer schon längst vor Moses auftritt, so gelten für J. auch dergleichen Ordnungen — übrigens mit Recht — als uralt. Opferte man Jahve, so mußte man ja auch wissen, welche Tiere ihm zusagten. Noach braucht mehr reine Tiere, weil er ja von allem reinen Getier nach Ablauf der Flut ein Ganzopfer darbringt. Aber dazu bedarf es doch nicht der je sieben Paare. Ein Paar, wie bei den unreinen, war ja zur Erhaltung des Lebens notwendig (8,30b). Dazu aber dienten die reinen Tiere doch auch zur Nahrung für die Menschen. Warum gerade sieben gefordert werden, vermag man kaum zu sagen. Die Siebenzahl spielt ja bei dem jahvistischen Flutbericht eine besondere Rolle. Man könnte meinen, daß für Jahve, für Noach und sein Weib, für seine drei Söhne mit ihren Weibern je ein Paar bestimmt waren, dann verbleiben für die Erhaltung des Lebens noch je zwei Paare, damit um so reicher für die Fortdauer der Art gesorgt sei. Aber anscheinend ist es bei J. (wie nachher) auch bei P. selbstverständliche Voraussetzung, daß Tod wie Geburt für die Zeit des Aufenthalts in der Arche nicht eintraten. Da waren je zwei Paare überflüssig, wie ja von den unreinen auch nur je ein Paar erwähnt wird. — Auffallend ist ja, daß hier Fleischnahrung für den Menschen als selbstverständlich erscheint. Nach den beiden älteren Schriften soll der Mensch vom Getreide leben (3, 17 f.). Wir hören in ihnen nicht, wann, bei welchem Anlaß und aus welchem Grunde der Übergang zur Fleischnahrung vollzogen ward. Vielleicht daß sie es wie vieles andere auch gar nicht berichtet haben. Jedenfalls ist der Verfasser, der die Kain- und Hebel- wie die Fluterzählung mit diesen jahvistischen Werken zusammen verarbeitete, der Meinung gewesen, daß es von Anfang an erlaubt war. Denn wo Fleisch geopfert wird, wird es auch von Menschen gegessen. Fleischopfer aber bringt Hebel, bringt Noach dar. — Eine Woche vor der Flut ist nötig, um die Tiere zu verschiffen. Zuletzt, bei Beginn der Flut, ziehen die Menschen hinein, von Jahves Obhut, die in köstlicher Weise als ein „Zuschließen der Arche hinter ihnen" (7,16 b) bezeichnet wird, auf das treueste beschützt. Die Flut, aus unaufhörlichem Platzregen entstehend, dauert 40 Tage. Das genügt zur Überschwemmung der ganzen Erde und zur Vernichtung aller auf der Erde hausenden Lebewesen. Der Zweck ist erfüllt. So hört der Regen auf. — Die Mitteilung, daß und wo die Arche festsaß, ist aus J. zugunsten von PC. gestrichen. Es schließt sich vielmehr sofort die Vogelentsendung an. Diese reizende Episode nimmt nun einen verhältnismäßig viel zu großen Teil in dem doch nur kurzen Bericht ein. Das wird sich so erklären, daß der poetisch fein empfindende Verfasser, der vieles wegen des polytheistischen Charakters streichen mußte, hier zu einer Streichung nicht genötigt war. Außerdem ist aber auch nicht alles in Ordnung im Text. Wir hören V. 10, daß Noach weitere sieben Tage wartete, also wird er nach dem Festsitzen der Arche bis zur ersten Vogelentsendung schon sieben Tage gewartet haben, was gestrichen ist. Was soll am ersten Tage die doppelte Vogelentsendung, da sonst am je siebenten Tage nur ein Vogel entsandt wird? Und überhaupt, was hat die Entsendung des Raben am Anfang für Sinn? Es ist längst erkannt, daß wir hier eine Variante vor uns haben, in der auch der Rabe als Kundschafter eine Rolle gespielt hat. Die Taubenentsendung bei J. ist in sich geschlossen und leidet keinen Zusatz. Die an den Menschen gewöhnte, unter ähnlichen Bedingungen wie der Mensch lebende Taube ist am besten geeignet, dem Noach zu sagen, ob ein Hausen für Menschen schon möglich ist. Sie kehrt wieder; sie bringt einen Ölzweig; sie kommt nicht wieder. Das zeigt dem Noach die Stufen der Entwickelung von der noch gänzlichen Überflutung des Tieflandes zu der teilweise vollzogenen Abtrocknung und dem völligen Verlaufen der Flut. Der Rabe gehört einer Erzählung von der Entsendung verschiedener Vögel an (s. u.). — Es war Sitte bei den Alten, vom Schiffe aus Vögel fliegen zu lassen, um aus ihrem Fluge zu entnehmen, in welcher Richtung man Land zu suchen hat. Wenn Noach aus seinem Fahrzeug Vögel, ob auch zu einem etwas anderen Zwecke, entsendet, so wird er damit im Bilde eines richtigen Schiffers vorgestellt. Daß er bewundernswert klug war und handelte, darf man der Vogelentsendungsgeschichte kaum entnehmen. — Nach der letzten Taubenentsendung deckt Noach das Dach ab; die Erde kann wieder ohne Gefahr bevölkert werden. — Das nun folgende Opfer bietet noch zu einigen Bemerkungen Anlaß. Jahve „roch den guten Geruch des Opfers," heißt es; er ward dadurch besänftigt. Man sagt, der Ausdruck „Beruhigungsgeruch" (reach ha-nichoach) ist gänzlich abgeblaßt, ist ein technischer Ausdruck im Kultus (vgl. Lev. 26,31). Aber es fragt sich doch, ob das hier zutrifft; denn die Redensart kann ja wohl allmählich in abgeblaßtem Sinne gebraucht worden sein. Es liegt aber in der Natur der Sache, daß sie ursprünglich in eigentlichem Sinne gemeint war. Wir finden dieses Beruhigung wirkende „riechen" Jahves so auch noch in der Geschichte des verfolgten David, wenn er zu Saul sagt 1. Sam. 26,19: Wenn Jahve dich gegen mich aufgereizt hat, möge er ein Opfer „riechen". Hier wie an unserer Stelle klingt doch die alte sinnliche Auffassung von der Gottheit noch sehr stark durch. Und dieser Eindruck wird für Gen. 8,21 noch verstärkt, wenn man im babylonischen Bericht liest, daß die „Götter den guten Duft einsogen, sich wie Fliegen über dem Opfernden sammelten." Dieselbe Anschauung scheint hier, wenn auch in erheblich abgeschwächter Form, so doch noch deutlich genug vorzuliegen. Also auch hier der Rest einer nicht ganz beseitigten, zu dem Geist des Jahvisten nicht stimmenden Vorlage. Übrigens hat der Verfasser wohl mit Absicht den Ausdruck „Beruhigungsopfer" gewählt, weil der Mann der „Ruhe", so faßt er wohl gegen 5,29 den Namen Noach, die Gabe darbringt. Ebenso redet er wohl mit klarer Anspielung an „Noach" von einem „manoach" d. h. „Ruheort", den die Taube nicht fand. Die Erwägung, daß die Menschen doch bleiben, was sie sind, ist dem Verfasser aus der Beurteilung der nachflutlichen Menschheit geflossen und paßt eigentlich nicht recht zu dem Benehmen des frommen, gerechten Noach und zu seinem Opfer; stellt er ja doch mit den Seinen jetzt die ganze Menschheit dar. Übrigens macht es den Eindruck, als ob mit Kap. 8 der jahvistische Bericht, der also die Flut im Ganzen auf 40+7 (Vorflutwoche) +21 (Warten nach der Flut), also in Summa auf 68 Tage angibt, sein Ende erreicht habe. Die Schrift redete kaum noch hinterher vom „Bogen" Jahves, wie man vielfach wohl annimmt. —

2. Die Fluterzählung in PC

Schon bei dem einfachen Überlesen des Berichts aus PC. fällt auf, daß die PC. bezeichnende Art ebenso wie die Weise der Zusammenarbeit dieser Schrift mit den anderen hier wieder recht deutlich hervortritt. Unsere Erzählung ist ganz vollständig. Denn die aus dem Schoß des Judentums entsprungene Schrift stand dem Endredaktor viel näher wie die einer älteren, religiös anders gestimmten Periode entstammende jahvistische Quelle. Darum hat er keine ihrer „köstlichen" Bemerkungen unter den Tisch fallen lassen. Er konnte auch gut so verfahren, weil PC. wieder das leere Fachwerk abgab, in welches das Material aus J. hineingestellt werden konnte. — Die weitschweifige, umständliche Weise von PC. zeigt sich hier wieder (vgl. besonders K. 9) in recht abschreckendem Maße, ebenso der ungeschichtliche, künstlichen Konstruktionen so geneigte Sinn. Wenn Noach verschont wurde, so hatte er das natürlich verdient. Er muß im Gegensatz zu seinen Zeitgenossen ein gesetzestreuer Mann nach Weise der gesetzesstrengen Juden gewesen sein d. h. er hat die bis dahin geltenden Ordnungen Gottes aufs genaueste gehalten. Damit ist doch wohl gemeint, daß er sich nur von Getreide und Hülsenfrüchten genährt, auch wohl den Sabbat strenge inne gehalten hat. So beginnt denn auch seine Familiengeschichte mit der Bemerkung, daß er ein gerechter d. h. gesetzestreuer Mann gewesen ist, wie auch Joseph, weil er dem Gesetze folgend Maria glaubte entlassen zu müssen, ein „gerechter" d. h. gesetzestreuer Mann genannt wird (Matth. 1,19). Noach war darum makellos, unsträflich, ja er wandelte in der Gemeinschaft mit Gott, so hören wir in einem auffallenden, sonst nur noch von Chanoch (5,24) gebrauchten Ausdruck. Es bedarf hier also nicht wie bei dem Jahvisten einer Prüfung, die ihn als „gerecht" d. h. als fromm und Gott gehorsam (das ist „gerecht" bei J.) erweisen soll. —

Im Gegensatz zu ihm ist die ganze Welt verderbt, voller Gewalttat; alles Fleisch handelt sündig. Die von Noach beachteten Ordnungen werden von allen Menschen und auch wohl von den Tieren, so weit es sich um das Nahrungsgebot handelt, verletzt. So steht der Vernichtungsbeschluß bei der Gottheit fest. Noach soll eine „Arche" (Teba) (auch hier nicht ein „Schiff") bauen, wie auch hier der eigentümliche Ausdruck für das Fahrzeug lautet. Bis ins einzelnste wird hier, gerade wie bei der Stiftshütte Ex. 25 ff., von Gott alles nach Maß und Verhältnis vorgeschrieben. Zugleich erfährt er den Grund zu dieser Anordnung. Gott macht mit ihm einen Vertrag dahingehend, daß er den Noach, wenn er alles genau befolgt, dafür mit allem, was er dem Geheiß entsprechend zu sich in die Arche nimmt, bewahren werde. Nach der Anschauung des Judentums gehen die Bestimmungen über rein und unrein (Lev. 11. Deut. 14) auf Moses zurück. So kann Noach diesen Unterschied nicht machen. Denn er kennt ihn ja nicht. So versteht es sich denn, daß von jeder Tierart nur je ein Paar hineingenommen wird. Der ausgesprochene Zweck der ganzen Anordnung ist, daß die Arten alle am Leben erhalten werden. Es soll nicht zu einer Neuschöpfung kommen, da Gott ja doch Gen. 1. alles als „gut" gelungen hatte befinden können. Vorausgesetzt ist auch hier, daß kein Todesfall stattfand. Ebenso ist Zeugung und Geburt für die Zeit der Flut ausgeschlossen. So wird ja ausdrücklich Menschen wie Vieh beim Austritt aus der Arche mit dem Wunsch, daß sie fruchtbar sein und sich mehren sollen, die Fähigkeit zur Fortpflanzung wieder verliehen (vgl. Gen. 1,22 ff. und oben S. 41). Wenn bei dem Wort „daß alles Fleisch verderblich gehandelt hat" auch daran zu denken ist, daß Tiere gegen Gottes Ordnung andere Tiere gefressen haben, so ist natürlich die Meinung, daß hier nur „fromme" Tiere hineinkamen, die wie Noach und die Seinen sich die ganze Zeit von vegetabilischer Kost ernährten. So wird denn auch nach der Einnahme der Tiere die Versorgung mit Proviant d. h. also mit Pflanzenkost für Menschen und Tiere vorgeschrieben (V. 21). Auch darum, weil Menschen und Tiere kein Fleisch genießen, ebenso weil ja das erst von Mose an datierte Opfer, zu dem doch auch Fleisch gehört, für Noach gänzlich in Wegfall kommt, hat er nur je ein Paar nötig. —

Von einer Vorflutwoche weiß PC. nichts. Am Tage, da die Flut beginnt, wandert alles in die Arche, als habe es schon vor der Arche auf den ersten Regen gewartet. Die Flut entsteht aber nicht einfach durch unaufhörliches, starkes Regnen. Die Wasser im Himmel (s. oben S. 37), die Wasser der Urflut, auf der die Erde schwimmt, vereinigen sich, um alles Lebewesen der Erde zu vernichten. Dem Verfasser kommt auch wieder viel auf Ordnung und Zahl an. So hat sich Noach gewissermaßen in seinem Lebenskalender den Tag des Flutbeginnes (7,11), ebenso den Tag des Festsitzens der Arche (8,4), des Auftauchens der Berge (8,5), des Versiegens der Gewässer (8,13), des gänzlichen Trockenseins der Erde (8,15) genau angemerkt. Die 30 Ellen hohe Arche hat nach seiner Meinung wohl einen Tiefgang von 15 Ellen. 15 Ellen steht die Flut bei ihrem höchsten Stand über den höchsten Bergen. Diesen Stand erreicht sie am 150. Tag. Da befindet sich die Arche gerade über den nach Meinung des Verfassers höchsten Berggipfeln der Welt in Armenien und sitzt natürlich sofort fest. Auffallend ist, daß der Ablauf der Flut (215 Tage) so viel länger dauert als das Ansteigen (150 Tage). Es ist möglich, daß der Verfasser hier zum Teil an überkommene Zahlen gebunden war. Die 150 Tage, die als fünf Monate zu je 30 Tagen gerechnet werden (vgl. 7,11 und 8,4) passen sowieso schlecht zu der Gesamtrechnung, die die Flut auf ein Jahr und 11 Tage d. h., wenn, was wahrscheinlich, Mondmonate (zu $29^1/_2$ Tag) gemeint sind, auf 354+11 Tage ansetzt und so das ursprüngliche Mondjahr durch Hinzutat von 11 Tagen zu einem Sonnenjahr ergänzt.

Die Vogelentsendung fällt natürlich. Bei PC. wird alles unmittelbar von Gott geordnet. Daß dabei die Menschen zu toten Figuren, die poetischen Erzählungen zu leblosen Berichten herabsinken, ist sicher. Aber das entspricht ja doch nur dem Geschmack des offiziellen Judentums. — Ebenso muß aus vorher erwähnten Gründen das Opfer fallen und der aus dem Opfer und einer pessimistischen Beurteilung der ganzen Menschheit begründete Stimmungswechsel bei J.

Um so breiter fließt nun der Strom dieser Quelle in Kap. 9 (1—17.). Selbst wenn man, was aber nicht nötig ist, hier mancherlei spätere Erweiterungen des ursprünglichen Textes annimmt, bleibt doch des Weitschweifigen noch genug. Übrigens ist der Grund für das Anschwellen der Schrift an dieser Stelle leicht zu erklären. 9,1 ff. bieten ja die Hauptsache. Um dieses „Bundes" willen hat PC. die ganze Fluterzählung gebracht, wie der Schöpfungsbericht um der Einsetzung des Sabbats willen geboten wurde. Ausdrücklich wird denn auch auf Gen. 1. verwiesen. Der Verfasser will ja die auch zu seiner Zeit noch geltenden Gottesordnungen geschichtlich erklären, ihre Festsetzung durch Gott vorführen. Ihm wie dem ganzen Altertum war es gewiß, daß am Anfang der Geschichte das goldene Zeitalter mit seinem ewigen Frieden stand. Das ist nun ja für immer dahin. Und doch besteht die Welt weiter, besteht nach Gottes Willen weiter, die Menschen essen Fleisch, bringen der Gottheit Fleisch dar, ohne ihren Zorn zu erregen. So muß Gott auch das geordnet haben. Somit finden wir hier gewissermaßen einen Nachtrag zu Gen. 1. Die Welt („alles Fleisch") hat Gottes Ordnung betreffend die Ernährungsweise, die auch für die Bewohner der Arche noch galt, gebrochen. Nun hat Gott ein Einsehen. Er erlaubt die Fleischnahrung und erweitert damit des Menschen Herrschergewalt (vgl. 1,26). Dabei gilt eine doppelte Einschränkung. 1) Des Menschen Leben gilt als heilig, weil mit ihm die Gottheit, deren Bild er ist, getroffen wird. An Kannibalismus, an Menschenfresserei ist hier kaum gedacht. Es handelt sich um Schutz des Menschenlebens überhaupt. Ebenso ist Blutgenuß unbedingt verboten. Die abergläubische Scheu vor dem Blut ist dem antiken Menschen eigen. Das Blut, mit dem geradezu die Seele ausfließt, gehört nur der Gottheit, von der die Seele kommt. „Seele" essen welch ein Greuel! Wir haben es hier bei diesen Geboten mit zwei Dingen zu tun, die vor und neben dem Judentum in der Welt galten, also vor Moses schon von Gott bestimmt gewesen sein müssen. Daß das Verbot des Blutgenusses dem des Götzenopfers und Ehebruches gleichgesetzt wurde, entnehmen wir ja noch den Worten des Apostelkonziles (Apostelgesch. 15,29.) An Abram knüpft sich die Beschneidung, an die Weltschöpfung der Sabbat, so sind die gleich wichtigen Bestimmungen bezüglich des Fleischgenusses und Blutvergießens an die in der Mitte zwischen beiden Punkten liegende Epoche der Flut geheftet.

Damit ist der Boden, auf dem das Leben der nachflutlichen Menschheit sich abspielen mag, bereitet. Den Menschen sind die neuen Lebensbedingungen genannt; fügen sie sich diesen, dann will Gott seinerseits ein Übriges tun: er will sich feierlich verpflichten, ihnen und allen Lebewesen den Boden, auf dem sie sich bewegen, zu erhalten. Eine Flut soll nicht wieder kommen. Zur Befestigung dieses Versprechens bildet Gott den „Bogen". Wir haben also hier eine gewisse Fortführung der Gen. 1 berichteten Schöpfung. Damals (Gen. 1) gab es keinen Regenbogen. Wozu auch, da ja Friede zwischen Himmel und Erde von Anfang das Selbstverständliche war, so daß es da keiner besonderen Versicherung, keines besonderen Friedenszeichens bedurfte. Jetzt ist es anders. Als ein Erinnerungszeichen an sein Versprechen für Jahve, als ein Trostzeichen für die Menschen und Tiere soll die lichte Brücke des Regenbogens sich von der Erde zum Himmel spannen und beide also friedlich miteinander verbinden.

Hiermit schließt der Bericht in PC. Es ist kaum vonnöten, die starken Abweichungen bezüglich der Entstehungsweise, der Dauer der Flut, bezüglich der Insassen der Arche usw., wie sie in PC. gegenüber J. deutlich hervortreten, noch genauer herauszuheben. Sie erklären sich doch nur zum Teil aus dem jüdischen Standpunkt des Verfassers, der dann den jahvistischen Bericht nach seinem Gutdünken verarbeitet und verändert hätte. Es ist doch schon auffallend, daß er für den Platzregen bei J., der ja in einem Bergland wie Kanaan die kleinen Bäche plötzlich zu reißenden, Überflutung, Tod und Verderben bringenden Strömen anschwellen macht und darum dem Kanaanäer leicht als Grund der Weltflut gelten konnte, das Sichvereinigen der Gewässer des über- und unterirdischen Ozeans setzt. In Alluvialgebieten wie in dem der Euphrat- und Tigrismündung dringt bei den nicht seltenen Erderschütterungen das Grundwasser in mächtigen Säulen empor und vereinigt sich mit der durch himmlische Fluten vermehrten Wassermenge der mesopotamischen Ströme. Dort also kanaanäische, hier babylonische Denkweise. Die größere Zeitdauer der Flut könnte man damit erklären, daß eben die Welt für das Judentum größer geworden war als für Altisrael. Aber es zeigte sich, daß der Verfasser wohl Zeitangaben verschiedener Art vorfand, die er, nicht einmal ganz glatt, verarbeitete. Besonders auffallend ist aber, wie schon oben bemerkt, die Redensart, „daß Noach in Gemeinschaft mit Gott wandelte“. Ihm wird hier neben Chanoch eine solche Gemeinschaft, eine solche Intimität mit Gott beigelegt wie sonst keinem Menschen. Das führt doch wohl neben J. noch auf eine besondere Quelle der Fluterzählung, die dem Verfasser geflossen haben muß.

Zweifel mag man hegen bezüglich des göttlichen Bogens. Man sagt, der Himmelsbogen sei ursprünglich Werkzeug des pfeilschießenden Gottes und darum Symbol seines Zornes; er legt ihn aus der Hand zum Zeichen des abgelegten Zornes, der nunmehrigen Versöhnung und Huld. Wenn es gewettert hat, daß man vor einer abermaligen Sündflut in Angst sein könnte, dann erscheint der Regenbogen am Himmel, sobald die Sonne und die Gnade wieder durchbricht. (Wellhausen, Prolegomena 2, S. 328 Anm.). Wie die Araber die Iris durchaus als Kriegsbogen des Gottes auffassen, wie bei den Indern der Regenbogen als Indras Bogen bezeichnet wird, von dem er seine Pfeile gegen die feindlichen Asuras schießt, so soll auch hier ursprünglich von der Waffe, dem Kriegsbogen des Kämpfenden, jetzt die Waffe weglegenden, friedlich gesinnten Gottes die Rede sein. Wäre das zutreffend, so klänge ja hier wie bei dem „Wir" (Gen. 1,26; 2,22; 11,7) die heidnische Vorlage noch deutlich durch, ohne daß allerdings damit schon erwiesen wäre, daß PC. diese Vorstellung nur durch die Vermittlung des Jahvisten bekommen und dessen Bericht vom Fortlegen des göttlichen Kriegsbogens durch seinen verdrängt habe. — Aber wo im Alten Testament von den Pfeilen Jahves, von seinem Kriegsbogen geredet wird, da ist das alles durchaus bildlich gemeint, wie man aus den Stellen Sach. 9,13; Hab. 3,9; Ps. 7,13f.; Klagel. 2,4; 3,12f. deutlich ersehen kann. Warum soll der Hebräer bei dem Ausdruck „Kescheth" d. h. Bogen nun durchaus an die Waffen haben denken müssen? Wir tun's doch bei „Bogen" auch nicht! Hesekiel nennt die freundliche Erscheinung des Regenbogens nach dem Gewitter (1,28) auch Keschet, ohne daß er da irgend an die Waffe dächte. So liegt es auch wohl hier. Es ist doch bemerkenswert, daß bisher in keiner Flutsage der beiseite gelegte Bogen des zürnenden Gottes als Abschluß des Ganzen sich hat nachweisen lassen. Die Vorstellung, daß der freundliche beim Hervortreten der Sonne nach dem Regen erscheinende Bogen ein Friedenszeichen sei, eine Verbindung zwischen Himmel und Erde andeute, lag doch nicht weit ab, wie ja auch bei den Griechen die Göttin des Regenbogens die „Iris", die Botin des Zeus zur Erde, bei den alten Germanen der Regenbogen die von den Göttern erbaute Brücke ist, auf der die Asen in die Walhalla einziehen. Der PC. konnte also bei seinem Suchen nach einem Bundeszeichen für den Bund mit Noach nicht unschwer auf den Himmelsbogen verfallen. Und wenn man einem sonst so unpoetischen Manne eine solche sinnige Betrachtung des Regenbogens nicht zutraut, so kann das israelitische Volk sie ihm zu passender Verwendung geboten haben.

3. Babylonische Fluterzählung

Daß der Stoff der biblischen Flutgeschichte aus Babylonien stamme, hat man schon längst vermutet. Denn die von dem babylonischen Priester Berosus (um 300) stammende altbekannte Berichterstattung über die babylonische Fluterzählung lag ja längst vor. Und die Auskunft, daß sie einfach der Bibel entnommen war, ließ sich nicht recht annehmen. Der babylonische Flutheld hieß nach Berosus Xisuthros. Ihm erschien die Gottheit im Schlaf, befahl ihm, da alle Menschen vernichtet werden sollten, alle Schriften nach der Sonnenstadt Sipara zu bringen und sie dort zu vergraben. Darauf solle er ein Fahrzeug zimmern, in dasselbe mit all seinen Blutsverwandten hineingehen, auch Tiere, Vögel und Vierfüßer nebst Nahrung hineinnehmen. So stellt er ein „Fahrzeug" von ungeheuren Maßen her. Nach Ablauf der Flut entsendet er aus dem Schiff sofort einige Vögel, die aber aus Mangel an Nahrung und Ruheplätzen wiederkommen. Aus der zweiten nach einigen Tagen erfolgten Sendung von Vögeln, die mit lehmbeschmutzten Füßen zurückkehren, entnimmt er, daß die Erde hier und da wenigstens freigelegt ist. Die dann zum drittenmal abgeschickten Vögel kommen nicht wieder. Die Vermutung, daß man jetzt das Fahrzeug verlassen könne, bestätigt sich, wie er nach Entfernung einiger Fugen aus dem Schiff sehen kann. Da wird er mit seiner Frau, seiner Tochter und dem Steuermann zu den Göttern entrückt und befiehlt den übrigen aus der Luft, Armenien, wo sie sich befinden, zu verlassen, die vergrabenen Schriften aus Sipara zu holen, nach Babel zu ziehen und sie von dort unter den Menschen zu verbreiten.

Die Erzählung hat ja vieles Verwandte mit der biblischen. Hier wie dort ist der zehnte der Urväter der Held der Flut. Der Gang der Erzählung ist der gleiche. Auch wird Armenien bei Berosus und PC. als Land der Strandung bezeichnet. Ebenso mag er wie die Bibel eigentlich nicht ein Schiff gemeint haben. So sagt er zuerst einfach Fahrzeug, weiß von keiner Luke, wie der Keilschrifttext, läßt Xisuthros vielmehr einige Fugen entfernen, damit er Ausschau halten könne. Auch er bringt die Vogelentsendung. Dabei findet sich aber doch viel Verschiedenes. So der Zug des Büchervergrabens, so die Abweichung in der Vogelentsendung. Man konnte nicht recht den biblischen Bericht aus Berosus noch den des Berosus aus der Bibel ableiten. Die Sachlage hat sich durch die Entdeckung des Keilschriftberichts nicht so sehr verändert, wie man meist vorgibt. Dieser bildet einen, allerdings ziemlich lose eingefügten, Teil des Epos von Gilgamesch, dem babylonischen Nationalhelden. Wenn nun auch dies ganze Epos nur in einer unter Assurbanipal (669—25) gefertigten Kopie erhalten ist, so haben wir es doch mit Erzählungen zu tun, die weit älter waren, wie ja denn auch auf die Flut und ihren Helden in alten babylonischen Berichten nicht selten Bezug genommen wird. Hält man diese Geschichte neben die biblischen, so ist Berührung wie Verschiedenheit von vornherein klar. In poetischer Hinsicht überragt der babylonische die biblischen ja ganz bedeutend. An religiösem und sittlichem Gehalt steht er dagegen so tief unter den biblischen, wie eben die babylonische Religion unter der israelitischen.

Natürlich mußten die israelitischen Verfasser von ihrem Standpunkt aus vieles ändern oder fortlassen. Der Vater der syrischen Bevölkerung, Noach, trat an die Stelle des Vaters der babylonischen Menschheit. Dabei mag bemerkt werden, daß hier wie da eigentlich die Söhne, die Verwandten des Flutheros, Anfänger der neuen Menschheit sind. Denn ihm werden nach der Flut hier wie dort keine neuen Kinder beigelegt, obwohl er doch nach PC. noch 350 Jahre lebte. Warum Noach nicht zu Gott entrückt ward, wie wir das doch vom Chanoch und Elia hören, ist früher angemerkt (siehe oben S. 64). Das zu speziell Babylonische fiel fort. So auch der im assyrischen Lande zu suchende Berg Nisir der im Gilgamesch-Epos als Strandungsort genannt wird. Die Entstehungsweise der Flut wird, wenigstens im jahvistischen Werk, für Kanaanäer in kanaanäischen Farben (40 Tage langer Platzregen) gegeben. Das was dem babylonischen Bericht seine eigentümliche Färbung gibt, das Benehmen, der Streit der Götter, schied natürlich von selbst aus. Und wenn der religiöse Gesichtspunkt viel schärfer in der Bibel hervortritt, die Verderbtheit der ganzen Menschheit, die eine Flut forderte, die einzigartige Frömmigkeit des Noach, die Absicht der Gottheit, die Schöpfung zu retten, und das Versprechen, am Ende Gnade für Recht ergehen zu lassen, hier in einer Weise betont wird, wie das im Keilschriftbericht kaum oder gar nicht geschieht, so könnte man das alles ja bei direkter Abhängigkeit noch zur Genüge erklären. Aber gerade die Abweichung in einzelnen unbedeutenden Kleinigkeiten macht Schwierigkeit. So schon die verschiedene Dauer der Flut bei den Babyloniern, bei J., in PC. Weiter die Verschiedenheit der Vogelentsendung. Gewiß ist sie im Babylonischen zweckmäßig. Erst die Taube, die am meisten an den Menschen gebunden; sie kehrt wieder; dann die Schwalbe, die ja schon eher sich zu helfen weiß. Auch sie kommt zurück. Der Rabe aber kann es schon draußen aushalten. Den Raben finden wir ja in einer

Variante der jahvistischen Erzählung. Die Taubenentsendung in diesem ist ebenso zweckmäßig wie die Vogelentsendung des Babyloniers. Eine absichtliche Änderung der babylonischen Version ist nicht wahrscheinlich. Es liegen hier augenscheinlich Varianten verschiedener Sagen über denselben Gegenstand vor. Weiter ist auffallend, daß die biblischen Berichte geflissentlich das Fahrzeug mit einem Fremdnamen „teba" benennen, den das Babylonische nicht gebraucht, daß die Flut stets mit dem technischen Ausdruck „mabbul" benannt wird, der als Fremdwort noch von PC. so klar empfunden wird, daß er stets die Erklärung „Wasser auf der Erde" hinzusetzt. Diese Ausdrücke haben die hebräischen Erzähler augenscheinlich mit dem Stoff übernommen — sie finden sich aber nicht bei dem Babylonier.

Nun stimmt ja Berosus mit dem babylonischen Keilschrifttext in vielen Dingen gleichfalls nicht überein. Zwar die Namenverschiedenheit („Xisuthros" bei ihm, hier „Ut-Napischtim") will nicht viel besagen, denn Chasis-atra=Atra-chasis d. h. der „Übergescheidte"=Xisuthros erscheint auch als Beiname des Utnapischtim im Gilgamesch-epos. Aber die Abweichung in der Vogelentsendung, in dem Strandungsgebiet (Berosus: Armenien wie PC.), der nur bei Berosus gebotene Zug der Schriftenvergrabung und -verbreitung sind doch merkwürdig.

Dieser Xisuthros=Atra-chasis begegnet uns aber auch sonst noch in den Keilschriften, sodaß man wohl mit Recht von einem vollständigen Sagenkreis um Atra-chasis geredet hat. Da hören wir z. B., daß wegen der Sündhaftigkeit der Menschen die Menschen von einer sechsjährigen Zeit des Mißwachses, der Dürre und Unfruchtbarkeit heimgesucht wurden. Sie gehen im sechsten Jahre der Hungersnot soweit, daß sie ihre eigenen Kinder verzehren. Atra-hasis verwendet sich für sie bei dem Gott Ea. Aber im Götterrat verkündet der Gott Bel, daß er um der Sünden der Menschen willen eine Fieberseuche gegen sie loslassen werde, was auch geschieht. Wieder wendet sich Atra-chasis an Ea, der ihm rät, durch Gebet und Opfer die Götter zu beruhigen. Doch kommt Bel bald zu der Erkenntnis, „daß die Sünden nicht abgenommen, vielmehr sich nur gemehrt haben." Eine zweite Periode der Dürre weicht, wie es scheint auf abermaliges Eintreten des Atra-chasis bei den Göttern unter der Hilfe des Ea, einer Zeit großer Fruchtbarkeit an Menschen und Vieh. Da bildet Ischtar auf Veranlassung Eas neue Menschen. Schließlich aber kommt doch — wohl weil die Sünde nicht weicht

— die Flut, aus der nur Atra-chasis und was mit ihm ist gerettet wird.

Diese Texte sind nach manchen Seiten hin recht interessant. Hier tritt die Betonung der Sündhaftigkeit, der durch Strafgerichte nicht erreichten Besserung in ähnlicher Weise wie bei J. (Gen. 6,5; 8,21) hervor. Atrachasis erscheint hier als besonderer Freund des Gottes Ea, als Vermittler zwischen Gottheit und Menschen. „In der Gemeinschaft mit Gott wandelte Noach" PC. Gen. 6,9.

Die Abweichungen der babylonischen Berichte von einander zeigen uns, daß man in recht verschiedener Weise über die Zeit und die Begebnisse der Flut zu erzählen wußte. Eine, uns nicht mehr erhaltene Form, liegt dem Berichte von J. zugrunde, während PC. neben dieser Darstellung von J. noch wieder andere gekannt haben wird. Auf welchem Wege diese Geschichten zu den Israeliten kamen, wann das genau geschehen, wird schwer auszumachen sein, steht auch hier nicht zur Untersuchung.

Vielfach nimmt man jetzt an, daß es sich um einen ursprünglichen Sonnenmythus handelt. Die Entrückung des babylonischen Fluthelden zu den Göttern soll noch ein Rest sein von der Tatsache, daß man es überhaupt mit einem Gott zu tun hat; auch die Rolle, welche die Stadt des Sonnengottes Sippara spielt, wie die 365 Tage des Sonnenjahres bei PC. und noch manches andere sind als Fingerzeige nach dieser Richtung gedeutet. Die Flut wäre dann etwa der Himmelsozean, den der Sonnengott mit seinem Schiffe durchfährt. Es ist ja möglich, daß Derartiges ursprünglich zugrunde liegt. Für die biblischen Berichte und ihre Würdigung hat diese Frage keine besondere Bedeutung. —

Schluß

Schaut man zurück auf alles Erörterte, so ergibt sich, daß die sogenannte biblische Urgeschichte von sehr zusammengesetzter Art ist. Es sind Stoffe und Erzählungen sehr verschiedener Natur, ebenso verschiedener Herkunft, die in ihr verarbeitet wurden. Was man sich zur Zeit, da noch ein israelitischer und jüdischer Staat existierte, also bis 586, in Israel, Vorderasien, in Babylonien erzählte, hat in den jahvistischen Schriften Aufnahme gefunden.

Die Stoffe selbst sind sehr verschiedenartig, abweichend von einander ist auch die Weise der Schriftsteller. Was Wunder, daß es der Zusammenarbeit nicht gelungen ist, diese Verschiedenheit zu verdecken, zumal der Zusammenarbeiter auch seinerseits Stoffe hinzubrachte, die sich im Grunde mit seinen Vorlagen nicht vertrugen. Verhältnismäßig wenig wird man als eigentlich babylonisches Gut bezeichnen können.

Auch das Judentum hat sich seine Gedanken über die Entstehung der Welt gemacht. Es hat dabei durchaus unter dem Einfluß der allgemeinen Weltideen und der solche Ideen darbietenden Erzählungen gestanden, wie sie in Ägypten und Phönikien, Syrien und Babylonien — kurz im Orient wohl Gemeingut der „Gebildeten" waren Auch hinsichtlich solcher Ideen wird die Zeit manches geändert haben, sodaß schon in diesem Punkte ein nicht geringer Abstand zwischen den aus Altisrael stammenden jahvistischen Schriften und dem jüdischen PC. gegeben war. Weiter ist die israelitische Religion gerade in der Zeit von 800—450 einer außerordentlich starken Veränderung und Entwickelung unterworfen gewesen. Daher auch die verschiedene religiöse Betrachtungsweise und Behandlung der gleichen Dinge bei J. und PC.

Es wäre schlimm um den christlichen Glauben bestellt, wenn er auf diesem so brüchigen Fundament stehen müßte. Aber zu der Erkenntnis kann und wird gerade jede wahrhaftige und ruhige Untersuchung unserer Gegenstände führen, daß das Christentum auf ganz anderem Boden erbaut ist und mit voller Ruhe und Freudigkeit der wissenschaftlichen Arbeit zuschauen kann, ohne ihre Resultate fürchten zu müssen. Eins ist doch immer wieder klar geworden, daß die israelitische Religion diesen Dingen unabhängig, ja überlegen gegenüberstand. Die Israeliten haben fremde Bildungsstoffe übernommen und sie in israelitischem Geiste überarbeitet. Ihre Religion ist ihre eigenen Wege gegangen, ist aus anderen Quellen geflossen und — was wenigstens ihr inneres Wesen und ihre eigentliche Kraft anbetrifft — ein durchaus selbständiges Gebilde. Aus ihr haben die Verfasser der verschiedenen Schriften die religiösen Ideen, die religiöse Betrachtungsweise übernommen, die sie an die Stoffe gelegt und vermöge deren sie diese Stoffe sehr energisch gemodelt haben. Den besten Beweis für diese volle Selbständigkeit der Religion Israels bietet der israelitische Prophetismus. Bei den vorexilischen Propheten Israels — und das sind ja die eigentlichen Propheten — wird kein einziger Stoff der Urgeschichte überhaupt auch nur erwähnt. Sie hat eben für die Religion

Israels und ihren Bestand keine Bedeutung gehabt. Aus dieser Prophetenreligion ist das Christentum erwachsen; was von jener gilt, gilt auch von diesem. Wenn die verschiedenen Volksschriften, die bei den Israeliten vor und nach der Verbannung umliefen und den wissensbegierigen Leser über die Ursprünge der Dinge unterrichteten, in der Zeit des Judentums etwa um 400 n. Chr. zu einer Einheit verarbeitet wurden, wenn auf dieses also entstehende Werk, das zur „heiligen Schrift", zum „geschriebenen Gotteswort" gemacht ward, sich eine Lehre von der Schöpfung, dem Urstande, dem Sündenfall, der Flut aufbaute, die sich von der jüdischen Theologie durch das Neue Testament hin bis zu uns durchgesetzt hat — so gilt es hier, wie in so vielen Dingen, das Christentum von dem Erbe des Judentums zu befreien. Nimmt man die einzelnen Stücke für sich, sucht sie aus ihrer Zeit, ihrer Umgebung zu verstehen, so wird man ihnen mit der Selbständigkeit gegenüber stehen, die jene Verfasser selbst gegenüber fremden Stoffen bewiesen haben, man wird anderseits aber auch imstande sein, das Gute und Schöne zu sehen, und sich des zu freuen, was sie uns bieten, und wird noch immer von ihnen gepackt werden. —

Literatur

Auslegungen der Genesis:

Dillmann, Die Genesis, 1892, 6. Auflage, Leipzig, S. Hirzel.
Besonders gründlich, stoffreich und umsichtig.

Holzinger, Genesis, 1898, Leipzig-Tübingen, Mohr.
Kurze, äußerst geschickte Behandlung des Materials.

Gunkel, Genesis, 1902, 2. Auflage, Göttingen, Vandenhoeck und Ruprecht.
Besonders anregend und geistvoll, mit eingehender Berücksichtigung des babylonischen Materials sowie der Sagenbildung in Israel.

Für die Urgeschichte grundlegend:

Wellhausen, Komposition des Hexateuchs, 1885, 2. 1889, Berlin, Reimer.

Budde, Die biblische Urgeschichte, Gießen 1883.
Bietet eine bis ins einzelnste gehende scharfsinnige Untersuchung über die Quellenverhältnisse in Gen. 1—12, 5.

Vor allem hervorzuheben, weil für alle weitere Forschung maßgebend, ist das Meisterwerk der alttestamentlichen Wissenschaft:

Wellhausen, Prolegomena zur Geschichte Israels, von der 2. Auflage an (1883), der Hauptmasse nach auch für Laien verständlich.

Als Einführung in den Gesamtpentateuch ist zu erwähnen:

Holzinger, Einleitung in den Pentateuch. Freiburg-Leipzig, 1893, Mohr.

Allgemeinverständliche empfehlenswerte Schriften:

Kautzsch-Socin, Die Genesis mit äußerer Unterscheidung der Quellenschriften übersetzt, Freiburg, Mohr, 1891 ff.

Kautzsch, Bibelwissenschaft und Religionsunterricht 1900, Tübingen, Mohr 1900. ℳ 1.

Kautzsch, Die bleibende Bedeutung des Alten Testaments, Tübingen, Mohr 1902. ℳ 0,65.

Kautzsch, Abriß der Geschichte des alttestamentlichen Schrifttums, in den Beilagen zur „Heiligen Schrift des Alten Testaments“ (einer sehr empfehlenswerten Übersetzung), Freiburg-Leipzig, Mohr 1894.

Kautzsch, Übersicht über die Geschichte der Israeliten von Mose bis Ende 2. Jahrhunderts. Ebendaselbst. (Vergleichende Zeittafeln).

Wellhausen, Israelitische und jüdische Geschichte. Berlin, Reimer, 1—4. Auflage.
Ein glänzend geschriebenes, auch Laien verständliches Werk.

Guthe, Geschichte des Volkes Israel 1899, 2. 1904.
Eine ruhige, zuverlässige, zum Studium besonders empfehlenswerte Arbeit.

Giesebrecht, Grundzüge der israelitischen Religionsgeschichte. Aus Natur und Geisteswelt, Leipzig-Berlin 1904. Teubner, M 1.

Meinhold, Jesus und das Alte Testament, Freiburg, Mohr, 1896.

Gunkel, Die Sagen der Genesis, besonders erschienene allgemein verständliche Einleitung seiner Auslegung.

Die biblische Urgeschichte 1. Mose 1—12

Übersetzung

Die Übersetzung bietet die Verdeutschung des Textes, den die vorangehenden Ausführungen sei es voraussetzen sei es begründen. Offenbare Einsätze sind gestrichen, offenbare Auslassungen eingefügt; () bieten alte Zutaten zum Text, die ganz zu streichen nicht praktisch schien. Zuerst stehen die in Gen. 1 - 5 enthaltenen Teile des Priesterkodex. In den darauf folgenden Abschnitten des Jahvisten sind bei Gen. 2—3 die eingefügten Teile der einen Quelle durch [] Klammern und eine II kenntlich gemacht. Die in mancher Hinsicht mit Gen. 2—3 verwandten Abschnitte 6, 1—4 und 11, 1—9 sind an Gen. 2—3 sofort angefügt, während dann erst die 2 Stammbäume, die Noachsprüche sowie die Kaingeschichte kommen. Den Schluß bildet die Fluterzählung in der Darstellung des Jahvisten, des Priesterkodex und der Babylonier.

I. Die Erschaffung der Welt K. 1—2 4a. PC

Einleitung: 2 4a. Also entstand die Welt: 1 [2] die Erde war Wüstnis und Wirrsal; Finsternis lagerte über der Urflut und der Geist Gottes brütete auf dem Gewässer.

Erste Schöpfungsdreiheit V. 2—13

Erster Tag: V. 3—5

[3] Da sprach Gott: es werde Licht, da ward Licht. [4] Und Gott befand das Licht gut und so schied Gott das Licht und die Finsternis. [5] Und Gott benannte das Licht „Tag", die Finsternis aber benannte er „Nacht"; und es ward Abend und ward Morgen, der erste Tag.

Zweiter Tag: V. 6—8

[6] Und Gott sprach: es werde ein Firmament zwischen den Gewässern und es bilde eine Scheidewand zwischen den verschiedenen Gewässern. Und es geschah also. [7] Und Gott machte das Firmament und es bildete eine Scheidewand zwischen dem Gewässer über und unter dem Firmament. [8] Und Gott benannte das Firmament „Himmel", und es ward Abend und ward Morgen, der zweite Tag.

Dritter Tag: V. 9—13

[9] Und Gott sprach: es soll sich das Wasser unter dem Himmel auf einen Ort ansammeln und das Trockene sichtbar werden. Und es geschah so. [10] Und Gott benannte das Trockene „Erde" und den Ansamm-

lungsort des Wassers benannte er „Weltmeer“. Und Gott fand, daß es
gut war. 11 Und Gott sprach: Die Erde lasse frisches Grün auf-
sprossen, samentragende Pflanzen, Fruchtbäume, die Früchte je nach
ihrer Art tragen, in denen sich ihr Same zur Fortpflanzung auf der
Erde befindet. Und es geschah also. 12 Da ließ die Erde frisches Grün,
samentragende Pflanzen nach ihrer Art und Bäume, die samenhaltige
Früchte tragen, je nach ihrer Art hervorwachsen und Gott fand, daß
es gut war. 13 Und es ward Abend und ward Morgen, der dritte Tag.

Zweite Schöpfungsdreiheit V. 14—31

Vierter Tag: V. 14—19

14 Und es sprach Gott: es mögen Leuchten entstehen am Himmels-
firmament, um Tag und Nacht zu scheiden, und sie sollen zu Zeichen
dienen und zur Bestimmung des Fest- und Jahreskalenders. 15 Und
sie sollen am Himmel stehen, um die Erde zu beleuchten, und es ge-
schah also. 16 Da machte Gott die 2 großen Leuchten, die größere um
den Tag, die kleinere, um die Nacht zu beherrschen, dazu auch die
Sterne. 17 Und Gott setzte sie ans Himmelsfirmament, die Erde zu
beleuchten 18 und über Tag und Nacht zu herrschen und Licht und
Finsternis zu scheiden; und Gott fand, daß es gut war. 19 Und es
ward Abend und ward Morgen, der vierte Tag.

Fünfter Tag: V. 20—23

20 Da sagte Gott: es wimmele das Wasser von Gewimmel, leben-
digen Wesen, und Flugtiere sollen über der Erde in der Luft hin-
und herfliegen. 21 Und so schuf Gott die großen Seetiere und alle
sich regenden Lebewesen, von denen es im Wasser wimmelt, je nach
ihrer Art und die geflügelten Flugtiere nach ihrer Art; und Gott
fand, daß es gut war. 22 Da segnete Gott sie und sagte: Seid frucht-
bar und mehrt euch und füllet das Gewässer im Weltmeer und die
Flugtiere sollen viel werden auf Erden. 23 Und es ward Abend und
ward Morgen, der fünfte Tag.

Sechster Tag: V. 24—31

24 Da sagte Gott: die Erde lasse lebende Wesen nach ihrer Art,
zahme Tiere, Kriechtiere und Wild des Feldes nach ihrer Art hervor-
gehen. Und es geschah also. 25 Da machte Gott das Wild des Feldes
nach seiner Art und die zahmen Tiere nach ihrer Art und alle Kriech-
tiere des Landes nach ihrer Art; und Gott fand, daß es gut war.
26 Und Gott sagte: wir wollen Menschen nach unserem Bild, uns ähn-
lich, machen. Und die sollen über alles Fischwerk des Meers, über die
Flugtiere der Luft, über die Haustiere und das Wild des Feldes
herrschen und über alles Kriechgetier, das auf der Erde herumkriecht.
27 Und so schuf Gott die Menschen nach seinem Bilde, nach dem Bilde
der Götter schuf er sie; männlich und weiblich schuf er sie. 28 Da
segnete sie Gott und sagte: Seid fruchtbar und mehrt euch und füllet

die Erde und beherrscht sie und herrscht über das Fischwerk des
Meeres, über die Flugtiere der Luft und über alles Getier, das sich
auf Erden regt. 29 Und es sagte Gott: siehe, euch überweise ich alle
samentragende Pflanzen und alle Bäume mit samenhaltigen Früchten;
euch soll das zur Nahrung dienen; 30 und allem Getier der Erde, allen
Flugwesen der Luft und allem was auf der Erde herumkriecht und
lebendigen Atem hat, bestimme ich das junge Grün der Kräuter zur
Nahrung; und es geschah also. 31 Und Gott fand alles was er ge-
macht hatte sehr gut; und es ward Abend und Morgen, der sechste
Tag.

Abschluß. Der Sabbat 2 1—3

2 1 Also ward die Welt und alles was in ihr ist vollendet. 2 So
war Gott am siebenten Tag mit seiner Schöpferarbeit fertig und Gott
ruhte am siebenten Tag aus von aller seiner Schöpferarbeit. 4 Und
Gott segnete den siebenten Tag und heiligte ihn, denn an ihm ruhte
er vom Fertigen seines ganzen Werks, das Gott geschaffen.

II. Die Geschlechtsreihe Adams K. 5 PC

1 Dies ist das Verzeichnis der Stammreihe Adams: Am Tag, da
Gott die Menschen schuf machte er sie Gott ähnlich. 2 Männlich und weib-
lich schuf er sie und segnete sie und benannte sie „Adam" (Mensch), am
Tage, da sie geschaffen wurden. 3 Und Adam lebte 130 Jahre und
zeugte einen ihm ähnlichen Sohn, der ihm nach Gestaltung gleich war und
benannte ihn Seth. 4 Und Adam lebte, nachdem er den Seth gezeugt
hatte, noch 800 Jahre und zeugte Söhne und Töchter; 5 und die
ganze Lebenszeit Adams belief sich auf 930 Jahre, da starb er. 6 Und
Seth lebte 105 Jahre und zeugte den Enosch; 7 und Seth lebte, nach-
dem er den Enosch gezeugt hatte, noch 807 Jahre und zeugte Söhne
und Töchter, 8 und das Gesamtalter Seths belief sich also auf
912 Jahre, da starb er. 9 Und Enosch lebte 90 Jahre, da zeugte
er den Kenan. 10 Und Enosch lebte, nachdem er den Kenan gezeugt
hatte, noch 815 Jahre. 11 Das Gesamtalter des Enosch belief sich
also auf 905 Jahre, da starb er. 12 Und Kenan lebte 70 Jahre, da
zeugte er den Mehallel. 13 Und Kenan lebte, nachdem er den Mehallel
gezeugt hatte noch 840 Jahre und zeugte Söhne und Töchter. 14 Das
Gesamtalter des Kenan belief sich also auf 910 Jahre. 15 Und Mehallel
lebte 65 Jahre, da zeugte er den Jered, 16 und Mehallel lebte, nach-
dem er den Jered gezeugt hatte, noch 830 Jahre und zeugte Söhne
und Töchter. 17 Das Gesamtalter des Mehallel belief sich also auf
895 Jahre, da starb er. 18 Und Jered lebte 162 Jahre, da zeugte
er den Chanoch; 19 und Jered lebte, nachdem er den Chanoch gezeugt
hatte, noch 800 Jahre und zeugte Söhne und Töchter; 20 das Ge-
samtalter des Jered belief sich also auf 962 Jahre, da starb er.
21 Und Chanoch lebte 65 Jahre und zeugte den Metuschelach. 22 Und
Chanoch lebte, nachdem er den Metuschelach gezeugt hatte, noch 300

Jahre und zeugte Söhne und Töchter; 23 das Gesamtalter des Chanoch
belief sich also auf 365 Jahre. 24 Und weil Chanoch in der Gemein=
schaft mit Gott wandelte, verschwand er plötzlich: Gott hatte ihn ent=
rückt. 25 Und Metuschelach war 187 Jahre und zeugte den Lemech.
26 Und Metuschelach lebte, nachdem er den Lemech gezeugt hatte, noch
782 Jahre und zeugte Söhne und Töchter; 27 das Gesamtalter des
Metuschelach belief sich also auf 969 Jahre, da starb er. 28 Und Le=
mech lebte 182 Jahre und zeugte den Noach; 30 und Lemech lebte,
nachdem er den Noach gezeugt hatte, noch 569 Jahre und zeugte Söhne
und Töchter; 31 das Gesamtalter des Lemech belief sich also auf 777
Jahre, da starb er. 32 Und Noach war 500 Jahre, da zeugte Noach
den Schem, Cham und Japhet.

III. Paradies und Sündenfall K. 2–3 J

. . . 4b am Tage da [Jahve II] Elohim Erde und Himmel machte.
5 Irgendwelch Dorngestrüpp war noch nicht auf der Erde, irgend welches
Feldgetreide sproßte noch nicht, denn [Jahve II] Elohim hatte noch
nicht regnen lassen und ein Mensch, um den Acker zu bebauen, war
noch nicht vorhanden. 7 Da formte [Jahve II] Elohim den Ackerbauer
(Adam) [aus Staub II] vom Acker (Adama) und blies Lebensodem in
seine Nase und auf diese Weise ward der Mensch zu einem lebenden
Wesen. 8 [Und Jahve (Elohim I) pflanzte einen Garten in Eden im
Osten und setzte den Menschen, den er geformt hatte, dahinein. II] 6 Und
ein Strom entsprang der Erde und bewässerte den ganzen Garten.
9 Und [Jahve] Elohim ließ allerlei Bäume aus dem Boden aufwachsen,
die lieblich anzusehen und, deren Früchte wohlschmeckend waren, unter
ihnen [den Lebensbaum II und] den Baum der Erkenntnis von Gut
und Böse in der Mitte des Gartens. 15 Und [Jahve II] Elohim
nahm den Menschen und ließ ihn im Garten Eden wohnen, daß er
ihn pflege und bewache. 16 Da gebot [Jahve II] Elohim dem Menschen:
von jedem Baum im Garten darfst Du essen, nur von dem Baum in
der Mitte des Gartens darfst Du nicht essen. An demselben Tage,
an dem Du von ihm issest, wirst du sterben. 18 Da dachte Gott:
„Die Einsamkeit ist für den Menschen nicht gut; ich will ihm eine
passende Ergänzung zur Hilfe geben“. 19 Und so formte Gott weiter
aus der Erde alles Getier des Feldes und Geflügel des Himmels und
führte es dem Menschen vor, um zu sehen, wie er es benennen würde;
und genau so, wie sie der Mensch benennen würde, sollten sie heißen.
20 Und der Mensch benannte alle Vögel des Himmels und alles Wild
des Feldes, aber eine ihm passende Gehilfin fand sich dabei für den
Menschen nicht. 21 Da ließ [Jahve II] Elohim den Menschen in einen
tiefen Schlaf fallen; und da er schlief, nahm er eine seiner Rippen
heraus und füllte die entstandene Lücke mit Fleisch aus. 22 Aus der
Rippe aber, die er dem Körper des Menschen entnommen hatte, baute
er das Weib und führte es dem Menschen zu. 23 Da sagte der Mensch:
Diesmal ists doch Bein von meinem Bein und Fleisch von meinem

Fleisch; diese wird man Männin (issa) nennen, denn sie ist dem
Manne (is) entnommen". 24 So verläßt denn auch der Mann seinen
Vater und seine Mutter und hängt an seinem Weibe, daß sie beide
ein Fleisch werden. 25 Und die beiden waren nackend und schämten
sich nicht vor einander.
3 1. Nun war die Schlange klüger als alles Getier des Feldes
das [Jahve II] Elohim gemacht hatte. Sie aber sagte zum Weib:
ists wahr, das Elohim geboten hat: „eßt nur von keinem Baum im
Garten?" 2 Da sagte das Weib zur Schlange: wir dürfen von den
Früchten aller Bäume essen, 3 nur bezüglich des Baumes mitten im
Garten hat Elohim geboten: „esset nicht davon, berührt ihn auch nicht,
daß Ihr nicht sterbet". 4 Die Schlange aber meinte: Ihr werdet ganz
gewiß nicht sterben. 5 Vielmehr weiß Gott, daß, sowie Ihr davon
esset, Eure Augen geöffnet werden und Ihr, göttergleich, wisset was
gut und böse ist. 6 Und nun deuchte dem Weib der Baum mit seinen
Früchten verlockend [eine Augenweide II] und begehrenswert, um klug
zu werden; sie brach von seiner Frucht und aß und gab ihrem Manne
auch, der bei ihr stand, und er aß. 7 Da taten sich ihrer beider
Augen auf und sie merkten, daß sie nackend waren. Und sie machten
sich Schurze aus zusammengenähten Feigenblättern. 8 Da hörten sie
die Schritte [Jahve II] Elohims, der sich, als sich ein Lüftchen
regte, im Garten erging; und da verbarg sich der Mensch und
sein Weib tief im Dickicht des Gartens. 9 Da rief [Jahve II]
Elohim nach dem Menschen: „wo bist Du?" 10 Und er sagte: Ich
hörte Deine Schritte im Garten und scheute mich, denn ich bin
nackend; darum versteckte ich mich. 11 Da sagte er: wer hat Dich so
weise gemacht, daß du deine Nacktheit empfindest? Hast Du nicht von
den Früchten des Baumes, den ich dir verbot, gekostet? 12 Da sagte
der Mensch: das Weib, das Du mir beigeselltest, reichte mir von der
Frucht, da aß ich. 13 Da sagte [Jahve II] Elohim zum Weibe: was
hast Du da angerichtet! Und das Weib sagte: die Schlange betörte
mich, daß ich aß. 14 Und da sagte [Jahve II] Elohim zur Schlange:
weil Du dies getan hast: verflucht seist Du unter allem zahmen und
wilden Getier; auf Deinem Bauch sollst Du kriechen und Dein Leben
lang Staub fressen. Feindschaft begründe ich zwischen Dir und dem
Weibe, zwischen Deiner und seiner Nachkommenschaft. Diese soll Dir
den Kopf zertreten, während Du ihr in die Ferse beißt. 16 Zum Weibe
aber sagte er: ich will Dir viel Schmerzen und Seufzen bereiten;
mit Schmerzen sollst Du Kinder gebären und doch wirst Du nach dem
Manne schmachten, obwohl er Dein Herr sein wird. 17 Zum Manne
endlich sagte er: weil Du auf Dein Weib gehört und von der ver-
botenen Frucht gegessen hast: Verflucht sei um Deinetwillen der Erd-
boden, in Mühe sollst Du dich von ihm nähren, so lange Du lebst.
18 Dorn und Distel wird er Dir tragen, und doch mußt du dich nähren
von dem, was auf dem Felde wächst. 19 [Im Schweiß Deines Ange-
sichts sollst Du Deinen Lebensunterhalt gewinnen II] bis Du zur Erde

wirst von der Du genommen. [... denn Staub bist Du und Staub
sollst Du wieder werden II]. 21 [Und Jahve (Elohim I) machte dem
Manne und seinem Weibe Fellgewänder und zog sie ihnen an II.]
22 [Und Jahve (Elohim I) sagte: Sieh, der Mensch ist geworden, wie
einer von uns, dadurch daß er gut und böse kennt; und nun, damit
er nicht seine Hand ausstrecke und auch noch von der Frucht des
Lebensbaums breche, esse und also ewiges Leben erlange: II] 23 Und
[Jahve II] Elohim entließ ihn aus dem Garten Eden, den Erdboden
zu bebauen, aus dem er genommen war. 24 [Da jagte ihn Jahve
(Elohim) hinaus II] und postierte die Kerube am Osttor des Gartens
Eden [und das blitzende zuckende Schwert den Zugang zum Lebens-
baum zu bewachen II.]

IV. Die Götterehen K 6 1—4 J

Der augenscheinlich sehr verletzte Text (s. o. S. 113) mag ursprünglich folgendermaßen gelautet haben:

1 Als die Menschen sich auf Erden zu mehren begannen und
Töchter bekamen, da ereignete es sich, 2 daß die Engel, die die Töchter
der Menschen erblickten und schön fanden, sich von ihnen zu Weibern
nahmen, die sie gerade wollten. 4 Und so entstanden damals aus der
Verbindung der Engel mit den Töchtern der Menschen, die ihnen
dann Kinder gebaren, die Riesen, jene berühmten Recken der Vorzeit.
3 Jahve aber sprach: nicht soll mein Geist für immer in den Menschen
hausen (?), sintemalen (?) sie auch (?) Fleisch sind (andere: durch
ihr Vergehen sind sie Fleisch); ihre Lebensdauer soll sich auf höchstens
120 Jahre belaufen.

V. Der Turmbau zu Babel 11 K 1—9 J

1 Es war also: Die ganze Menschheit war eins in ihrer Sprache
und in ihrem Handeln. 2 Da fanden sie beim Aufbruch vom Osten
eine Niederung im Sinearland. Daselbst siedelten sie sich an. 3 Und
sie sagten zu einander: auf, laßt uns Backsteine backen und sie zu
Ziegelsteinen brennen, und so diente ihnen der Backstein für den Hau-
stein und der Asphalt für den Mörtel. 4 Und sie sagten: auf, laßt
uns eine Stadt mit einem bis zum Himmel reichenden Turm bauen
und uns also einen Namen machen (= ein Denkmal errichten?), daß
wir uns nicht über die ganze Erde hin zerstreuen. 5 Da stieg Jahve
herab, um die Stadt und den Turm, die die Menschen gebaut hatten,
zu besehen. 6 Und Jahve sagte: sieh, ein Volk sind sie, eine Sprache
haben sie alle. Dies ist nun erst der Anfang ihrer Unternehmungen
und nun [falls ihnen diese gelingt] wird ihnen keine von all ihren
geplanten Unternehmungen zu schwer dünken. 7 Auf, wir wollen hinab-
steigen und ihre Sprache verwirren, so daß sie einander nicht mehr
verstehen. 8 Und Jahve zerstreute sie von dort über die ganze Erde
und so hörten sie auf, die Stadt weiter zu bauen. 9 Darum nennt

man sie Babel, weil Jahve dort die von allen Menschen gesprochene
Sprache verwirrt hat und von dort hat Jahve sie über die ganze Erde
hin zerstreut.

VI. Die Kainitenlinie K. 4 1. 17—24 J

4 1. Und der Mensch erkannte sein Weib und sie ward schwanger
und gebar ihm einen Sohn. Da nannte sie ihren Mann Kain und
sagte: ich habe von Jahve einen Gatten bekommen. 3 20. Der Mensch
aber nannte sein Weib „Chavva“ (Leben), denn sie ist die Mutter
alles Lebendigen („Chaj“) geworden. 4 2b. Kain aber ward Ackers-
mann und sein Sohn hieß Chanoch, 17 b. der baute eine Stadt und
benannte sie nach seinem Namen. 18 Dem Chanoch ward Irad ge-
boren. Irad zeugte den Mechujael. Mechujael zeugte den Metuschael
und Metuschael zeugte den Lemech. 19 Lemech nahm sich 2 Frauen,
die eine hieß Ada, die andere Silla. 20 Und Ada gebar den Jabal.
Von dem stammen alle Zeltbewohner und Wanderhirten. 21 Sein
Bruder hieß Jubal. Von dem stammen alle Zither- und Schalmeien-
spieler. 22 Und auch Silla gebar, nämlich den Tubal (= Kain);
von dem stammen alle Erz- und Eisenarbeiter. Die Schwester des
Tubal (= Kain) war Naama. 23 Und Lemech sagte zu seinen Frauen:

„Ada und Silla hört meinen Spruch,
Weiber Lemechs lauscht meinem Sange:
Einen Mann erschlug (oder: erschlag?) ich für eine Wunde,
Einen Jüngling für eine Strieme!
Denn 7 mal rächt sich Kain,
Doch Lemech 7 und 70 mal.“

VII. Sethitenlinie K. 4 25 f. 5 29 J

4 25 Und Adam erkannte sein Weib (zum 2ten Male) und sie
gebar ihm einen Sohn, den nannte sie Seth [Setzling], indem sie
sagte: Elohim hat mir (anderen) Samen gesetzt (für Abel, den Kain
erschlagen hat). 26 Und auch dem Seth wurde ein Sohn geboren, den
nannte er Enosch; dieser eröffnete die Verehrung Jahves. . . .

5 29. . . . einen Sohn, den nannte er Noach [Ruhe], indem er
sagte: der wird uns aus dem von Jahve verfluchten Acker ein Be-
ruhigungsmittel für die Mühsal unserer sauren Arbeit gewinnen.

VIII. Die Sprüche des Noach K. 9 20—27 J

20 Noach, der Landmann, begann auch den Weinbau. 21 Und er
trank vom Wein und ward trunken und lag entblößt in seinem Zelt.
22 Und (Cham, der Vater des) Kanaan sah die Scham seines Vaters
und sagte es seinen 2 Brüdern draußen. 23 Da nahmen Schem und
Japhet das Obergewand legten es auf ihre Schulter, gingen rückwärts
hinein und deckten so ihres Vaters Scham, ohne sie gesehen zu haben.
24 Als nun aber Noach von seinem Rausch erwachte und erfuhr, was
ihm sein jüngster Sohn Kanaan angetan hatte, 25 sagte er:

Verflucht sei Kanaan
Als geringster Knecht
Diene er seinen Brüdern

[26]und sagte: Segne Jahve die Zelte Schems
Kanaan sei sein Knecht.

Weit mache Gott Japhets Reich.
Er wohne in Schems Zelten,
Und Kanaan sei sein Knecht.

IX. Kain und Abel K. 4 2b—16a J

(Die Erzählung begann etwa folgendermaßen: Es waren einmal 2 Brüder, der eine hieß Hebel, der andere Kain) . . [2]und Hebel war ein Schafhirt, Kain dagegen ein Ackerbauer. [3]Nach Verlauf einiger Zeit nun brachte Kain Jahve von seinem Feldertrag ein Opfer dar. [4]Und auch Hebel opferte von den Erstlingen seiner Herde und zwar die Fettstücke. Jahve aber blickte mit Wohlgefallen auf Hebel und sein Opfer; [5]dagegen auf Kain und sein Opfer blickte er nicht mit Wohlgefallen, so daß Kain sehr ergrimmt ward und den Kopf hängen ließ. [6]Da sagte Jahve zu Kain: warum bist Du ergrimmt und läßt den Kopf hängen? [7](?) Ists nicht so, ob Du gute oder nicht gute Gabe bringst (?) — vor der Tür lauert die Sünde (?), sie schmachtet nach Dir (?) und Du solltest über sie herrschen! [8]Und Kain sagte zu Hebel seinem Bruder: Komm, wir wollen aufs Feld gehen; und als sie auf dem Felde waren, griff Kain seinen Bruder an und ermordete ihn. [9]Da sagte Jahve zu Kain: Wo ist Hebel, Dein Bruder? Er antwortete: weiß ichs? Bin ich meines Bruders Hüter? [10]Er aber sagte: Was hast Du getan! Horch, Deines Bruders Blut schreit zu mir vom Erdboden. [11]Und nun: hinweggeflucht mögest Du von dem Lande sein, das seinen Mund auftat, um das von Deiner Hand vergossene Blut Deines Bruders in sich aufzunehmen. [12]Wenn Du das Land bebauen wirst, soll es Dir seinen Ertrag nicht mehr bringen. Unstät und flüchtig sollst Du auf Erden sein. [13]Da sagte Kain: Diese Strafe ist für mich unerträglich schwer. Wenn Du mich jetzt aus dem Lande treibst, so daß ich, von Deinem Angesicht verbannt, unstät und flüchtig umherirren muß, dann wird mich jeder, der auf mich trifft, niederschlagen. [15]Da sagte Jahve: Ebendarum soll, wenn einer Kain erschlägt, 7fache Rache genommen werden. [16]Und Kain zog von Jahve fort und hielt sich auf . . . . . (im Lande Nod, östlich von Eden.)

X. Die Flutgeschichte in J

6[5] Als Jahve sah, daß die Bosheit der Menschen auf Erden groß war und all ihr Dichten und Trachten nur immer böse war; [6]da tat es Jahve leid, daß er die Menschen auf Erden gemacht hatte und er war tief bekümmert. [7]Und Jahve sagte, ich will die Menschen von

der Erde hinwegwischen, denn es tut mir leid, daß ich sie gemacht
habe. 8 Noach aber fand Gnade in Jahves Augen. – — —

7 1 Da sagte Jahve zu Noach, geh mitsamt Deinem Hause in die
Arche; denn Dich habe ich in diesem Geschlecht als gerecht erprobt.
2 Von allen reinen Tieren sollst Du Dir je 7 Paare, von allen un-
reinen je ein Paar hineinnehmen 3. . . um den Samen auf der
ganzen Erde zu erhalten. 4 Denn noch sieben Tage, da werde ich
40 Tage lang und 40 Nächte auf die Erde regnen lassen, um alles
Lebewesen, das ich gemacht habe, von dem Erdboden hinwegzuwischen.
5 Und Noach handelte genau so, wie es Jahve ihm vorgeschrieben hatte.
10 Und als nach 7 Tagen die Gewässer der Sündflut über die Erde
kamen, 7 ging Noach mit den Seinen vor den Wassern der Sündflut
in die Arche 16a und Jahve schloß hinter ihm zu. 12 Und nun regnete
es 40 Tage und 40 Nächte auf die Erde, 17b und die Wassermasse
ward so groß, daß sie die Arche aufhob und diese über der Erde
schwamm. 23b So vertilgte [Jahve] alles Lebewesen, das auf dem
Erdboden war; 22 alles, in dessen Nase Lebensatem war, soweit es
auf dem Trockenen war, starb. 23b Nur Noach und was mit ihm in
der Arche war blieb am Leben.

— — — —

8. 6a Und nach 40 Tagen 2b ward dem Wasser vom Himmel
Einhalt getan. 3b Und die Wasser verliefen sich immer mehr von
der Erde. . . . [So saß die Arche fest auf dem Berge (? . .) und
Noach wartete 7 Tage].
. . 6b Da öffnete Noach das Fenster, das er an der Arche ange-
bracht hatte (7 und ließ einen Raben heraus, der flog hin und her,
bis das Wasser von der Erde abgetrocknet war.)
V. 8 Und ließ eine Taube herausfliegen, daß er erfahre, ob das
Wasser von dem Erdboden abzöge. 9 Aber die Taube fand keinen Ort,
wo sie fußen konnte, und so kehrte sie zu ihm zur Arche zurück; denn
noch bedeckte das Wasser die ganze Erde; er aber streckte seine Hand
aus, ergriff sie und nahm sie zu sich in die Arche. 10 Darauf wartete
er 7 weitere Tage; dann ließ er wieder eine Taube aus der Arche
ausfliegen. 11 Und die Taube kam um die Abendzeit zu ihm und sieh,
einen Ölzweig hatte sie im Schnabel! Daraus entnahm Noach, daß die
Wasser sich von der Erde verzogen. 12 Als er nun nach einer weiteren
Frist von sieben Tagen zum 3ten Mal eine Taube fliegen ließ, kam
diese nicht wieder zu ihm zurück. 13b Da entfernte Noach das
Dach der Arche und schaute aus: sieh da, der Erdboden war ganz
trocken.
20 Da baute Noach Jahve einen Altar und nahm von allen reinen
Tieren und allen reinen Vögeln und brachte von ihnen Ganzopfer
auf dem Altare dar. 21 Als nun Jahve diesen beruhigenden Duft
roch, beschloß er bei sich: Ich will den Erdboden hinfort nicht mehr
um des Menschen willen durch eine Flut verwüsten, denn das Dichten
des Menschen ist von seiner Jugend an nur böse; ich will nicht wieder

alles, was das da lebt, vernichten, wie ich soeben getan. [22]Fortan sollen, so lange die Erde steht, Säen und Ernten, Frost und Hitze, Sommer und Winter, Tag und Nacht nicht mehr aufhören.

XI. Die Flutgeschichte in PC

6. [9]Dies ist die Geschichte Noachs. Noach war ein gerechter unsträflicher Mann unter seinen Zeitgenossen; in Gemeinschaft mit Gott führte Noach seinen Lebenswandel. [10]Und Noach zeugte 3 Söhne, den Schem, den Cham und den Japhet. [11]Aber die Welt war verderbt in Gottes Augen, die ganze Welt war voll von Freveltaten. [12]Und als Gott sah, daß die ganze Welt verderbt war — denn alles Fleisch auf Erden handelte verderblich — [13]da sagte Gott zu Noach: die Vernichtung alles Fleisches ist bei mir fest beschlossene Sache, denn die Erde ist voller Freveltaten; siehe sie verderben die Erde. [14]Mach Dir nun eine Arche aus Pinienholz, in lauter Zellen sollst Du die Arche zerteilen und sollst sie außen und innen mit Pech verpichen. [15]Und in folgender Weise sollst Du sie herstellen: 300 Ellen soll die Arche lang sein, 50 Ellen breit und 30 Ellen hoch. [16]Eine Lichtöffnung (? Dach?) sollst Du oben in der Breite einer Elle herstellen und eine Tür an der Seite der Arche anbringen. Ein unteres, zweites, drittes Stockwerk sollst Du in ihr machen. [17]Ich aber werde die Sündflut, Wasser auf der Erde, heraufführen, um alles Fleisch unter dem Himmel, das Lebensodem hat, zu verderben. Alles was auf Erden ist, soll verscheiden. [18]Mit Dir aber mache ich einen Bund; Du sollst in die Arche gehn, Du, Deine Söhne und Dein Weib und die Weiber Deiner Söhne mit Dir.

[19]Und von allem Lebewesen, von allem Fleisch, sollst Du je 2 von jeder Art in die Arche nehmen, um sie mit Dir am Leben zu erhalten; je ein Männchen und ein Weibchen soll es sein.

[20]Von den Vögeln je nach ihrer Art und von den Vierfüßlern nach ihrer Art und von allem Gewürm der Erde je nach seiner Art soll je ein Paar zu Dir in die Arche, um das Leben zu erhalten. [21]Dazu mußt Du Dir Vorrat beschaffen, von allem was gegessen werden darf, und es bei dir aufspeichern, daß es Dir und ihnen zur Nahrung diene. [22]Und Noach tat genau so, wie es ihm Gott vorgeschrieben hatte, so tat er.

7 [6]Noach war aber 600 Jahre alt, als die Sündflut, Wasser auf der Erde, kam. [11]Im sechshundertsten Jahre des Lebens Noachs, im 2ten Monat am 17ten Tage des Monats, an diesem Tage brachen alle Quellen der großen Urflut hervor und die Fenster des Himmels taten sich auf. [13]An ebendemselben Tage betrat Noach und mit ihm Schem und Cham und Japhet, die Söhne Noachs und das Weib Noachs und die 3 Weiber seiner Söhne die Arche. [14]Sie und alle wilden Tiere nach ihrer Art und alle zahmen Tiere nach ihrer Art und alles Gewürm, das auf der Erde kriecht, nach seiner Art, und alles Geflügel nach seiner Art, alle Vögel, alles was fliegen kann. [15]Sie kamen

paarweise zu Noach von allem mit Lebensodem beseelten Fleisch.
17a Da kam die Flut, Wasser auf der Erde (?), 18 und das Wasser
wuchs und ward sehr viel auf der Erde, sodaß die Arche auf der
Wasserfläche dahinschwamm. 19 Und das Wasser wuchs immer mehr
auf der Erde, so daß die hohen bis zum Himmel reichenden Berge
bedeckt wurden. 20 15 Ellen wuchsen die Wasser noch über die Berg-
spitzen hinauf. 20 Da verschied denn alles Fleisch, das sich auf Erden
regte, die Vögel und die zahmen Tiere und die wilden Tiere und
alles Gewimmel, das auf Erden wimmelte, und alle Menschen.
24 Nachdem die Gewässer auf Erden 150 Tage lang also angewachsen
waren, 8 1 gedachte Gott in Gnaden an Noach und an alle wilden Tiere
und an alles Vieh, das bei ihm in der Arche war und so hieß Gott
einen Wind über die Erde hinwehen, daß das Wasser sank. 2 Und
die Quellen der Urflut und die Fenster des Himmels taten sich zu.
3 So fielen die Wasser nach Verlauf der 150 Tage. 4 Und die Arche
saß ruhig fest im siebenten Monat am 17ten Tage des Monats auf
einem der armenischen Berge. 5 Und das Wasser fiel bis zum 10ten
Monat; im zehnten Monat wurden die Gipfel der Berge am ersten
des Monates sichtbar. 13 Und im sechshundertsten Jahre am ersten
des ersten Monats waren die Wasser auf der Erde versiegt. 15 Und
im 2ten Monat am 27ten Tage des Monats war die Erde trocken.
16 Da sagte Gott zu Noach: geh aus der Arche, Du und Dein Weib
und Deine Söhne und die Weiber Deiner Söhne mit Dir. 17 Alles
Lebewesen, welches bei Dir ist, nämlich alles Fleisch an Geflügel, Vieh
und allem Gewürm, das auf der Erde herumkriecht, laß hinausziehen;
sie sollen auf der Erde herumwimmelm, und fruchtbar sein und sich
mehren auf Erden. 18 Da ging Noach heraus, und seine Söhne und
sein Weib und die Töchter seiner Söhne mit ihm. 19 Alles Lebewesen,
alles Gewürm und alles Geflügel, alles was sich auf Erden bewegt,
ging nach ihren Gattungen gesondert aus der Arche heraus.

9. 1 Da segnete Gott Noach und seine Söhne und sagte zu
ihnen: seid fruchtbar und mehret euch und füllet die Erde. 2 Und
Furcht und Angst vor euch soll kommen über alle wilden Tiere und
über alle Vögel des Himmels, auf alles, was auf Erden herumkriecht
und auf alle Fische des Meers; in eure Hand sind sie gegeben. 3 Alles
Lebendige, was sich auf Erden regt, soll euch zur Speise dienen, ganz
wie die Pflanzen weise ich es euch alles an. 4 Nur das Fleisch, das
noch sein Leben (d. h. sein Blut) in sich hat, dürft ihr nicht essen.
5 Aber euer eigenes Blut will ich heimfordern; von jedem wilden Tier
will ich es heimfordern. 6 Und von einem Menschen — von euch unter-
einander — will ich das Leben seines Mitmenschen heimfordern.
7 Wenn einer Menschenblut vergießt: durch Menschen soll auch sein
Blut vergossen werden; denn nach dem Bilde Gottes hat er den
Menschen gemacht. 7 Ihr aber seid fruchtbar und mehret euch, wim-
melt umher auf der Erde und werdet zahlreich auf ihr. 8 Und
Gott sagte zu Noach und zu seinen Söhnen bei ihm: 9 So will ich

nun meinerseits einen Bund mit euch und eurem Samen nach euch
machen [10] und mit allen lebenden Wesen, die bei euch sind, an Geflügel
und Vieh und Wild des Feldes sowie sie aus der Arche gekommen
[11] und will mich also durch den Bund verpflichten: nie soll wieder
alles Fleisch von den Wassern der Sündflut vertilgt werden und keine
Sündflut soll mehr kommen, die Erde zu verderben. [12] Und Gott
sagte: dies soll das Zeichen sein für den Bund, den ich zwischen
mir und euch und allen lebenden Wesen bei euch für alle Ewigkeit
herrichte: [13] meinen Bogen stelle ich in die Wolken und er soll zum
Zeichen des Bundes zwischen mir und zwischen der Erde dienen.
[14] Und es soll geschehn, so oft ich meine Wolken über der Erde wölke
und sich der Bogen in den Wolken zeiget, [15] da will ich meines Bundes
gedenken, den ich zwischen mir und euch und allem lebenden Wesen
auf der Erde gestiftet habe, und nicht soll das Wasser wieder zur
Sündflut werden, alles Fleisch zu verderben. [16] Wird der Bogen in den
Wolken stehen, so will ich nach ihm blicken, daß ich des für alle
Zeiten giltigen Bundes zwischen Gott und zwischen allen lebenden
Wesen, nämlich allem Fleisch, das auf Erden ist, gedenke. [17] Und Gott
sagte: Dies ist das Zeichen des Bundes, den ich zwischen mir und
allem Fleisch auf Erden, hergerichtet habe.

XII. Der keilschriftliche Sintflutbericht aus dem Gilgamesch-epos

Übersetzung von Jeremias in seinem Buche „das Alte Testament im Lichte des alten Orients“ 1904 S. 125 ff.

Utnapischtim sagte zu ihm, zu Gilgamesch:
Ich will dir eröffnen, o Gilgamesch, die verborgene Sache
und ein Geheimnis der Götter will ich dir ansagen.
Surippak, die Stadt, die du kennst,
[die am Ufer] des Euphrat gelegen ist,
jene Stadt besteht seit alters, die Götter in ihr —
einen Flutsturm zu machen trieb ihr Herz an die großen Götter.
(Es war) ihr Vater drinnen Anu,
ihr Berater der Held Bel,
ihr Herold Ninib,
ihr Führer En-nu-gi,
„der Herr der Weisheit,“ Ea .... (?) mit ihnen
und erzählte ihre Rede einem Kikkischu (Rohrzaun?):
„O Kikkischu, Kikkischu, o igaru, igaru (Wand),
Kikkischu, höre, igaru merke auf!
O Mann von Surripak, Sohn des Ubaratutu,
Reiß ein (?) das Haus, baue ein Schiff
Laß Hab und Gut, sorge für das Leben —
gib preis die Habe, rette das Leben;
bringe hinein lebende Wesen aller Art in das Schiff.

Das Schiff, das du bauen sollst,
... Ellen (?) werden gemessen seine Maße,
... Ellen (?) werden entworfen (?) seine Breite und seine Länge.
... auf den Ocean laß es herab (?)."
Ich verstand es und sprach zu Ea, meinem Herrn:
„reiß ein" (?) mein Herr, was du so befahlst,
beachtete ich und werde es ausführen.
Aber was (?) soll ich sagen der Stadt, dem Volke und den Ältesten?"
Ea tat den Mund auf, indem er sprach,
er sagte zu mir, seinem Knecht:
„Du sollst zu ihnen sagen:
„„Weil Bel mich haßt,
will ich in eurer Stadt nicht wohnen,
auf der Erde Bels nicht länger weilen.
Zum Ocean will ich hinabgehen, bei Ea, meinem Herrn, zu wohnen.
Ueber euch werden sie (die Götter) regnen lassen Fülle.
.... Vögeln, Beute an Fischen
...... Ernte
[Einen Zeitpunkt hat Ea (Schamasch?) festgesetzt (?) „die Kukku regieren
[werden an einem Abend regnen lassen] über euch einen ... Regen.""
[Sobald etwas vom Morgenrot] erschien
....
....
der Starke ... brachte das zum Bau Nötige
Am fünften Tage entwarf ich seine Gestalt.
Nach Entwurf (??) waren 120 Ellen hoch seine Wände,
140 Ellen erreichte der Rand seines Daches;
Ich warf hin (zeichnete) seinen ... (das Schiff) selbst zeichnete ich.
Ich baute es in 6 Stockwerken
Teilte es in 7 Abteilungen.
Sein Inneres teilte ich in 9 Abteilungen.
Die schikkat (?) begoß ich mit Wasser in seinem Innern.
Ich verfertigte (!) mir ein Ruder und legte Geräte hin.
3 (Variante: 6) Saren Erdpech goß ich aus dem Ofen
3 Saren Asphalt goß ich hinein.
Während 3 Saren herzu trugen die Träger seines (Schiffes) an Öl
außer einem Sar Öl, den man verzehren sollte beim Opfer (?),
verbrauchte (?) 2 Saren Öl der Schiffbauer.
Den [Leuten] schlachtete ich Rinder,
ich stach ab Lämmer täglich,
mit Most (?) ...? Öl und Wein
[tränkte ich] das Volk wie mit Flußwasser,
ein Fest [veranstaltete ich], wie zur Zeit des Neujahrsfestes.
... in (?) Salbe tat ich meine Hand
.. [vo]r Sonnenunter[gang] ... war das Schiff fertig.

..... war schwierig,
..... oben und unten
..... zwei Drittel davon
[Mit allem, was ich hatte] füllte ich es.
Mit allem, was ich hatte, an Silber füllte ich es.
Mit allem, was ich hatte, an Gold füllte ich es.
Mit allem, was ich hatte, an lebenden Wesen füllte ich es.
Ich brachte hinauf auf das Schiff meine männliche und weibliche Hausgenossenschaft.
Vieh des Feldes, Tiere des Feldes, Handwerker, sie alle brachte ich hinauf.
Die bestimmte Zeit hatte Schamasch festgesetzt.
„Wenn die Regenten des Kukku am Abend einen ... Regen regnen lassen,
dann tritt in das Schiff und verschließe dein Tor (Variante: das Schiff)".
Jene festgesetzte Zeit kam heran,
Die Regenten des Kukku ließen am Abend ... Regen regnen.
Das Aufleuchten des Tages fürchtete ich,
den Tag zu sehn hatte ich Angst.
Ich ging hinein in das Schiff, verschloß mein Tor.
Zur Verwaltung des Schiffes übergab ich Puzur-Bel, dem Schiffer,
das Gebäude samt seiner Habe.
Sobald etwas vom Morgenrot erschien,
stieg auf vom Grunde des Himmels schwarzes Gewölk.
Adad donnerte darinnen.
Während Nebo und „der König" (Marduk?) vorhergingen,
(beide) als Thronträger (?) über Berg und Tal zogen,
Nergall das targullu losriß,
Ninib einherzog, ließ er (Adad) einen Wasserguß herunterströmen.
Die Anunaki erhoben die Fackeln,
indem sie durch ihren (der Fackeln) Glanz das Land erhellten.
Adads Unwetter überzog den Himmel,
verwandelte alles Helle in [Finsternis]
Er [überschwemmte] das Land wie ...
Einen Tag lang ... te der Sturm
wehte stürmisch, [die Wasser stiegen über ?] das Gebirge,
wie ein Schlachtensturm fuhren sie auf die Menschen los ...,
sodaß der Bruder den Bruder nicht sah,
nicht erkannt wurden die Menschen im Himmel.
Die Götter fürchteten die Sturmflut,
sie zogen sich zurück, stiegen empor zum Himmel des Anu.
Die Götter waren wie ein Hund zusammengeduckt, an der Ringmauer gelagert.
Es schrie Istar wie eine Gebärende,
es rief die „Herrin der Götter", die schönstimmige:
„die Vergangenheit ist zur Erde geworden.

Weil ich vor den (Var. in der Versammlung der) Göttern Böses anordnete,
wie ich vor den (Var. in der Versammlung der) Göttern Böses anordnete,
zur Vernichtung meiner Menschen den Kampf anordnete,
(aber jetzt frage) ich: gebäre ich meine Menschen,
damit (?) sie wie Fischbrut das Meer füllen"?
Die Götter der Anunaki weinten mit ihr,
Die Götter saßen auf dem aschru unter Weinen,
geschlossen waren ihre Lippen ...
Sechs Tage und [sechs] Nächte
zieht dahin (dauert) der Wind, die Sturmflut und der Orkan fegt das Land.
Als der siebente Tag herankam, ließ der Orkan, die Sturmflut nach,
die gekämpft hatte wie ein Heerhaufen (?).
Es beruhigte sich das Meer, es legte sich der Sturm, die Sturmflut hörte auf.
Ich blickte auf das Meer, indem ich Wehklagen erschallen ließ (??)
Und alle Menschen waren wieder zu Erde geworden,
wie nie breitete sich aus vor mir das Gefild (?).
Ich öffnete die Luke, das Licht fiel auf mein Antlitz;
Ich kniete nieder setzte mich und weinte,
Über mein Antlitz rannen die Tränen.
Ich sah auf die Weltteile, indem ich blickte auf das Meer.
Nach 12 Doppelstunden (?) stieg das Land empor,
auf dem Berg Nisir legte das Schiff an.
Der Berg Nisir hielt das Schiff fest, ließ es sich nicht (fort) bewegen.
Einen Tag, einen 2ten Tag hielt der Berg Nisir u. s. w.
Den dritten Tag, den 4ten Tag u. s. w.
Den fünften Tag, den 6ten Tag u. s. w.
Als der siebente Tag herankam,
ließ ich eine Taube hinaus und ließ sie los.
Es flog die Taube fort und kehrte zurück.
Ich ließ eine Schwalbe hinaus und ließ sie los.
Es flog die Schwalbe fort und kehrte zurück.
Ich ließ einen Raben hinaus und ließ ihn los.
Es flog der Rabe weg, sah die Verminderung der Wasser,
flog näher hinzu (?) ... krächzt (?) und kehrt nicht zurück.
(Da) ließ ich hinaus alles nach den 4 Winden, opferte ein Opfer,
machte eine Spende auf dem Gipfel des Berges,
Zweimal sieben Opfergefäße stellte ich auf,
unter sie schüttete ich Kalmus, Zedernholz und Myrrthe.
Die Götter rochen den Geruch,
Die Götter rochen den Wohlgeruch,
Die Götter sammelten sich wie Fliegen über dem Opferer.
Sobald die „Herrin der Götter" herangekommen war,

erhob sie die edlen elûti (?) ... die Anu gefertigt hatte nach ihrem Wunsche,
Diese Tage (?) — beim Schmucke meines Halses — werde ich ewig nicht vergessen.
Die Götter mögen hingehen an die Spende,
Bel (aber) soll nicht hingehen an die Spende,
weil er sich nicht besonnen hat, die Sturmflut erregt hat
und meine Menschen überantwortet hat dem Verderben."
Als nun zuletzt Bel herzukam,
sah das Schiff, zürnte Bel,
ward erzürnt über die Götter, die Igigi:
„Wer ist entronnen von Lebewesen?
Nicht soll ein Mensch leben bleiben beim Strafgericht (?)"
Ninib öffnete den Mund, indem er sprach,
er sagte zum Helden Bel:
Wer außer Ea stiftet Dinge an?
Weiß doch Ea jegliche Verrichtung."
Ea öffnete seinen Mund, indem er sprach,
er sagte zum Helden Bel:
Du Kluger unter den Göttern, Held Bel,
wie, hast du nicht überlegt, als du die Sturmflut erregtest?
Dem Sünder lege seine Sünde auf,
dem Frevler lege seinen Frevel auf,
aber ... werden vertilgt ...
Warum hast du eine Sturmflut erregt?
Wäre ein Löwe gekommen und hätte die Menschen vermindert!
Warum hast Du eine Sturmflut erregt?
Wäre eine Panther gekommen und hätte die Menschen vermindert!
Warum hast Du eine Sturmflut erregt?
Hungersnot mochte einkehren und das Land [verheeren]!
Warum hast Du eine Sturmflut erregt?
Nergal (die Pest) mochte kommen und das Land [schlagen]
Ich habe nicht verraten das Geheimnis der großen Götter."
Den Atra-chasis ließ ich Träume sehn (und so) vernahm er das Geheimnis der Götter."
Als er zur Vernunft gekommen,
stieg hinauf Bel auf das Schiff.
Er ergriff meine Hand, führte mich hinauf (ans Ufer),
Er führte mein Weib hinauf und ließ sie niederknien an meiner Seite
er faßte uns an, indem er zwischen uns trat und uns segnete:
Vormals war Utnapischtim ein Mensch
nunmehr sollen Utnapischtim und sein Weib geachtet werden wie wir Götter selbst.
Wohnen soll Ut-napischtim in der Ferne an der Mündung der Ströme.
Da brachten sie mich in die Ferne, an der Mündung der Ströme ließen sie mich wohnen.

Druck von Julius Beltz in Langensalza.

Druck von Julius Beltz in Langensalza

Kolibri 360 GmbH
Ferdinand-Jühlke-Straße 7
99095 Erfurt, Deutschland
produktsicherheit@kolibri360.de